大数据/人工智能系列规划教材

U0837753

图说图解机器学习

耿煜 李钦 杨耿 邱婉/著

電子工業出版社
Publishing House of Electronics Industry
北京·BEIJING

内 容 简 介

本书采用图形化的方法讲解人工智能和机器学习的知识与技术，并且借用图形化软件KNIME采用拖、拉、拽等“傻瓜式”的操作完成从简单到复杂的机器学习项目。全书分为三个部分，分别是人工智能技术入门、传统机器学习和深度学习。本书具有图说图解、自上而下、够用即止、实战掌握的特点，适合于作为人工智能入门者、人工智能技术应用者及高职高专院校理工科、本科院校非理工科专业学生的教材。

图书在版编目（CIP）数据

图说图解机器学习 / 耿煜等著. — 北京：电子工业出版社，2019.7

ISBN 978-7-121-36826-4

Ⅰ. ①图… Ⅱ. ①耿… Ⅲ. ①机器学习—图解 Ⅳ. ①TP181-64

中国版本图书馆CIP数据核字（2019）第112644号

责任编辑：贺志洪（hzh@phei.com.cn）

印　　刷：北京富诚彩色印刷有限公司

装　　订：北京富诚彩色印刷有限公司

出版发行：电子工业出版社

　　　　　北京市海淀区万寿路173信箱　邮编 100036

开　　本：787×1092　1/16　　印张：13.75　　字数：352 千字

版　　次：2019年7月第1版

印　　次：2023年6月第8次印刷

定　　价：56.00元

凡所购买电子工业出版社图书有缺损问题，请向购买书店调换。若书店售缺，请与本社发行部联系，联系及邮购电话：（010）88254888，88258888。

质量投诉请发邮件至 zlts@phei.com.cn，盗版侵权举报请发邮件至 dbqq@phei.com.cn。

本书咨询联系方式：（010）88254609 或 hzh@phei.com.cn 或 QQ6291419。

个人简介

耿煜

深圳信息职业技术学院软件学院移动互联应用技术专业教师，深圳市科创委入库专家，香港科技大学博士，从事半导体激光数据分析，大数据、人工智能与手机App应用开发。发表论文20余篇，其中以第一作者发表数篇SCI论文，发明专利4项，承担纵横向课题多项。

李钦

深圳信息职业技术学院专业教师，高级工程师。在图像处理与模式识别领域有十余年研究经验，主要研究方向为生物特征识别（包括掌纹识别、人脸识别、视网膜病变自动诊断等）。发表SCI/EI论文30余篇。撰写生物特征识别方向科研专著一部。主持广东省自然科学基金一项。获授权国家发明专利多项、美国发明专利一项。于2009年在美国举办的视网膜病变在线识别挑战赛上获得第二名，于2011年在日内瓦举办的日内瓦国际发明展上获得金奖，于2016年在日内瓦举办的日内瓦国际发明展上获得银奖。

杨耿

深圳信息职业技术学院专业教师，高级工程师，香港理工大学博士（人工智能、图像识别方向），2016年、2017年ISO国际标准智能交通分会第五工作组中国代表团专家，深圳市科技专家委员会科技项目评审专家，《交通运输研究》杂志审稿专家。主要研究方向为深度

学习、图像识别，发表论文10篇，获授权国家发明专利20项，主持多项横向课题。

邱婉

深圳市兆阳信息技术研究院理事长、董事，清华大学EMBA，浙江大学电子信息工程学士。曾任深圳市高新协会培训部部长（主要负责人工智能在智能制造、智能管理的应用以及数据挖掘），参与深圳市科创委国高评审相关工作。

前言

PREFACE

1. 创作经历

本书作者团队大部分成员就职于深圳信息职业技术学院（以下简称信息学院）。作者们初入职信息学院时，感觉凭借自己高学历教专科生简直是杀鸡用牛刀，但是往往几节课后就深感到拳头打在棉花上，甚至是如履薄冰。几乎任何一个公式都能让学生们面面相觑，几乎任何一个算法都能让学生们变成大眼瞪小眼。学生经常单刀直入地提问题，简单粗暴："老师，我学了这个能干什么"，而鲜有学生会问："这个问题怎么做""这个问题哪里出错了""我这样做行不行"。但是一旦"能干什么"的问题明确了，随之而来会源源不断地问"怎样做"。各种"惨痛"的经历告诉我们，不解决目标问题，大多数学生没有兴趣；不解决复杂度问题，大多数学生无法掌握。

本书大多数作者都有较高的学历和较多的研究经历，深知学习的艰难和痛苦，更对"知识就是力量"有深切的体会。在作者们的学习阶段，往往发现找到一本合适的入门书是那么得难，开始就啃业界大牛的著作往往是一个从入门到放弃的过程，或者因为很多书公式过多而影响了核心理念的掌握，导致入门如登天。结合在信息学院的授课经验，我们总结出"图说图解、自上而下、够用即止、实战掌握"的教学方法，希望带给大家一本不一样的入门书。

借用凯撒的一句名言，希望大家"我来，我见，我征服"。

2. 创作背景

我们如何才能迈向新时代呢？答案就是拥抱新动能，而人工智能是新动能中最有代表性的一个。虽然人工智能和机器学习作为热门词汇早已进入了人们的视野，但是它们究竟是什么，可能社会上绝大多数人还是不知道，更别说知道它们能干什么了。但是在国家顶层，早就预见到了其力量，“十九大”报告指出：“加快发展先进制造业，推动互联网、大数据、人工智能和实体经济深度融合”。在这个大时代，为了让更多的人搭上新时代的电梯，我们精心设计所有内容，确保能学、会用、可进阶。

3. 知识体系

全书分为三个部分，分别是人工智能技术入门、传统机器学习和深度学习。

人工智能技术入门：这部分包括第 1 章及第 2 章，第 1 章主要从历史发展角度讲述人工智能，第 2 章在技术层面上为今后的学习打下“够用”的数学基础和 KNIME 操作基础。

传统机器学习：这部分是本书的主要部分，包括第 3 章到第 9 章，分别介绍线性回归、模型优化、逻辑回归、支持向量机、决策树、深入理解决策树和贝叶斯模型。在这部分中，我们会逐步掌握 KNIME 的使用，更重要的是逐步掌握机器学习的流程、数据的处理、模型的使用等技术。其中第 5 章模型优化和第 8 章深入理解决策树不是入门必备知识，可以作为选修内容。

深度学习：这部分内容只包括第 10 章，仅仅简单介绍深度学习的入门知识和应用技术。

4. 特色

本书的特色可以概括为“图说图解，自上而下，够用即止，实战掌握”。

“图说图解”是本书最显而易见的特色。本书将所有深奥难懂的机器学习原理图形化地展现及讲解，让读者能够从直觉上理解而不是从概念或者公式上理解。配合图形化的机器学习工具 KNIME，使读者能够更方便快速地入门机器学习，免去了编程这个令初学者望而却步的前提条件。为了保证这一点，我们制作了大量的原创图片用于讲解，精挑细选了开源、免费、影响力大并且功能无限制的 KNIME 作为工具。

“自上而下”是本书的核心特色。本书从内容上以机器学习模型为明线，在这条明线外还有两条按照“自上而下”的教学理念设计的暗线。第一条暗线就是使用 KNIME 工具，从大致流程的掌握到细节的掌握，保证读者能够从大局上知道自己在干什么，进而知道细节上应该怎样设置。第二条暗线就是机器学习知识和技术由宏观理解到具体技能掌握，保证读者能够从宏观上理解一个机器学习项目的流程，接着再去理解具体技术的细节。为保证这一点，本书从简单模型入手逐步深入到复杂模型，从使用“干净”数据逐步扩展到使用“脏”数据。

“够用即止”是本书降低读者入门门槛和学习负担的保障。本书省略了大量的理论推导和公式计算，仅通过图形化方法从概念上让读者理解算法的原理，具体操作时直接使用 KNIME 工具即可完成。而且对于机器学习应用者来说，大多数人也没有必要理解背后的理论及公式，即使之后不用 KNIME 而使用 Python，也是编写几句代码就可以解决的，没有必要去深究理论。为了保证这一点，我们删除了大量的公式，增加了大量的图解。

“实战掌握”是验证本书是否成功的关键。纸上谈兵毕竟不是真本事，本书采用 Kaggle 机器学习平台的真实竞赛为实战项目，从入门项目泰坦尼克号到复杂项目银行客户分类，在实战中使读者逐步掌握机器学习的流程、模型的设置、数据清洗、非平衡数据的处理等问题。

5. 本书是什么

本书是一本机器学习的入门书。

本书是一本关于机器学习应用的书。

本书的目标是使一个高中水平的读者通过本书能够入门机器学习，并掌握足够的进一步提升的能力。

本书也可以看成是机器学习图解的 KNIME 软件教程。

6. 本书不是什么

本书不研究任何机器学习公式、理论。

本书不覆盖任何机器学习模型。

本书字不多。

7. 如何使用本书

对于具有理工科背景的同学来说，建议从头至尾学习每章内容以了解每个模型的原理及其应用。对于非理工科背景或者仅仅关心模型应用的同学，可以直接阅读模型使用部分，而将模型原理部分当作手册参考即可。

每章的最后都有课后练习部分，请大家仔细思考。所有答案、模型源文件和数据都可以扫描下面的二维码索取。

关注公众号查看本书所有答案、模型源文件和数据更多反馈可以加作者微信进入图说图解机器学习交流群交流。

作者微信

8. 编写分工

耿煜：主笔，主要负责全书的组织设计、案例分析和整体结构。
李钦：案例搜集整理与筛选。
杨耿：深度学习案例与应用。
邱婉：图解设计及绘图。

9. 致谢

感谢深圳信息职业技术学院各位老师和同学的帮助，感谢深圳兆阳信息技术研究院各位工程师的协助，感谢我们的家人、朋友。没有你们的帮助就没有这本书的问世。

目录

CONTENT

第1章 人工智能及机器学习概述

它（人工智能）将成为终极搜索引擎，可以理解网络上的一切信息。它会准确地理解你想要什么，给你你需要的东西。我们现在还远远没有做到这一点。然而，我们能够逐渐接近，我们目前正在为此努力。

——拉里·佩奇

知识点

- 人工智能的历史
- 人工智能的定义
- 人工智能的能力
- 机器学习的定义
- 机器学习与统计学

在这一章中，我们一起回顾一下人工智能的历史，理解什么是人工智能。然后初步了解机器学习和深度学习，并大致知道机器学习和统计学之间的关系。

1.1 人工智能概述

人工智能是近几年极其热门的一门技术，人们对人工智能的态度也各有不同。我们将会从其历史出发，一步一步地探寻人工智能到底是什么。

1.1.1 人工智能简史

我们先从人工智能的历史谈起，来看看历史上人工智能是如何一步一步地发展起来的，进而从感性上了解什么是人工智能。

1. 初创期：1940's～1950's

最初的人工智能研究是20世纪30年代末到50年代初的一系列科学进展交汇的产物。神经学研究发现大脑是由神经元组成的电子网络，其激励电平只存在“有”和“无”两种状态，不存在中间状态。维纳的控制论描述了电子网络的控制和稳定性。克劳德·香农提出的信息论则描述了数字信号（即高低电平代表的二进制信号）。图灵的计算理论证明数字信号足以描述任何形式的计算。这些密切相关的想法暗示了构建电子大脑的可能性。

这一阶段的工作包括一些机器人的研发，例如威廉·格雷·沃尔特的“乌龟”（Turtles），还有“约翰霍普金斯兽”（Johns Hopkins Beast）。这些机器并未使用计算机、数字电路和符号推理，控制它们的是纯粹的模拟电路。沃尔特·皮茨和沃伦·麦卡洛克分析了理想化的人工神经元网络，并且指出了它们进行简单逻辑运算的机制。他们是最早描述所谓“神经网络”的学者。马文·闵斯基是他们的学生，当时还是一名24岁的研究生。1951年他与其他研究者一道建造了第一台神经网络机，称为SNARC。在接下来的50年中，闵斯基是人工智能（AI）领域最重要的领导者和创新者之一。

1951年，克里斯托弗·斯特雷奇使用曼彻斯特大学的Ferranti Mark 1机器写出了一个西洋跳棋（checkers）程序；迪特里希·普林茨则写出了一个国际象棋程序。在20世纪50年代中期和60年代初亚瑟·塞缪尔开发的西洋棋程序已经可以挑战具有相当水平的业余爱好者。游戏人工智能一直被认为是评价人工智能进展的一种标准。

人工智能诞生的标志是1956年召开的达特茅斯会议，在这次会议上人工智能的名称和任务得以确定。该会议提出的断言之一是“学习或者智能的任何其他特性的每一个方面都应能被精确地加以描述，使得机器可以对其进行模拟。”与会者包括大量在AI领域重要的科学家，他们中的每一位都将在人工智能研究的第一个十年中做出重要贡献。在此次会议上纽厄尔和西蒙讨论了“逻辑理论家”，而麦卡锡则说服与会者接受“人工智能”一词作为本领域的名称。1956年达特茅斯会议上人工智能的名称和任务得以确定，同时出现了最初的成就和最早的一批研究者，因此这一事件被广泛地认为人工智能诞生的标志。

2. 黄金年代：1956～1974年

达特茅斯会议推动了全球第一次人工智能浪潮的出现。当时乐观的气氛弥漫着整个学界，在算法方面出现了很多世界级的发明，其中包括增强学习的雏形——贝尔曼公式，而增强学习是谷歌AlphaGo算法的核心思想内容。现在常听到的深度学习模型，其雏形叫做感知器，也是在那几年间发明的。除了算法和方法论有了新的进展，在第一次浪潮中，科学家们还造出了聪明的机器。其中，有一台叫做STUDENT（1964）的机器能证明应用题，还有一台叫做ELIZA（1966）的机器可以实现简单的人机对话。于是，人工智能界认为按照这样的发展速度，人工智能真的可以代替人类。

这个时候，计算机可以解决代数应用题、证明几何定理、学习和使用英语，研究者们在私下的交流和公开发表的论文中表达出相当乐观的情绪，认为具有完全智能的机器将在20年内出现。

3. 第一次寒冬：1974～1980 年

第一次人工智能冬天出现在 1974～1980 年。这是怎么回事呢？因为人们发现逻辑证明器、感知器、增强学习等只能做很简单、非常专门且很窄的任务，稍微超出范围就无法应对。这里面存在两方面局限：一方面，人工智能所基于的数学模型和数学手段被发现有一定的缺陷；另一方面，有很多计算的复杂度以指数程度增加，所以成为了不可能完成的计算任务。即使是最杰出的人工智能程序也只能解决它们尝试解决的问题中最简单的一部分，也就是说所有的人工智能程序都只是“玩具”。

先天缺陷导致人工智能在早期发展过程中遇到瓶颈，所以第一次冬天的到来，对人工智能的资助相应也就被缩减或取消了。

4. 再次繁荣：1980～1987 年

在 20 世纪 80 年代出现了人工智能数学模型方面的重大发明，其中包括著名的多层神经网络和反向传播算法等，也出现了能与人类下象棋的高度智能机器。此外，其他成果包括能自动识别信封上邮政编码的机器，就是通过人工智能网络来实现的，精度可达 99% 以上，已经超过普通人的水平。于是，大家又开始觉得人工智能也还不错。

1980 年卡耐基 · 梅隆大学为 DEC 公司制造出了专家系统，这个专家系统可帮助 DEC 公司每年节约 4000 万美元左右的费用，特别是在决策方面能提供有价值的内容。受此影响，1982 年很多国家包括日本、美国都再次投入巨资开发所谓“第 5 代计算机”，当时叫做人工智能计算机。

专家系统只能模拟特定领域人类专家的技能，但这足以激发新的融资趋势。最活跃的是日本政府，意图创造第 5 代计算机，这间接迫使美国和英国恢复对人工智能研究的资助。但是专家系统需要一个巨型知识库，知识是固定的，简单说就是一个条件判断系统，所有知识都是人输入的，需要大量的人工来创建，是很难扩展更新的。

如果是更复杂一点的比如国际象棋问题，那么需要的判断节点数将会是一个天文数字。这些问题直接导致专家系统无法大规模应用。

5. 寒冬再袭：1988～1992 年

到 1987 年时，苹果和 IBM 生产的台式机性能都超过了 Symbolics 等厂商生产的人工智能计算机，专家系统自然风光不再。

到 20 世纪 80 年代晚期，DARPA 的新任领导认为人工智能并不是“下一个浪潮”；1991 年，人们发现日本人设定的“第 5 代计算机”工程也没能实现。这些事实让人们从对“专家系统”的狂热追捧中一步步走向失望。人工智能研究再次遭遇经费危机。

6. 回归：1993～2012 年

这个阶段，人工智能技术加入了统计学的方法。不过，这个时候人们往往会用新名词来掩饰“人工智能”这块被玷污的金字招牌，比如信息学、知识系统、认知系统或计算智能。

不过，1997 年 IBM 的“深蓝”击败棋手卡斯帕罗夫，使得人工智能又重回大众视野。

7. 爆发：2012 年至今

2012 年 12 月 4 日，一组研究者在神经信息处理系统（NIPS）会议上提供了让他们在几周前的 ImageNet 分类竞赛中获得第一名的卷积神经网络的详细信息。他们使用了深度学习技术进行图像识别，将人工智能的研究推向了急速上升期。

2016 年，李世石在与 AlphaGo 的围棋比赛中以总比分 1 比 4 告负，此次事件让公众的注意力也大量地投向了人工智能，真正地将人工智能推向了研究和公众视野的中心。

人工智能作为科技领域最具代表性的技术，在中国取得了重大的进展，被写进“十九大”报告中。报告中指出：“要深化供给侧结构性改革。建设现代化经济体系，必须把发展经济的着力点放在实体经济上，把提高供给体系质量作为主攻方向，显著增强我国经济质量优势。加快建设制造强国，加快发展先进制造业，推动互联网、大数据、人工智能和实体经济深度融合，在中高端消费、创新引领、绿色低碳、共享经济、现代供应链、人力资本服务等领域培育新增长点、形成新动能。支持传统产业优化升级，加快发展现代服务业，瞄准国际标准提高水平，促进我国产业迈向全球价值链中高端，培育若干世界级先进制造业集群。”

人工智能将是全球新一轮科技革命和产业变革中的核心技术。最先掌握前沿技术、最先大规模应用人工智能的国家会是这一次科技革命的领导者，为此全球都在争先进行人工智能的战略部署。而中国在人工智能方面不仅有得天独厚的数据优势，而且也是全球人工智能行动最早、动作最快的国家之一，早在 2015 年，人工智能的发展就得到了国家相关部门的重视和政策支持。

1.1.2 人工智能是什么

上面我们了解了人工智能的历史，那么人工智能到底是什么呢?

人工智能字面意义就是人造的智能（Artificial Intelligence，AI），即用机器来模仿人的智能。但是关于人工智能的科学定义，学术界目前还没有统一的认识。

根据“Artificial Intelligence：A Modern Approach”的介绍，提出了几个人工智能的定义：像人一样思考，像人一样行动，理性地思考，理性地行动。

1. 理性地思考

理性地思考这里可以理解为正确地思考。其根源可追溯到古希腊亚里士多德的理性思想。它研究正确思考的规则是什么，如果我们知道了这个规则，那么我们就能正确地思考，我们可以用代码写出这些规则，让机器理性地思考，进而智能化。但是很明显，这个方法难以扩展（其实这就是专家系统）。

2. 像人一样思考

那像人一样思考呢？这是一个认知论的问题。要用计算机实现人类的智能，我们就要研究我们脑子到底是怎么想事情的。这个有点像是对人脑做一个逆向工程，很难实现。难道要等到认知科学发展到高级阶段人工智能才能有突破？而且就算不能像人一样思考，就不能智能了吗?

3. 像人一样行动

我们重塑定义，从另一个角度来考虑问题，不去研究人是怎么思考的，而是研究这种思考带来了什么样的结果，也就是基于人是如何行动来研究的。这个方法可以追溯到图灵测试。

但是有个问题：你知道 756946124 的平方是多少吗？你知道 bonjour 是什么意思吗？不知道是吗？那么人工智能也不能知道，否则过不了图灵测试。这个东西你还好意思叫它是人工智能，它都比不过计算器和电子词典。

但是这个时候，我们已经很接近人工智能了。

4. 理性地行动

“理性地行动”关注如何做决策，我们致力于研究一个理性行动的系统。这里的“理性地”可以理解为“最优化地”。

一个现代的人工智能解决方案，引入了优化、统计等数学方法。人工智能应该可以最优化我们的期望结果，比如期望结果是打扫干净房间，人工智能不需要去想什么是打扫，不用去看打扫宝典，而是决定第一步做什么，然后接下来一步怎么做等行动，怎样使现在的状态更接近“干净”这个期望的结果。

1.1.3　人工智能的能力

你甚至不需要问人工智能能干什么，细心看看周围就可以发现。因为人工智能已经应用于我们生活的方方面面，比如高铁站的人脸识别、手机的语音助手等。本书主要案例主要是人工智能在工商业方面的应用，借助人工智能等科技，企业可以诊断并优化制造流程，个性化产品种类并精准营销，做到将产品服务化，服务产品化。一方面，传统制造业企业不仅可以借助这些新技术提升生产效率，降低故障率，更重要的是将产品精准有效地服务于最终用户，从而达到产品服务化。另一方面，传统销售行业可以借助这些新技术精确分析每个客户的需求，实现服务标准化和定制化，从而达到服务产品化。

以制造业为例，生产设备的运行稳定是重中之重，如果能在问题出现以前及时排除问题，将会大大有利于企业生产。通过对机器运行的数据分析，可以实时对每一个机器的运行状况进行评估和预测，通过远程状态监测、故障预测性诊断，智能维护生产设备，降低维护的各种费用。另一方面，企业可以借助人工智能等科技直接将产品以服务的形式提供给最终消费者。

以零售业为例，商家十分在意客户是新客户还是老客户，是否会流失客户，每个客户喜欢什么。假设商家拥有一套智能化平台，某客户进店的时候就会经人脸识别而判断其是否为老客户，查询历史购买记录从而推断其本次购买意愿等。如果是新客户，则根据大数据信息及人脸识别出的基本信息来判断其消费习惯，从而达到更精准而且更标准化的营销。甚至在某个时刻，系统判断某老客户成为了易流失客户，系统会自动定向发送打折信息等。

将以人工智能为代表的高科技充分渗透到实体经济中，必将有效实现产业升级，形成经济发展的新动能。人工智能已经改变了当下，必将塑造未来。

1.2　机器学习概述

机器学习是人工智能的一种重要方法，也是现在的主流方法。在这部分中，我们了解下什么是机器学习，并了解下机器学习的各种派别，最重要的是清楚本书的学习任务和目的。

1.2.1　机器学习是什么

人工智能大师西蒙认为，学习就是系统在不断重复的工作中对本身能力的增强或者改进，使得系统在下一次执行同样任务或类似任务时，会比现在做得更好或效率更高。

如图 1-1 所示，机器学习是现代人工智能的核心，深度学习作为机器学习的一种方法，使得人工智能取得了突破性的进展。机器学习可以大致分为三种：监督学习、非监督学习和强化学习。

- 监督学习：通过标记的训练数据来推断一个功能的机器学习任务。利用一组已知类别的样本调整分类器的参数，使其达到所要求性能的过程。
- 非监督学习：在未加标签的数据中，试图找到隐藏的结构。因为提供给学习者的实例是未标记的，因此没有错误信号来评估潜在的解决方案。
- 强化学习：智能体（Agent）以“试错”的方式进行学习，通过与环境进行交互获得的奖赏指导行为，目标是使智能体获得最大的奖赏。

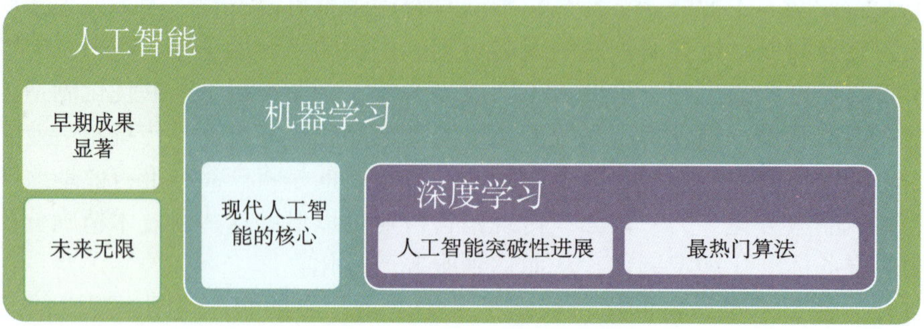

图 1-1　人工智能与机器学习的关系

本书只涉及机器学习的监督学习部分，因为这部分是许多机器学习方法的基础，也是最常用的一部分。

1.2.2　以监督学习为例

下面我们以监督学习为例，看看一个机器学习任务到底要做什么。

机器学习的任务可以简单理解为总结经验、发现规律、掌握规则、预测未来。

对于人类来说，我们可以通过历史经验，学习到一个规律。如果有新的问题出现，我们使用习得的历史经验，来预测未来未知的事情，如图 1-2 所示。

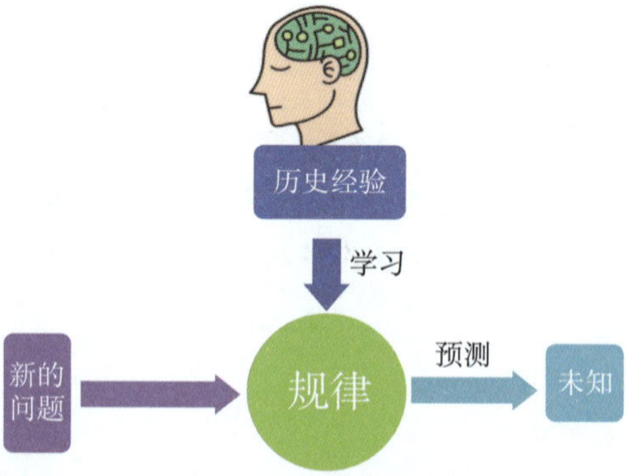

图 1-2　人类的学习任务

对于机器学习系统来说，它可以通过历史数据，学习到一个模型。如果有新的问题出现，它使用习得的模型，来预测未来新的输入，如图 1-3 所示。

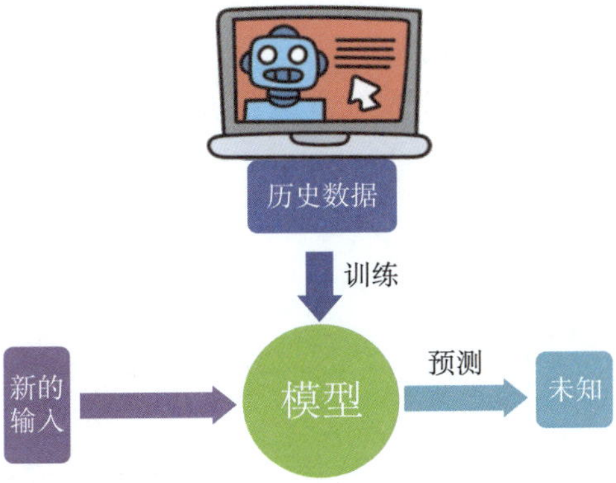

图 1-3　机器学习的任务

1.2.3　学习任务

简单理解机器学习（监督学习）任务的话，它就是寻找一个输入数据 x 到输出数据 y 的对应关系：$f(x)$，使得 $y=f(x)$。假设 $f(x)=wx+b$，那么已知大量的 x 和 y，求 w 和 b 是什么。

1.2.4　机器学习要解决的基本问题

机器学习（监督学习）要解决的问题可以分为回归和分类两个问题。

- 回归：确定两种或两种以上变量间相互依赖的定量关系。比如根据一个人的年龄、性别等因素预测一个人的身高。
- 分类：将输入数据映射到给定类别中的某一个。比如根据一个人的相貌等特征，判断其是男人还是女人。

1.2.5　机器学习如何优化模型

熟悉了机器学习的基本概念，我们应该发现，它的核心问题是确定模型的来源，更具体的问题就是，模型的参数是怎么优化的。

我们可以找一个模型的评分标准，然后最大化或者最小化这个分数。现在问题又转变为，这个评分标准是什么？怎么优化？这个评分标准就是损失函数。我们将这个损失函数的值不断降低，就是将模型的参数不断优化。在以后的课程中，我们会由浅入深地理解什么是损失函数，怎么样使用损失函数等问题。

1.2.6　机器学习工作流程

机器学习的流程可以简单概括为：数据获取、数据处理、模型训练、模型测试、模型优化。

这个流程其实和传统软件开发的流程没有太大不同。我们首先获取已知的各类数据，然后处理这些数据使其更容易运算。接着将数据输入初始化的模型中训练模型的参数［假设 $f(x)=wx+b$，那么已知大量的 x 和 y，求 w 和 b 是什么］。最后我们通过测试来判断训练好的模型是否好用。随着模型的不断使用，我们也要优化模型。

1.2.7 机器学习的各大流派

随着机器学习的不断发展，机器学习也发展出各大流派，详情可见图 1-4 及相应网址（https://www.techleer.com/articles/203-machine-learning-algorithm-backbone-of-emerging-technologies/），这里不展开叙述。

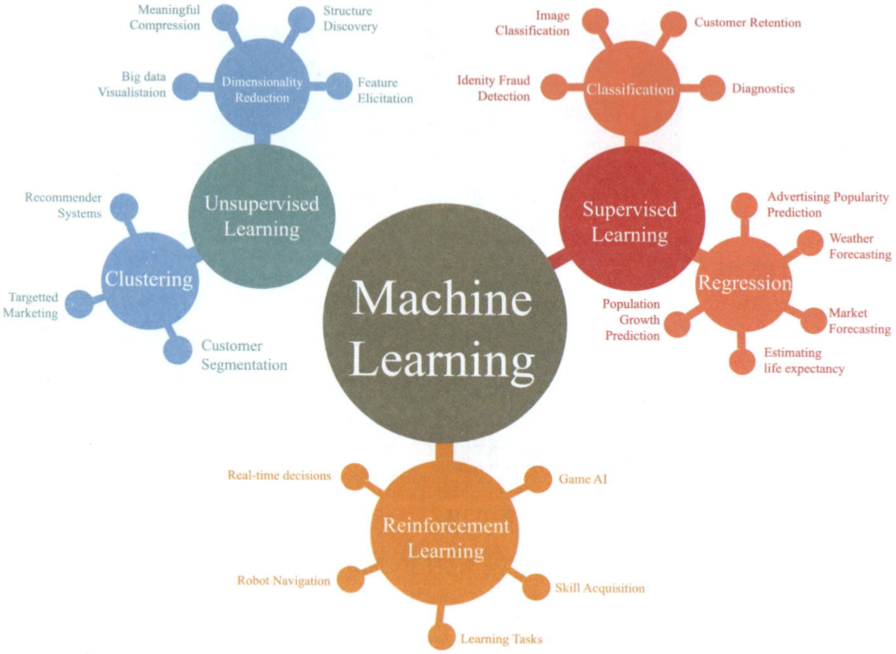

图 1-4 机器学习各大流派

1.2.8 机器学习算法选择

机器学习算法选择也是一门学问，详见图 1-5 及相应网址（https://scikit-learn.org/stable/tutorial/machine_learning_map/index.html），这里不展开叙述。

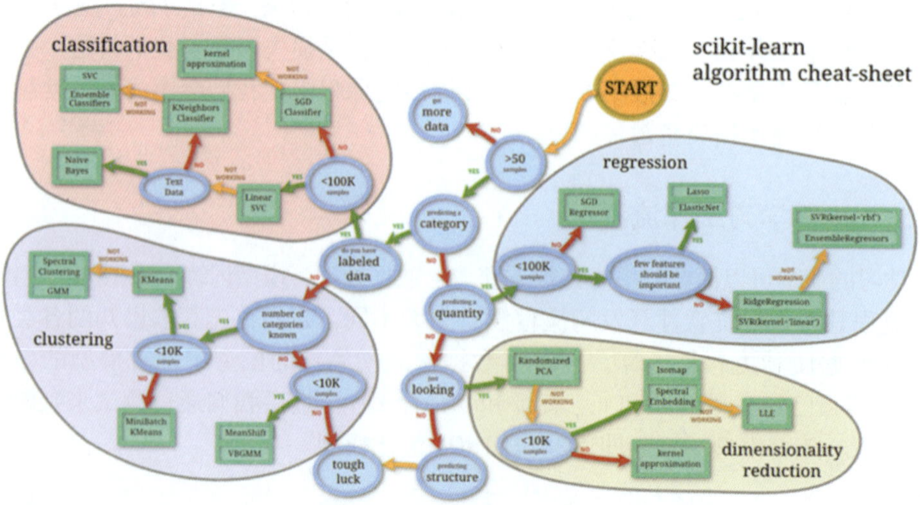

图 1-5 机器学习算法选择

1.2.9　需要的知识

机器学习是一门高深的学问，是不能速成的，但是机器学习应用是可以速成的。如果想要真正地理解并掌握机器学习，你需要具有如下基础：数学、编程、数据处理、英语及计算机基础知识。但是如果想要具备机器学习应用的基本技能，具备一些计算机基础知识就够了。

1.3　深度学习概述

深度学习（deep learning）是机器学习的一个分支，是一种试图使用包含复杂结构或由多重非线性变换构成的多个处理层对数据进行高层抽象的算法。深度学习网络示意图如图 1-6 所示。

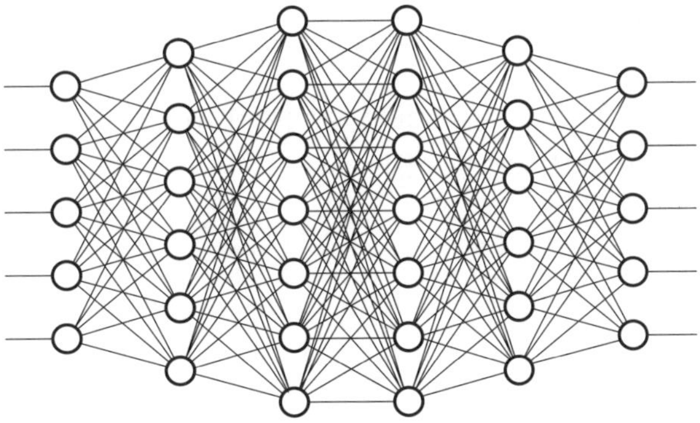

图 1-6　深度学习网络示意图

在具体应用中，深度学习主要应用于图像识别和自然语言处理中，也应用于推荐系统中。总体来说深度学习应用于强调结果准确，不强调分析原因的系统中。对于常见的如图像识别类的应用，已经有大量的 API 可供我们调用，不需要我们自己实现，所以对于初学者，只要知道什么场景使用何种深度学习模型即可，这样用的时候直接找对应 API 就行了。

1.4　机器学习与统计学

机器学习与统计学有着千丝万缕的联系，它们经常使用类似的方法，做着类似的工作，但是分析的方法却不尽相同，需要的结果也不太一样。总之，它们既有区别，又有联系。关于二者的关系，网上也有很多讨论，有兴趣的读者建议看看这个讨论（https://www.zhihu.com/question/29687860），这里总结如下。

（1）共同点：统计方法和机器学习方法的目的都是从数据中挖掘到感兴趣的信息。它们都是要找到一个函数 $f(x)=wx+b$，用 x 来解释、预测 y。

（2）区别：在刻画 $f(x)$ 的过程中，

① 统计学家用的方法是，对于 $f(x)$ 的形状和 y 的分布进行一些假设。比如说假设 $f(x)$ 是线性模型，或者 y 满足正态分布，然后来求在一定标准下最优的 $f(x)$。接着根据对数据分布的假设或者是大数定律，可以求出参数估计的不确定性，或者是标准差，进而构建置信区间。

- 优点：可以对不确定性进行度量。简单模型的可解释性强。当假设满足时模型科学、准确、严谨。
- 缺点：复杂情况下假设难以验证。

② 机器学习专家：不对 y 的分布进行过多的假设，直接通过交叉验证来判断模型好坏。

- 缺点：缺乏科学严谨性。
- 优点：简单粗暴。

人们常说，“统计学家更关心模型的可解释性，而机器学习专家更关心模型的预测能力”，总体来说，可解释性强的模型会损失预测能力，预测能力强的模型往往比较难解释。

在我们的实际工作中，一定要根据合适的场景选择合适的模型和方法，不要一味地使用深度学习，其原因一方面是因为深度学习缺乏解释能力，更重要的是“杀鸡没必要用牛刀”。

1.5 课后练习

1. 请观察自己身边的各类智能产品，说说它们都使用了什么人工智能技术。
2. 举例说明回归问题和分类问题的区别。

第2章 机器学习基础知识

我来，我见，我征服

——盖乌斯·尤利乌斯·凯撒

知识点

- 数据的种类
- 线性回归
- 最小二乘法
- 判断拟合好坏
- KNIME 基本使用

机器学习不是一门简单的学问，其背后涉及的各类知识尤其是统计学知识更是很多同学的痛点，往往导致很多同学想学机器学习但是又不敢开始。一门学问的入门往往不需要过多的预备知识，机器学习也不例外。很多教材要不涉及大量的数学公式而让初学者望而却步，要不过于应用化，同学们知其然不知其所以然。本书试图解开这个难题，没有太多的公式，还能让同学们知其然也知其所以然。从本章开始，我们试图用图形化的方法来介绍机器学习。

2.1 数学基础

在机器学习初始阶段，我们需要具备的数学知识主要是中学所学习的初等数学知识和统计学知识。有同学会问不需要掌握线性代数或者高数知识吗？我们的答案是初学者不需要，因为这二者涉及的是如何计算的问题，而这些已经完全交给了计算机。

2.1.1 数据的分类

数据可以分为分类数据和数值数据，如图 2-1 所示。

分类数据（Categorical Data）：反映事物类别的数据。如人按性别分为男、女两类。分类数据又可以分为无序数据和有序数据。无序数据顾名思义，就是没有顺序关系的数据，比如男，女。有序数据就是有大小顺序关系的数据，比如小，中，大。

数值数据（Numerical Data）：数值形式的数据，比如一组青少年的身高体重，某人一个月的工作业绩等。数值数据又可以分为离散数据和连续数据。

在实际机器学习项目中，我们遇到的大多是数值数据，但是也会有分类数据。结合第 1 章的内容，同学们应该可以想象数值数据如何使用。但是对于分类数据，使用起来就没有那么直接了，大家可以发挥一下想象力，想象分类数据如何带入模型。我们将会在后面内容中介绍分类数据的使用问题。

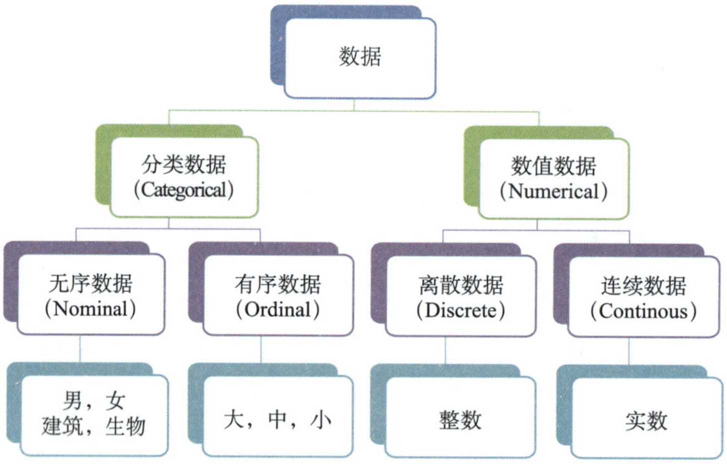

图 2-1 数据的分类

2.1.2 基本统计学术语

1. 平均值

平均值（Mean）是统计学中的一个重要概念，是集中趋势最常用的测度值，目的是确定一组数据的均衡点。平均值可能是我们最熟悉的一个统计值，比如我们经常会在新闻中看到平均工资、平均价格等。因为用平均值表示一组数据的情况，有直观、简明的特点，所以在日常生活中经常用到。

但是平均值又是一个经常被错误使用的统计值。假设我们班有 49 个人，有一天转来一个新生，是李嘉诚家族的一个小孩。如果计算我们班同学的平均资产，这个任务就变得没有什么意义了，因为大家都被平均了。再举一个例子，统计学家最喜欢举的关于平均值例子可能就是“男人和女人平均有一颗睾丸”，但这是个正确但毫无意义的平均值。

2. 期望值

期望值可以简单地认为就是平均值。

3. 中位数

中位数（Median）代表一个数据集中的一个数值，它可将数据集划分为相等的上下两部分。对于具有奇数个数据的数据集，可以通过把所有数据按高低排序后找出正中间的一个作为中位数。如果数据有偶数个，则中位数不唯一，通常取最中间的两个数值的平均数作为中位数。对于一组有限个数的数据集来说，其中位数是这样的一种数：这群数据中一半的数据比它大，而另外一半数据比它小。

还以我们班转来李嘉诚家族的一个小孩为例，根据中位数可以发现，他在不在我们班对中位数的影响都有限，所以中位数能够有效避免数据被平均的问题。

4. 标准差

标准差（Standard Deviation），数学符号为 σ（sigma），在概率统计中最常被使用作为测量一组数值的离散程度之用。

5. 正态分布

正态分布（Normal Distribution）又名高斯分布（Gaussian Distribution），是一个非常常见的连续概率分布。正态分布在统计学上十分重要，经常用在自然和社会科学中来代表一个不明的随机变量。在图 2-2 中，μ 是期望，σ^2 是方差，图所示的就是不同期望与方差情况下的正态分布图。其中期望为 0，方差为 1 的情况就是标准正态分布。

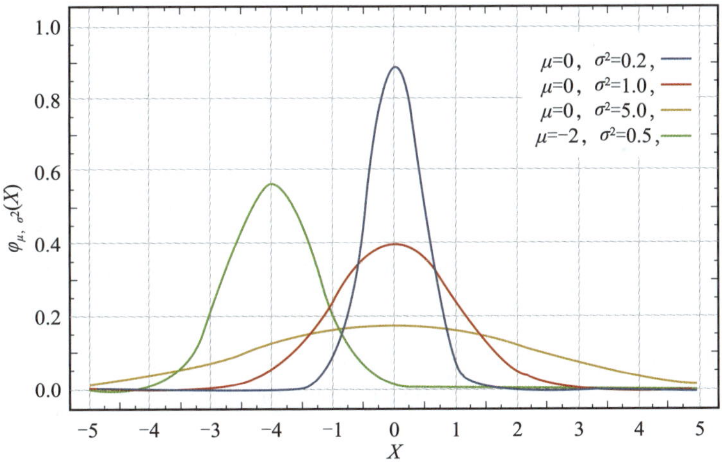

图 2-2　正态分布

从图 2-3 可以看出标准差在正态分布中的体现。约 68% 数值分布在距离平均值有 1 个标准差之内的范围，约 95% 数值分布在距离平均值有 2 个标准差之内的范围，以及约 99.7% 数值分布在距离平均值有 3 个标准差之内的范围，称为“68—95—99.7 法则”。

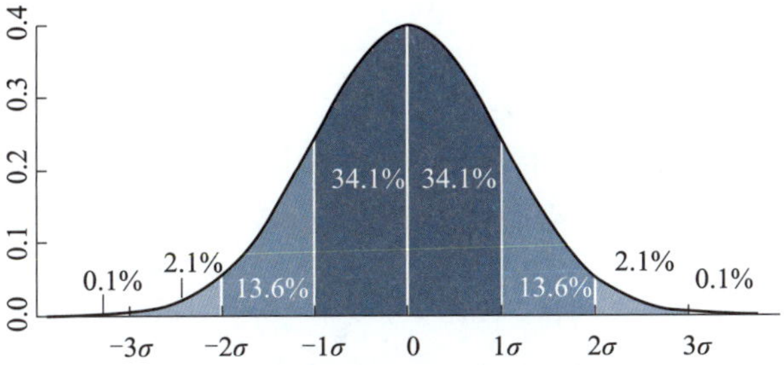

图 2-3　正态分布与标准差

2.1.3 回归

统计学中，回归是确定两种或两种以上变量间相互依赖的定量关系的一种统计分析方法。而在机器学习中，回归是一种预测性的建模技术，它研究的是特征和标记之间的关系。

首先，"回归"是什么意思呢？回归的意思其实就是回归到平均值，如图 2-4 所示。例如一个苹果值 5 块钱，那么市场价格肯定会在 5 块钱上下浮动，但是不管怎么动，都不会太离谱，价格太高或者太低的话，最终都会"回归"到 5 块钱附近。又如，一个家族的人平均身高是 1.7m，假设其中一个家庭成员长得尤其高，有 2.3m 那么高，一般来说他的子女很难还有那么高的，会"回归"到家族的平均身高 1.7m 左右。在机器学习中，这就是我们要找一个模型，使它预测的值回归到真实值，而不要偏离太远。

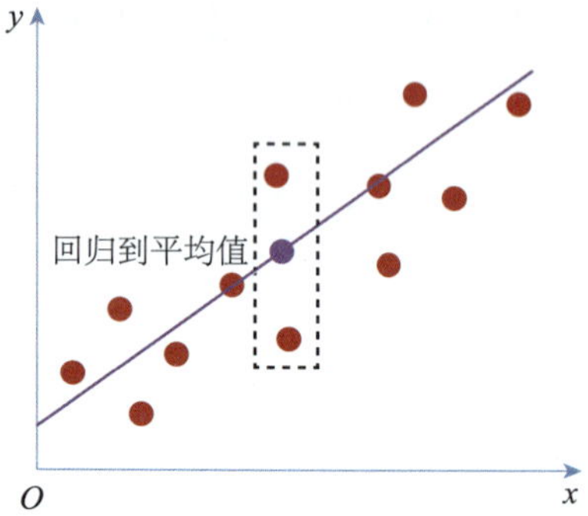

图 2-4　回归就是回归到平均值

广义的回归可以简单分为线性回归和逻辑回归两种。人们常说的回归其实就是线性回归，而逻辑回归其实涉及分类问题了。

下面以简单线性回归为例，看看回归到底是什么。

1. 简单线性回归

简单线性回归处理的问题就是"$y=b+wx$"的问题。在机器学习中，y 叫做标记，x 叫做特征，w（weight）是权重，b（bias）是偏置。简单线性回归就是通过已知的若干个 x 和 y 求解未知的 w 和 b。

结合图 2-5 所示以年薪与工龄的关系为例，来看看简单线性回归的公式的意义。

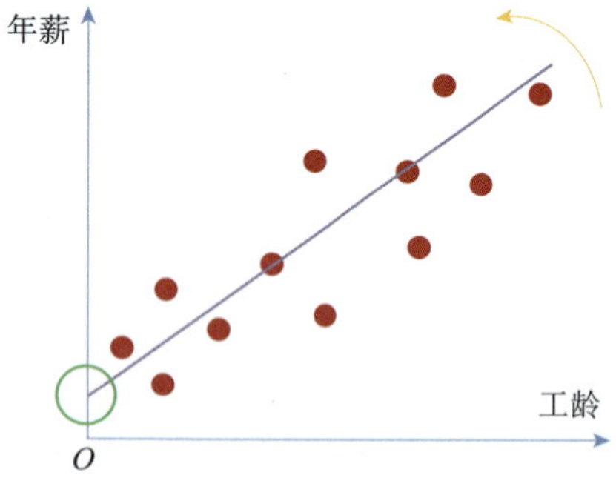

图 2-5　简单线性回归举例

偏置就是直线与纵轴的交点，权重其实就是斜率。简单线性回归就是找到合适的权重和偏置，使这条线尽可能地接近这些点的分布。

2. 多元线性回归

和简单线性回归类似，多元线性回归的问题是：$y=b+w_1x_1+w_2x_2+\cdots+w_nx_n$，就是要通过已知的 x_i 和 y 求解未知的 w_i 和 b。比如年薪不仅仅与工龄相关，还与其他特征，比如学历、工作经历等相关，这种情况下就需要多元线性回归了。

2.1.4 最小二乘法

我们已经知道了回归是要让回归线能够尽可能地接近这些点的分布，那么，怎么保证尽可能地接近点的分布呢？会不会有什么衡量方法呢？我们可以用最小二乘法来解答这个问题。

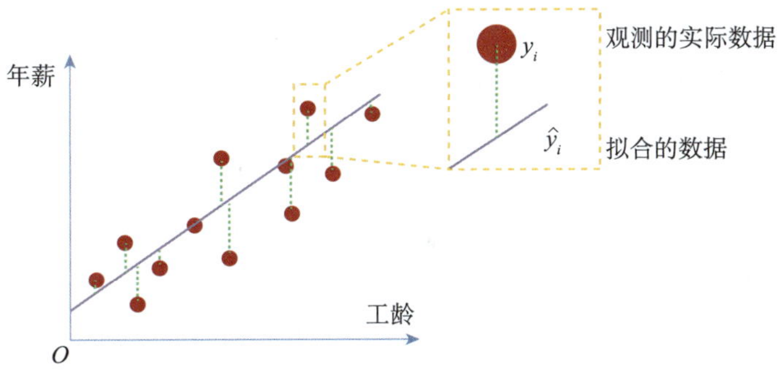

图 2-6　观测数据和拟合数据

如图 2-6 所示，假设观测到的实际数据点纵坐标 y_i，以这个点作垂线，与拟合的直线交点的纵坐标记为 $\hat{y}_i$。拟合得好的话，我们可以理解为想要每一组 y_i 和 $\hat{y}_i$ 尽可能地接近。但是如果采用 $\hat{y}_i - y_i$ 的话，各个观测值与拟合值差的和 $\Sigma(\hat{y}_i - y_i)$ 可能会正负值互相抵消，并不能真正反映我们需要的接近程度。所以，我们采用 $(\hat{y}_i - y_i)^2$ 来度量每个观测点和拟合值的接近程度，它们全部相加的和 $\Sigma(\hat{y}_i - y_i)^2$ 的大小可以用来判断整体接近程度的好坏。可以看出，这个值越小，拟合程度越好，最小二乘法要做的，就是最小化 $\Sigma(\hat{y}_i - y_i)^2$。由于 $\Sigma(\hat{y}_i - y_i)^2$ 度量的是所有实际数据与拟合数据偏离的程度，可以看成是一种拟合数据反映实际数据误差，或者损失，所以它也是一种损失函数。损失函数有很多种，但是总体来说就是度量实际数据和拟合数据偏离的程度。

在很多地方，经常出现均方差（Mean Square Error，MSE）概念，其实这个均方差用公式表示为 $\frac{1}{m}\Sigma(\hat{y}_i - y_i)^2$，其中的 m 是样本数目。很明显，对于一个数据集来说，损失函数要不要除以 m 不会对拟合好坏的比较产生什么影响。

2.1.5　判断拟合好坏

很多时候，机器学习工程师将 $\Sigma(\hat{y}_i - y_i)^2$ 最小化之后就结束工作了。但是对于统计学家来说，还要继续判断模型的解释能力，即度量响应的变化中可以由自变量解释的部分所占的比例。

1. 决定系数

假设一组数据 X_1，X_2，…，X_n，告诉你除了 X_n 以外所有的数值，让你猜猜 X_n 是多少？你觉得下面哪个更合理？

- 最大值。
- 最小值。
- 平均值。
- 随便猜一个。

相信大多数人都会觉得平均值更合适一些。如图 2-7 所示，如果把这个平均值画出来，然后找到每个实际的观测点到这个平均线的距离，可以算出这些距离的平方和：$\Sigma(y_i - \bar{y})^2$，这里的 $\bar{y}$ 就是平均值。

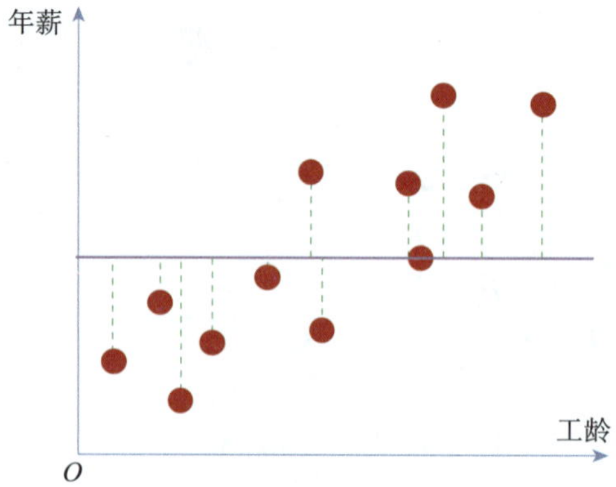

图 2-7　各个点到平均值的距离

下面给出两个定义：

$$\mathrm{SS_{res}} = \sum (y_i - \hat{y}_i)^2$$

$$\mathrm{SS_{tol}} = \sum (y_i - \bar{y})^2$$

上面第一个公式是残差平方和，用于判断观测点和回归线的接近程度，第二个公式是总平方和，用于判断各个测量点和平均值的接近程度。下面，我们定义决定系数（Goodness of fit）：

$$R^2 = 1 - \frac{\mathrm{SS_{res}}}{\mathrm{SS_{tol}}}$$

观察上面的公式及图 2-8，线性回归（右侧）的效果比起平均值（左侧）越好，决定系数的值就越接近于 1。

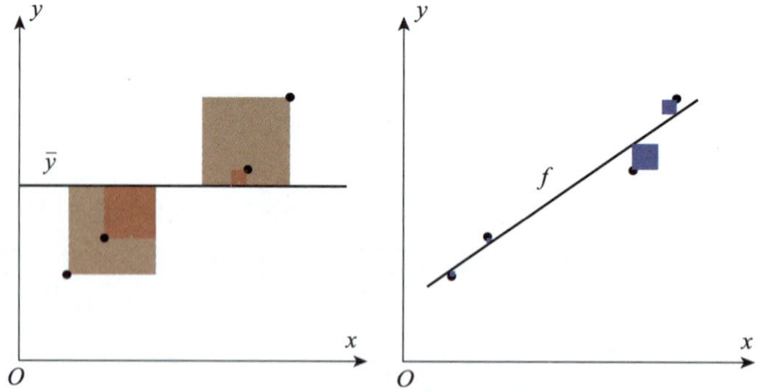

图 2-8　总平方和与残差平方和（左图为总平方和示意，右图为残差平方和示意）

由于我们计算的都是平方和，所以可以用正方形的面积表示。如果是求总平方和，可以看成是数据对于平均值的残差的平方和，每个残差平方就是以数据点到平均值的距离为边长的正方形的面积，这样总平方和就是这些正方形面积之和。如果是求残差平方和，每个残差平方就是以数据点到拟合线的距离为边长的正方形的面积，所有这些面积相加就是残差平方和。

2. 调整的 R^2

R^2 可以较好地反映拟合得好坏，但是有一个小问题：随着自变量的增多，$\mathrm{SS_{res}}$ 不会变大，导致决定系数不会变小。这是否告诉我们，模型的自变量越多越好呢？事实上，模型越复杂，模型越容易出问题，简单一些的模型才好（奥卡姆剃刀）。为了能够更公平地对比不同自变量个数的模型，我们引入调整的 R^2（Adjusted R^2）：

$$\text{Ajd}\,R^2 = 1-(1-R^2)\frac{n-1}{n-p-1}$$

其中，p 表示自变量数目，n 表示样本数目。它其实就是引入了对 p 的惩罚，p 越大惩罚越大，这样就可以防止误认为模型越复杂越好了。

2.1.6　小结

现在，我们了解了什么是线性回归，并且知道了如何判断回归线拟合得好坏，这样就有了基本够用的进一步学习机器学习的基础知识了。

2.2　读图

在做任何机器学习项目之前，看懂数据是十分重要的一环。看懂数据最直观的方法就是读懂各种数据图表。对于机器学习工程师来说，不仅要读懂图，还要知道什么数据用什么图展示。这里介绍几种常用的图，方便以后遇到的时候能够方便地看懂数据。

2.2.1　数值数据的分布

一组数据是如何分布的，怎样快速地看出来呢？我们可以使用直方图。如图 2-9 所示，横坐标代表数据的取值，纵坐标表示数据量。直方图中每一个柱子都是一个取值范围，柱子越高表示这个范围的数据量越多。从直方图我们可以清楚地看到哪个范围的数据比较多、哪些比较少、大致的分布，进而为下一步的分析奠定基础。

一维数据用直方图查看，而二维数据可以画出如图 2-10 所示的联合分布图。在这个图中，中间的数据图为散点图，各个点就是数据，而上边和右边的直方图就是对应的边缘分布。以图 2-9 所示的直方图为例，一个根柱子的长度就是在某个 x 范围内，包括所有 y 值的

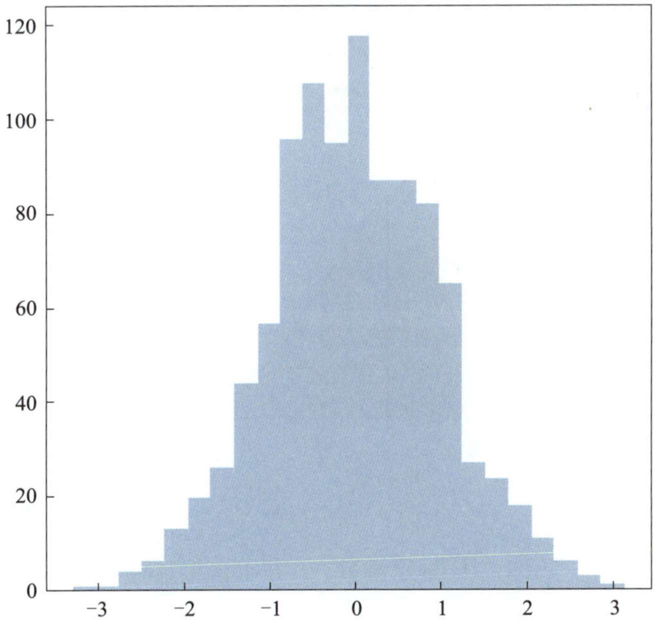

图 2-9　直方图

数据总量。这个图不仅仅能看到单个数据的分布，而且能够看出数据的关系，在实际使用中会给人以很多启示。很多情况下，我们仅仅查看中间的散点图。

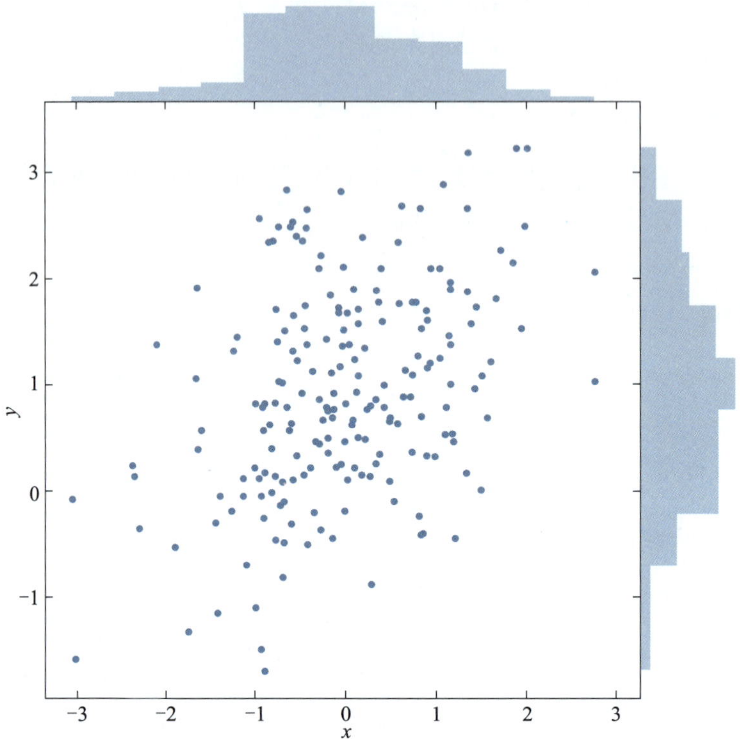

图 2-10　二维数据联合分布图

2.2.2　分类数据的分布

1. 四分位数

四分位数（Quartile）是统计学中分位数的一种，即把所有数值由小到大排列并分成 4 等份，处于 3 个分割点位置的数值就是四分位数，如图 2-11 所示。

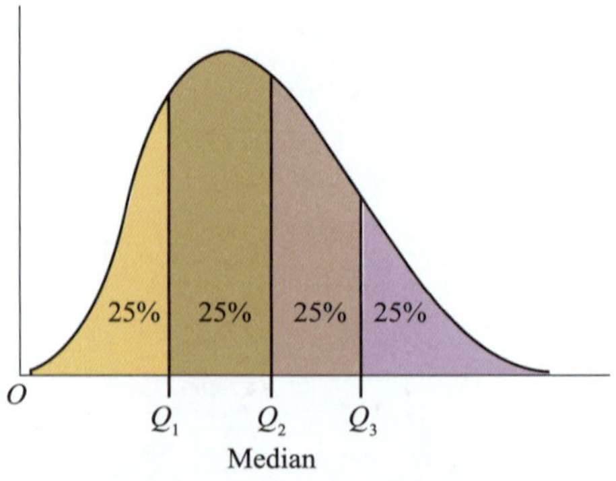

图 2-11　四分位数

- 第一四分位数（Q_1），又称“下四分位数”，等于该样本中所有数值由小到大排列后第 25% 的数字。
- 第二四分位数（Q_2），又称“中位数”，等于该样本中所有数值由小到大排列后第

50% 的数字。

- 第三四分位数（Q_3），又称"上四分位数"，等于该样本中所有数值由小到大排列后第 75% 的数字。
- 第三四分位数与第一四分位数的差距又称四分位距（Inter Quartile Range，IQR）。

2. 箱线图（箱形图）

这是一种用作显示一组数据分布的统计图。如图 2-12 所示，它能显示出一组数据的最大值（maximum）、最小值（minimum）、中位数（median）、下四分位数（first quartile）及上四分位数（third quartile）。箱子中间的线叫做中位线，箱子上下的竖线叫做胡须（Whisker），一般情况下，胡须的末端是最大值或者最小值。

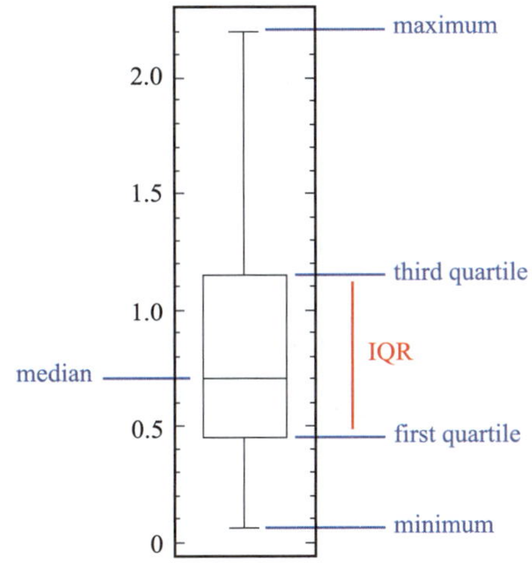

图 2-12　箱线图

最简单的箱线图展示数据分布的所有范围（最小到最大）、可能的变化范围（IQR）、典型值（中位数，注意不是平均数）。不正常的值会以异常值的形式分布在最大值和最小值之外。John Tukey（箱线图发明人）提供了以下两种异常值的定义。

- 异常值（Outliers）：最大值之上或最小值之下 3 × IQR 的数据。
- 疑似异常值（Suspected Outliers）：最大值之上或最小值之下 1.5 × IQR 的数据。

如图 2-13 所示，如果有上面的任何一种异常值，箱线图的胡须末端为异常值截断点，称为内限（Inner Fence），位置是 Q_3+1.5 × IQR（和 Q_1−1.5 × IQR），对应疑似异常值用空心圆圈表示。类似的，外限（Outer Fence）位于 3 × IQR 处，对应异常值用实心远点表示。

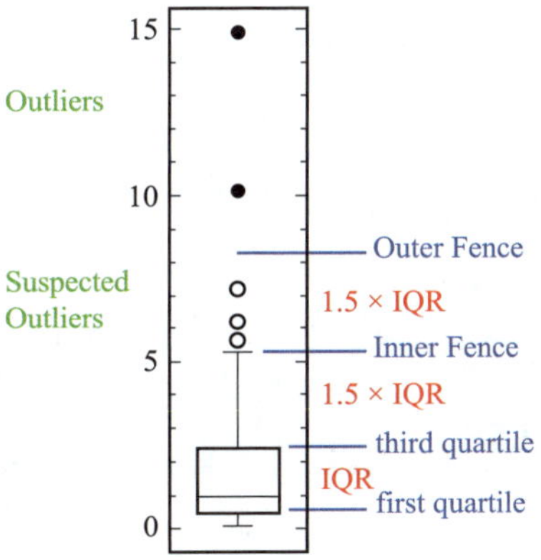

图 2-13　箱线图异常值

图 2-14 所示的箱线图与四分位数的关系，给我们一个更加直观的映像。

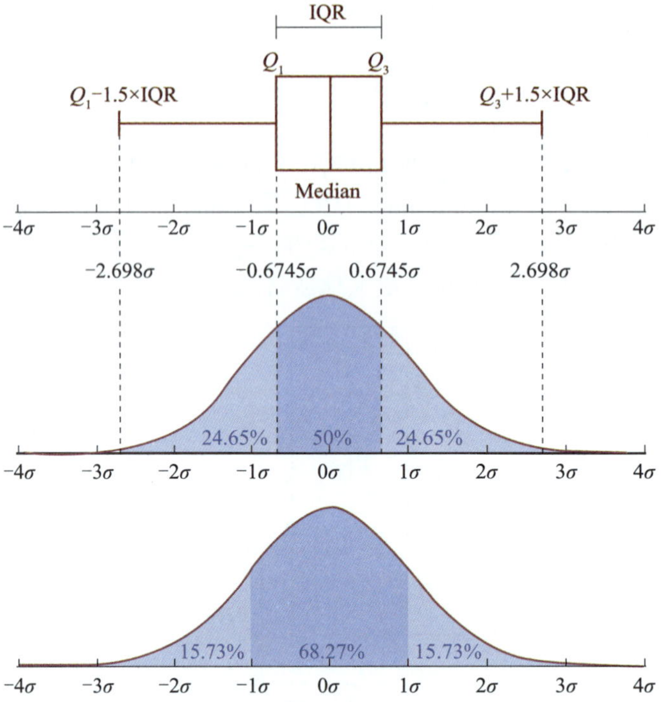

图 2-14 箱线图与四分位数的关系

3. 柱状图

类似数值数据的直方图，分类数据则有柱状图。通过柱状图，我们可以看出每种分类的分布情况。如图 2-15 所示，横坐标表示各个分类，纵坐标给出了各个分类数据的数量。

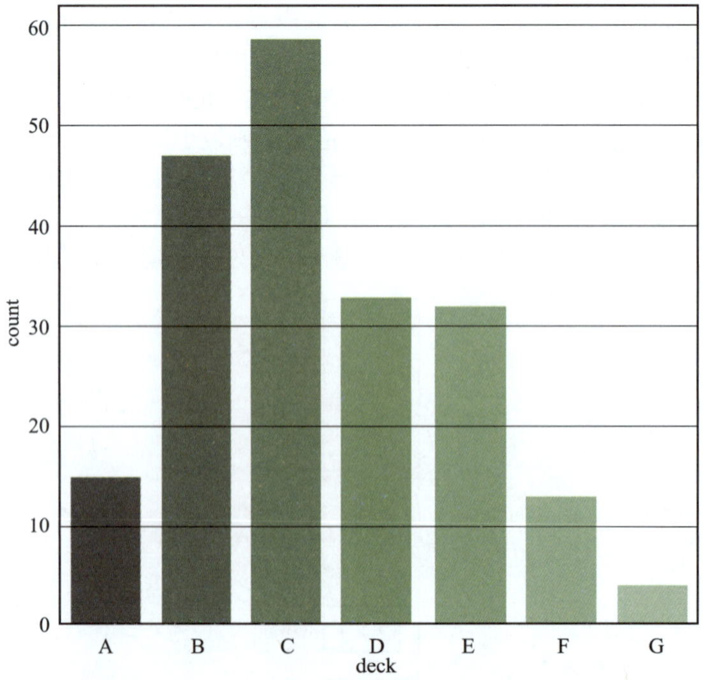

图 2-15 柱状图

2.3　KNIME

"工欲善其事，必先利其器"。在我们具体进行机器学习任务时，大多数教程和书本都使用 Python 作为工具。但是对于初学者来说，入门机器学习还要学会编程实在是让人害怕。而且在实际操作中，还可能陷入 Python 语法等编程细节中，而却忽视了机器学习本身的理解。这里，我们采用一个图形化机器学习工具 KNIME 作为工具。KNIME 简单易用并且完全免费，很适合初学者入门机器学习，同时又可以进行大量企业级的机器学习项目，学习起来性价比很高。

2.3.1　KNIME 简介

KNIME（音：nime），英文全称为 Konstanz Information Miner，由康斯坦茨大学的 Michael Berthold 小组开发，是一款基于 Eclipse 开发环境的机器学习工具，采用的是类似数据流的方式来建立流程，并且可以与其他系统集成，如：Python，Java，Tableau 等，而且有着丰富的第三方扩展，方便开展各类机器学习任务。

2.3.2　下载和安装

该软件的下载和安装很简单，直接到其官网（https://www.knime.com/）下载然后安装即可。唯一需要注意的是设置好自己合适的工作路径，如图 2-16 所示。

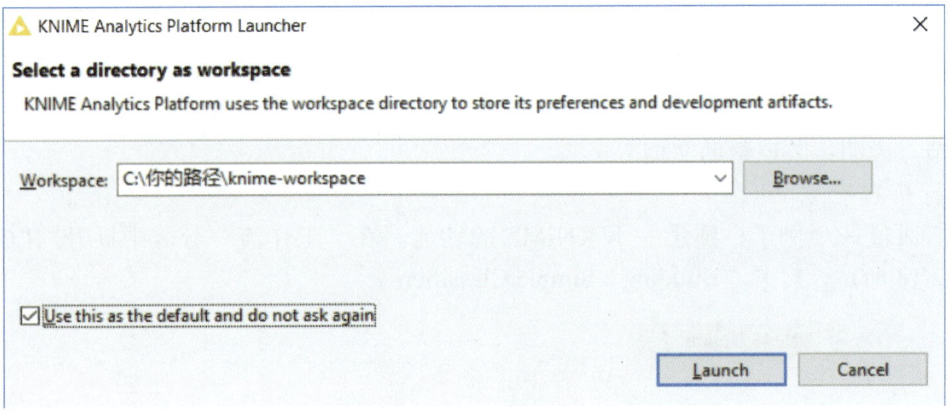

图 2-16　工作路径设置

2.3.3　KNIME 基本使用

1. 熟悉界面

软件的初始界面和各部分简介如图 2-17 所示。

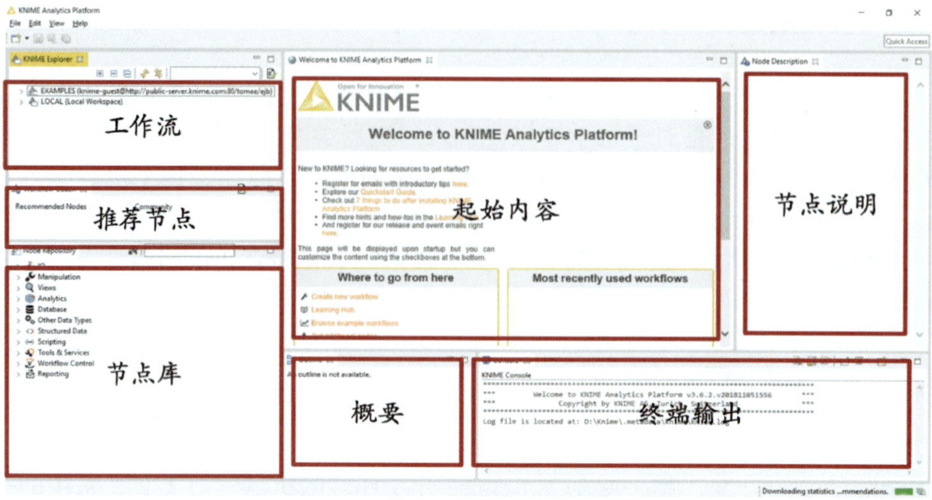

图 2-17　初始界面

有一点需要格外注意的是，对于这类工具软件，千万不要一上来就研究其界面。我们应该做的是大概知道有哪些东西就可以了，然后在使用中逐渐熟悉具体细节。下面简单说下各分区的功能。

- 工作流：展示可用的所有工作流。
- 推荐节点：根据现在的工作状态，预测下一步可能会用到的节点。
- 节点库：所有可用节点。
- 起始内容：刚进入软件时显示的内容。
- 概要：概要内容。
- 终端输出：工作中输出的提示、错误等信息。
- 节点说明：节点帮助文档。

2. 打开例子

我们通过一个例子，熟悉一下 KNIME 的功能。在“工作流”分区中展开“LOCAL”，按照图 2-18 所示，打开“Building a Simple Classifier”。

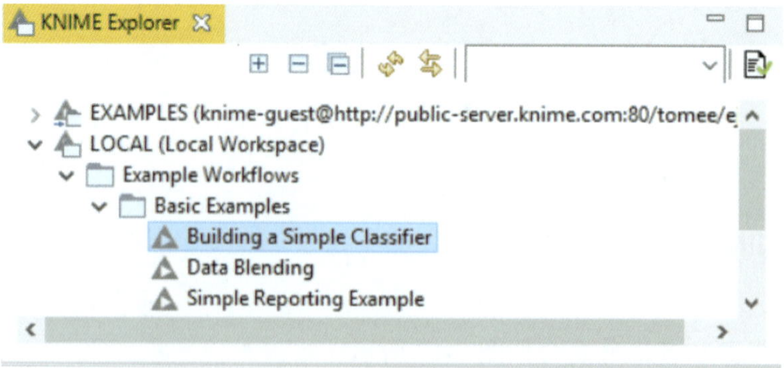

图 2-18　打开“Building a Simple Classifier”

打开的界面如图 2-19 所示。这个例子是官方案例，其中有大量的注释，希望大家能够仔细看看。虽然是英文文档，但是语言还是比较简单的。

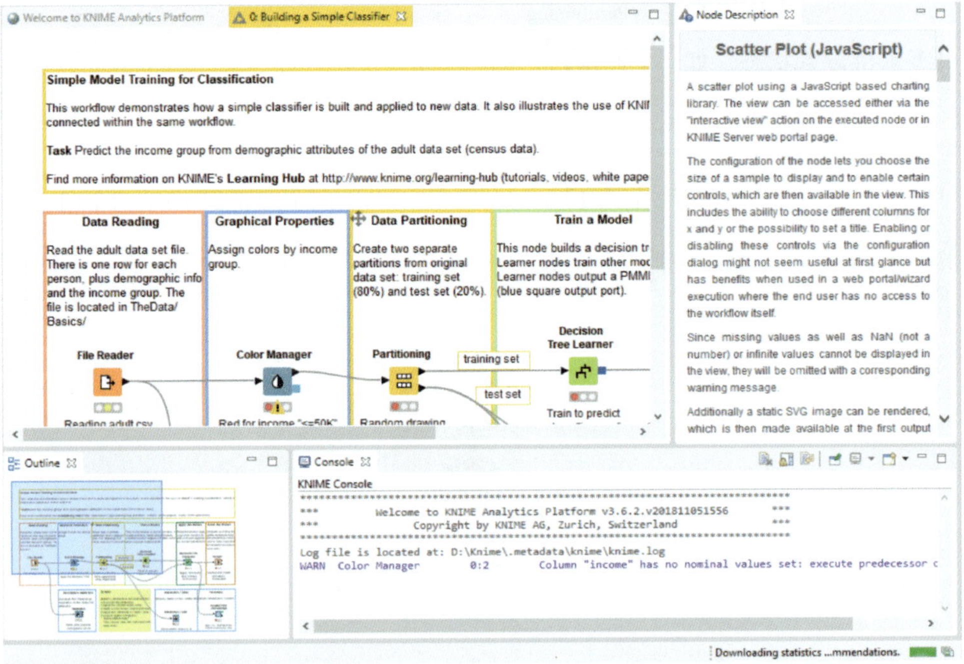

图 2-19　Building a Simple Classifier 案例

对照图 2-17 和图 2-19，可以详细了解到每个界面部分的功能。界面的主要部分，就是我们的“工作流”分区。这个工作流，其实就是将我们讲到的机器学习的流程采用 KNIME 图形化实现的一种方法。

3. 节点和工作流

如图 2-20 所示，KNIME 的节点就是一个工作单元，每一个节点完成一步工作。一系列节点共同完成一个任务，形成一个工作流。

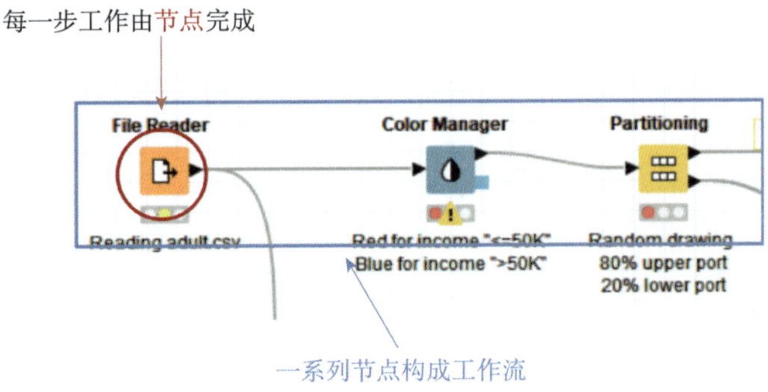

图 2-20　节点和工作流

节点有不同的工作状态，使用交通灯形式来显示状态。

黄灯表示待运行状态，如：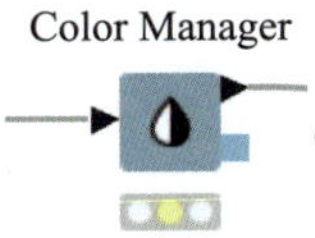

。

红灯表示待设置状态，如：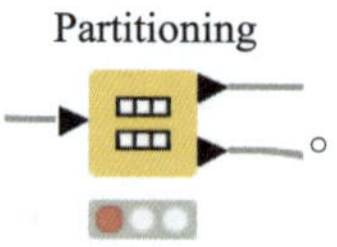。

绿灯表示已运行状态，如：。

工具栏上的两个按钮，分别用于运行单个节点和整个工作流，节点的详细说明如图 2-21 所示。

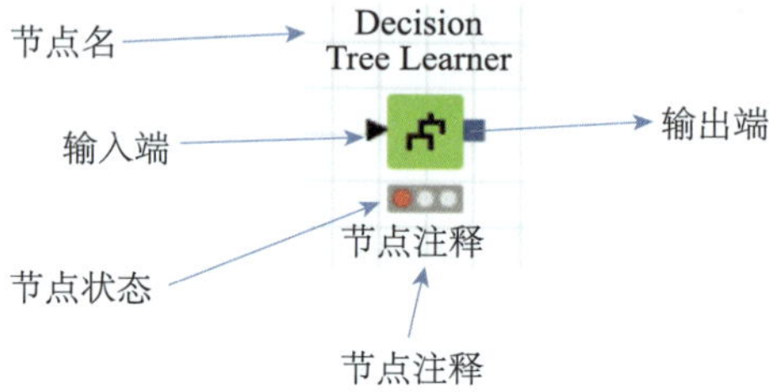

图 2-21　节点的详细说明

4. 观察数据

在开始使用模型创建工作前，首先观察一下我们的数据。KNIME 有一系列观察器用来观察数据，我们可以选择直方图（Histogram）来查看年龄和收入的关系。这里对使用方法仅做一个简单介绍，具体内容我们会在项目中介绍。首先可以在节点分区（见图 2-22）搜索直方图，选中之后将其拖入“工作流”分区中并放到合适位置。

然后将此节点与“File Reader”节点连接，选中此节点后单击工具栏中的绿色运行按钮，节点状态变为绿灯，如图 2-23 所示。

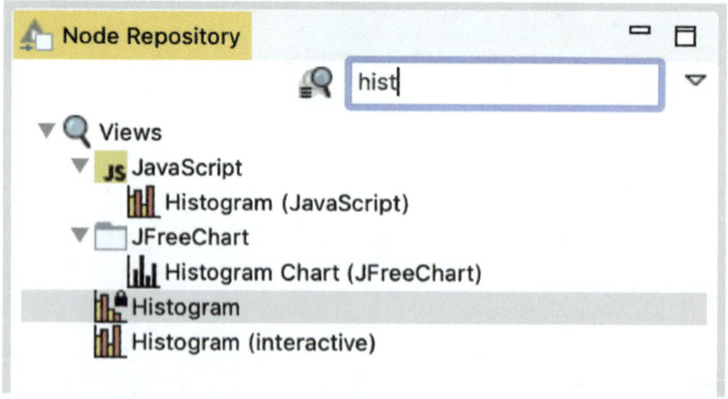

图 2-22　寻找直方图节点

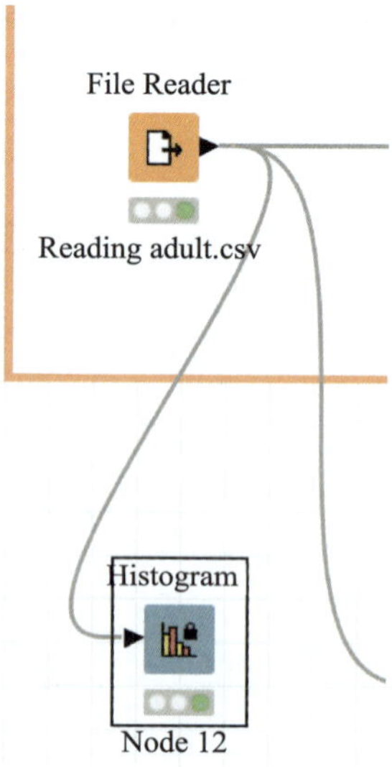

图 2-23　将此节点与“File Reader”节点连接

接着双击这个新建的节点，打开画图设置对话框，如图 2-24 所示，这里已经有了基本设置，我们大致看一下。在“Aggregation column”的“Available columns”列表框中选择

“age”，接着单击“add >>”按钮将其添加到“Aggregation columns”列表框中。单击“OK”按钮保存并关闭。

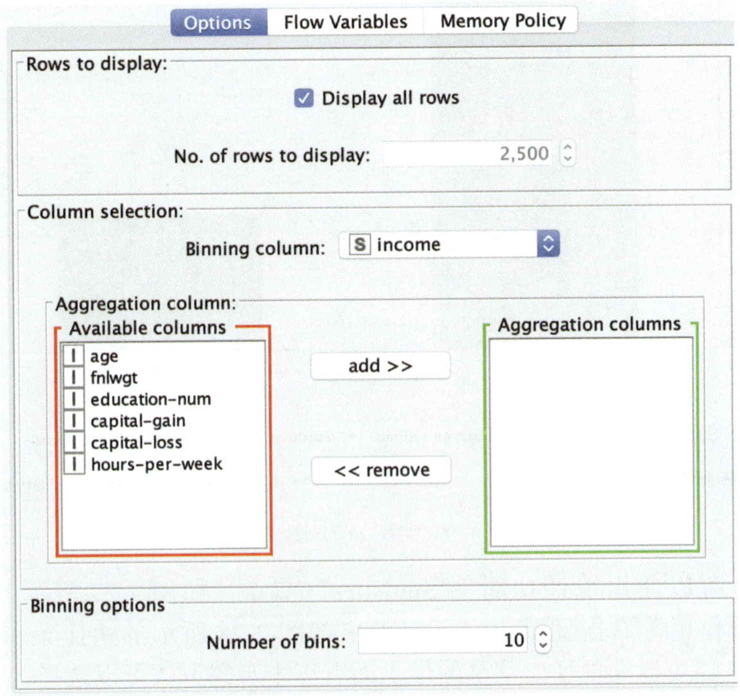

图 2-24　画图设置对话框

右击此新建的节点，在弹出的快捷菜单中选择“View:Histogram View”，如图 2-25 所示。

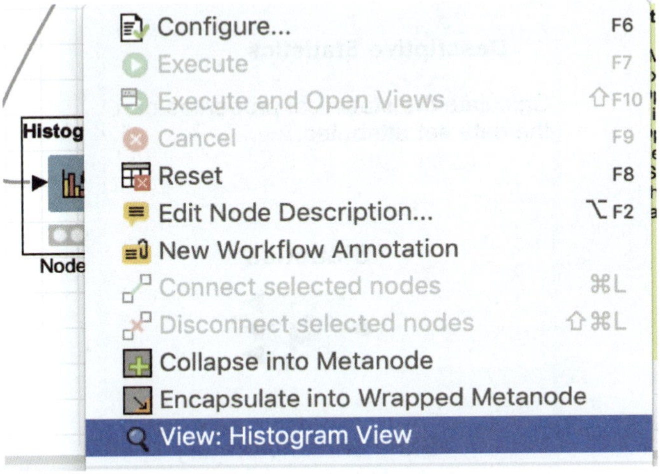

图 2-25　右击节点快捷菜单（1）

这样就会打开直方图，如图 2-26 所示。可以简单浏览一下即可，因为这个阶段我们只是想了解软件功能，不需要熟悉怎么使用。

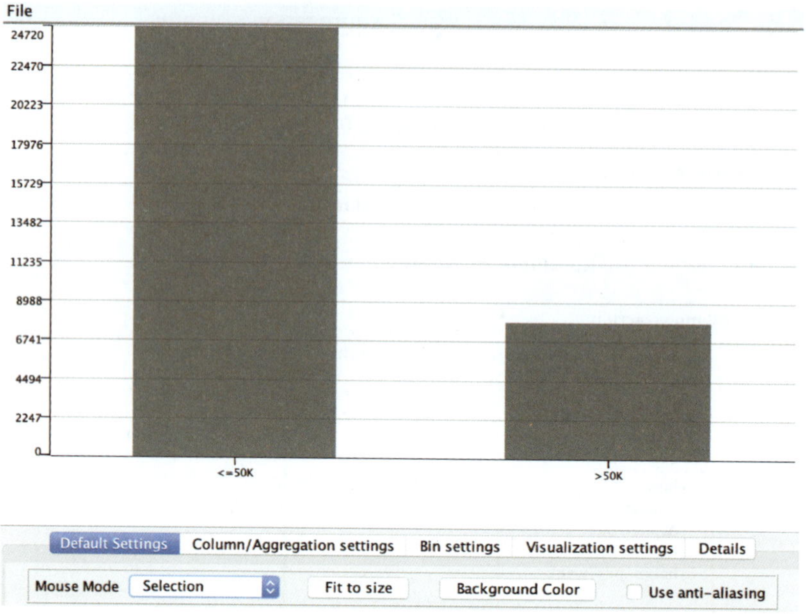

图 2-26 直方图

类似的，也可以使用统计功能（“Statistics”节点，如图 2-27 所示）查看数据的统计属性。具体操作也是右击此节点，可以弹出如图 2-28 所示的快捷菜单。除了“View：Statistics View”，还可以发现弹出菜单的最下面有三个观察方法可以选择，其实这三个观察方法是对应的输出节点的数据，但是 KNIME 也给了它们一些可视化功能，我们这里选择“Statistics Table”。

图 2-29 所示的是这个数据集部分特征的统计值，请读者自己看一看。

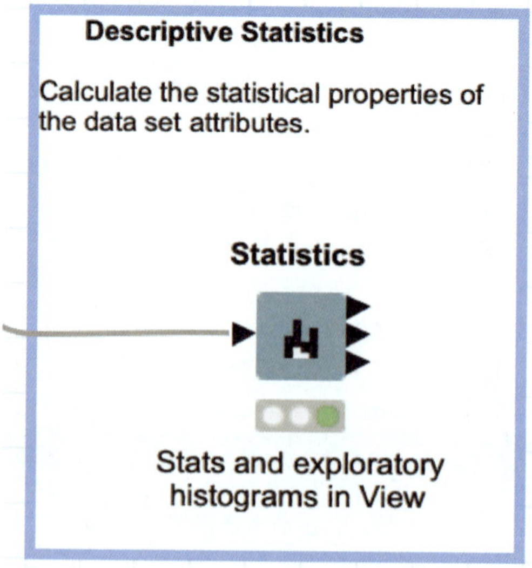

图 2-27 统计节点

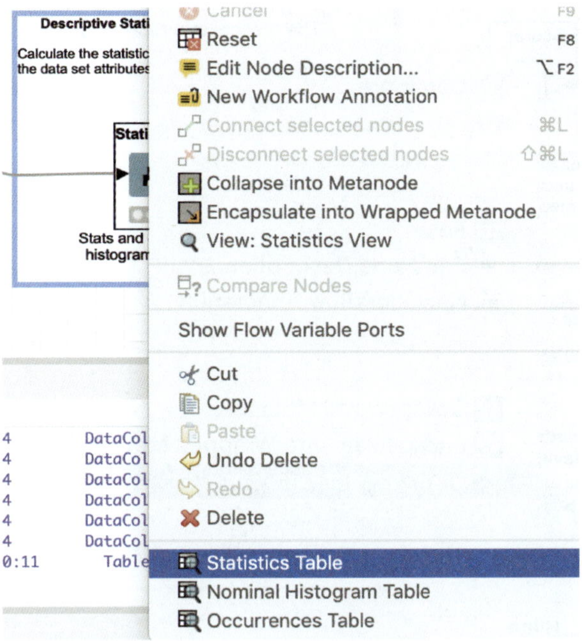

图 2-28　右击节点快捷菜单（2）

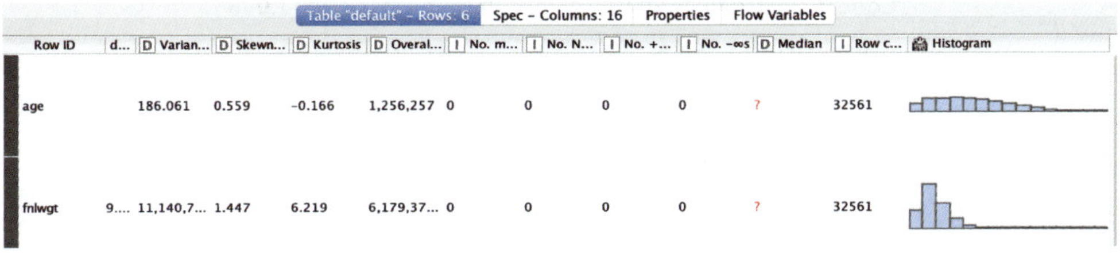

图 2-29　统计值观察

5. 观察结果

我们还可以观察模型的结果，判断模型是否符合要求，右击观察评分器（“Scorer”节点，如图 2-30 所示），在弹出的快捷菜单中选择“View:Confusion Matrix”（见图 2-31），可见模型的评分结果，这里是混淆矩阵（Confusion Matrix）的评分结果，如图 2-32 所示。

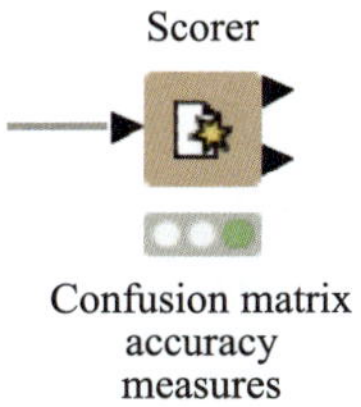

图 2-30　评分节点

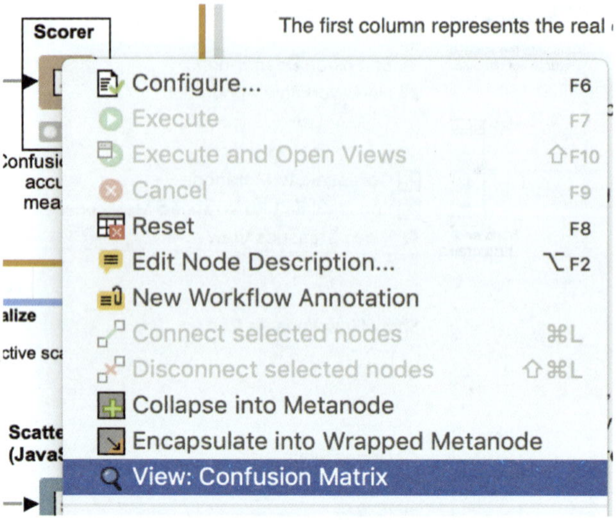

图 2-31　右击节点快捷菜单（3）

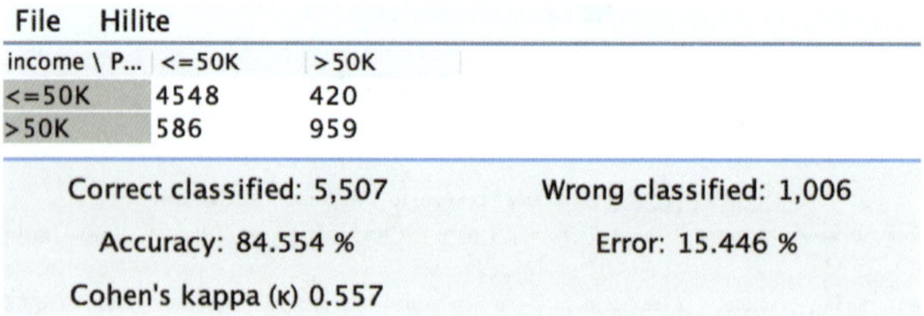
File　Hilite

income \ P...	<=50K	>50K
<=50K	4548	420
>50K	586	959

Correct classified: 5,507　　Wrong classified: 1,006

Accuracy: 84.554 %　　Error: 15.446 %

Cohen's kappa (κ) 0.557

图 2-32　混淆矩阵的评分结果

2.3.4　小结

上面我们大致了解了 KNIME 的功能和使用方法。至此，读者肯定还不知道此软件如何使用，而且还有很多专业名词也不明白什么意思，这都没有关系。这部分的目的只是了解软件功能，而不是如何使用。不过通过该过程，我们已经发现 KNIME 具有简单易用且形象化的优点。我们将会使用 KNIME 解决各类机器学习的任务，并参加世界上大多数机器学习爱好者喜爱的 Kaggle 竞赛，真刀真枪地实践机器学习。

2.4　课后练习

1. 什么时候不建议使用平均值来说明问题?
2. 什么参数决定正态分布的“胖瘦”？
3. 简述什么是线性回归。
4. 以简单线性回归为例，说明各个参数的几何意义。
5. 从箱线图中可以看出来数据的分布吗？你认为箱线图可以用在数据异常检测吗?
6. 简述可否仅仅通过决定系数来判断拟合好坏。
7. 自己发现一下 KNIME 的其他功能。

第3章

线性回归

平均而言，更偏向中间。

——弗朗西斯·高尔顿

知识点

- 数据可视化
- 训练和测试
- P 值
- 损失函数
- 特征选择
- 特征归一化

机器学习有着一套自己的工作流程，也有大量的细节需要注意。在这 1 章中，我们首先通过简单线性回归掌握了机器学习的大体流程和 P 值等一些知识点，然后再将这些知识应用到多元线性回归中，建立起一个最基本的多元线性回归模型。接着在这个基本模型基础上，逐步添加诸如数据可视化、数据处理等模块，建立起一个真正可用的模型。

在简单线性回归中，我们使用一组假数据，方便熟悉机器学习的流程。在多元线性回归中，我们将第一次参加一个 Kaggle 数据分析的比赛，真刀真枪地完成一个实际项目。

3.1 简单线性回归

我们已经熟悉了线性回归的基本原理，下面将这些理论知识投入实战，在实战中学习更多机器学习的知识和技能。

3.1.1 场景说明

在这个例子中，我们通过员工工作年限与工资的对应关系表，找出二者之间的关系，并预测在“未知”工作年限时，工资会有多少。

可以看出，这是一个用工作年限预测工资的简单线性回归问题。

3.1.2 KNIME 建立工作流

一个工作流可以保存为一个文件，这个文件我们一般会把它保存在一个合适的文件夹中，在 KNIME 中就是工作流组。在界面左上角“KNIME Explorer”中右击“LOCAL”（见图 3-1），在弹出的快捷菜单中有“New KNIME Workflow”选项和“New Workflow Group”选项，前者表示建立一个新的工作流，后者表示建立一个工作流组。

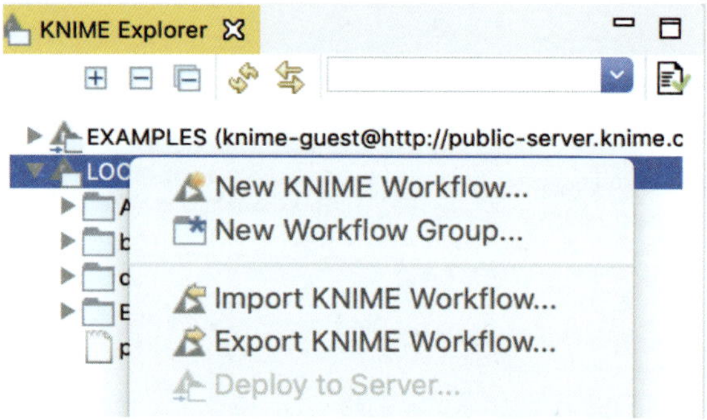

图 3-1　新建工作流

根据自己需要建立工作流和工作流组，然后我们就可以开始真正工作了。

使用 KNIME 建立一个简单线性回归的工作流，目的是熟悉 KNIME 的操作和机器学习的一般步骤，为以后进行更复杂的工作打下基础。我们来看下机器学习的工作流，学习一下使用 KNIME 完成这个工作流的方法。

3.1.3 数据获取

首先导入数据，KNIME 有多种导入数据的节点，这里我们要导入 CSV 文件，所以选择“CSV Reader”。在界面左下角的“Node Repository”搜索框中输入“csv”，可以发现下面会自动找到所有名字带有“CSV”的节点（见图 3-2）。选中“CSV Reader”，将此节点拖入工作区域后，可以发现状态显示的是待设置且有警告。待设置状态是肯定有的，因为我们刚刚将此节点拖入到工作流中。但是为什么会有警告呢？这是因为此节点需要你设置数据文件的位置，你没有设置的话，此节点一定是不能工作的，所以有警告。如果你新建了一个节点，但是没有警告，仅仅是待设置状态，那是因为这个节点的默认设置可以保证直接运行而不出错。

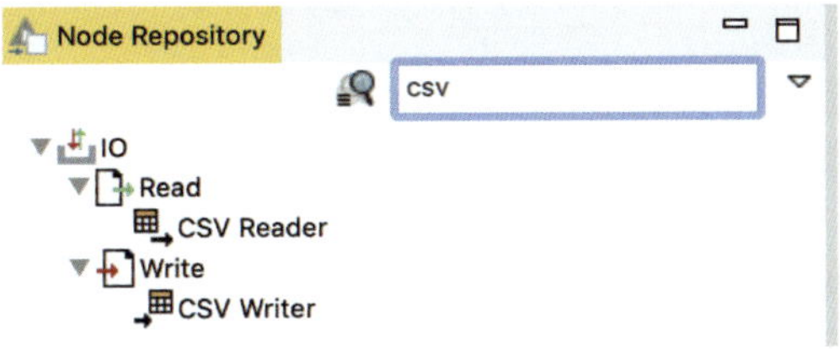

图 3-2　找到所需节点

双击新建的节点，在打开的对话框中，如图 3-3 所示，设置好数据及其位置（SalaryData.csv），根据你是否需要第一列数据作为行名，选择或者取消“Has Row/Column Header”。这个数据文件有列名但是没有行名，所以取消选择“Has Row Header”。单击“确认”按钮后，节点状态变为待运行状态。

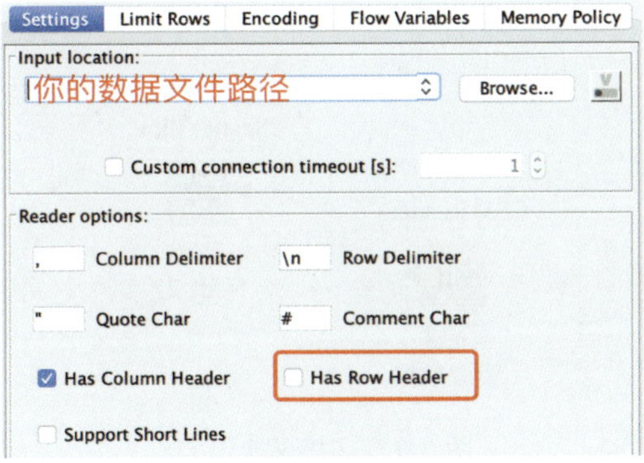

图 3-3　设置节点

3.1.4　观察数据

观察数据是做数据分析等机器学习的第一步。这一步最基本的要求是首先需要大致查看各个数据点的值是多少，其次将数据可视化呈现。通过观察数据，我们可以初步建立对数据的感觉，感受数据之间的关系，大致了解各个特征与标记的关系，为机器学习建立模型打下基础。

1. 观察数据表

首先运行“CVS Reader”节点，然后在节点上右击，在弹出的快捷菜单中选择“File Table”，如图 3-4 所示，开启数据表格，在打开的界面中大致浏览一下数据，如图 3-5 所示。

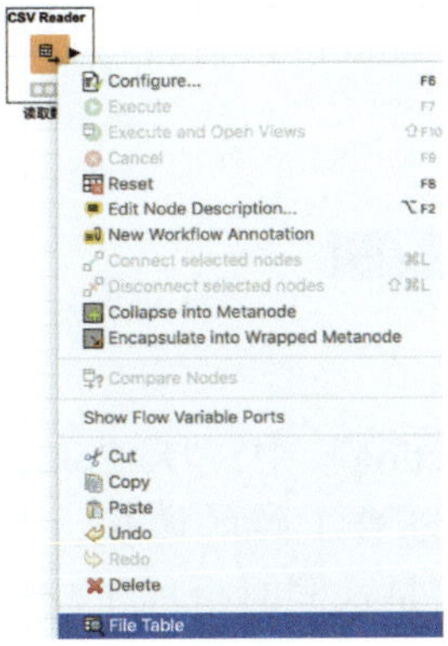

图 3-4　选中最下面的“File Table”

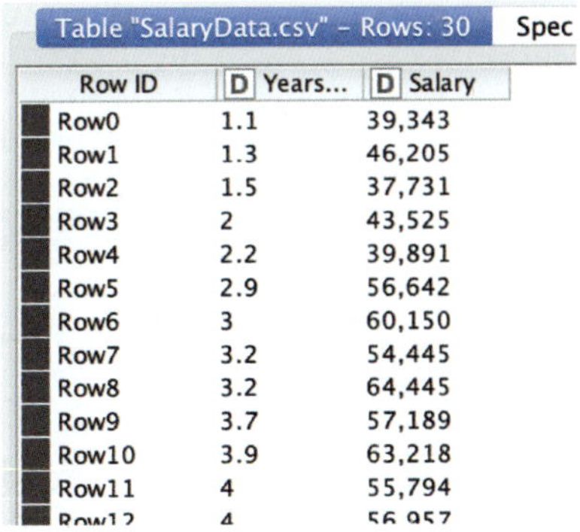

图 3-5　观察数据

2. 数据可视化

然后使用类似方法，新建一个“Scatter Plot”节点，如图 3-6 所示，将它拖入工作区域，并与“CSV Reader”节点相连，如图 3-7 所示。

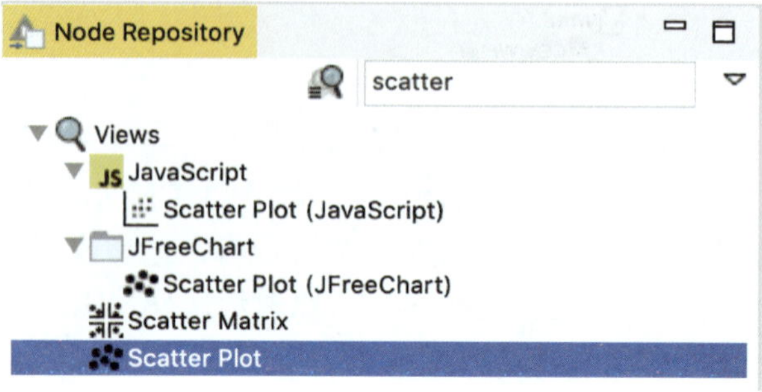

图 3-6　新建节点

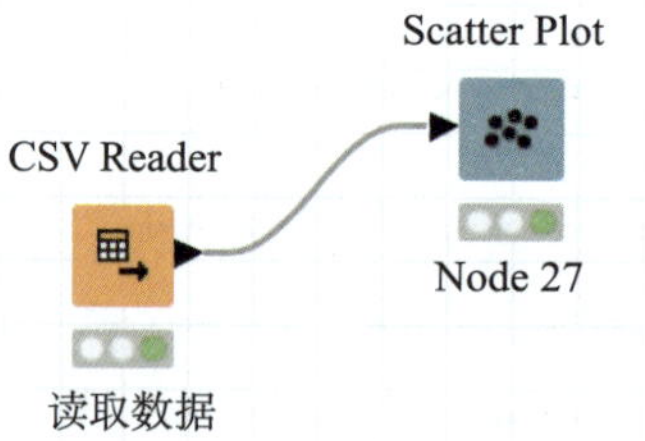

图 3-7　连接两个节点

“Scatter Plot”节点的输入是“CVS Reader”节点的输出。直接运行“Scatter Plot”节点，右击，在弹出的快捷菜单中选择“View: Scatter Plot”命令（见图 3-8），可以将数据以散点图的形式展现，如图 3-9 所示。

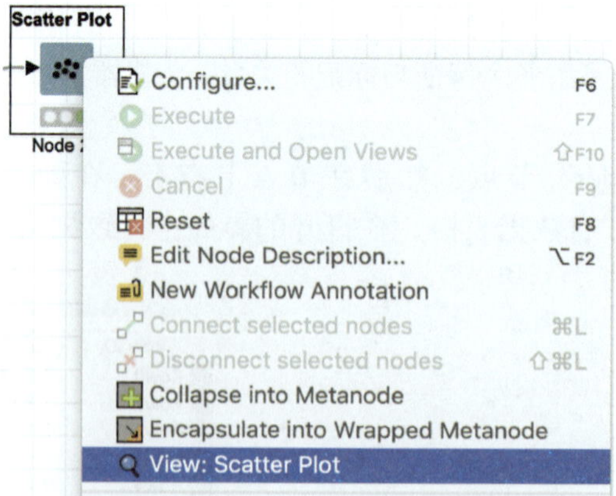

图 3-8　选择“View: Scatter Plot”

在打开的散点图观察界面中，注意在“Column Selection”中，“X Column”和“Y Column”正确。通过数据可视化，我们可以很直观地发现随着工龄的增长，工资不断上升。使用散点图观察的好处是我们可以看到每一个数据，但是这同时也成了它的缺点，因为看到每一个数据的代价就是细节太多，可能会迷失在细节中。这个问题我们以后通过例子来具体理解。

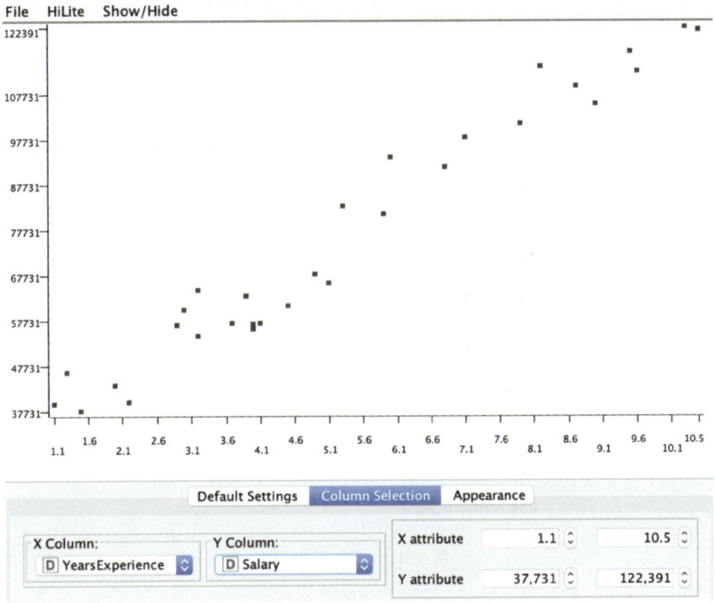

图 3-9　散点图查看

3.1.5　数据划分

1. 训练集和测试集

下面我们需要将导入的数据划分为两类：训练集和测试集。

- 训练集：其作用是用来拟合模型，通过优化模型的参数来训练模型。
- 测试集：通过训练集得出模型后，使用测试集进行模型测试。

举例来说，假设我们要拟合 $y=b+wx$，最终目的是未来有了新的 x 数据，我们可以大致知道 y 的值。训练集的作用就是通过已知的 x 和 y，学习出或者训练出合适的 w 和 b 使得实际值和预测值尽可能地接近。但是如果把所有已知的 x 和 y 全部用做训练，新的数据 x 来了以后，我们没法知道预测出的 y 有多接近真实数据。这怎么办呢？这个时候我们就需要测试集了。

将所有已知数据分为两部分，多数（比如 75%）作为训练集，少数（比如 25%）作为测试集。这个时候多数的训练集就是上面叙述过的作用和用法，而测试集呢，首先我们开始假装不知道 y 是多少，然后输入 x，通过 $b+wx$ 变换，算出一个 $\hat{y}$，然后比较这个 $\hat{y}$ 与数据集中的 y 有多接近，从而分析模型的好坏及其预测能力。

如何比较 $\hat{y}$ 与 y 有多接近？还记得上一章提到过的损失函数与 R^2 吗，我们可以用它们来评价。同时注意，测试集还需要满足以下两个条件：

- 规模足够大，可产生具有统计意义的结果。
- 能代表整个数据集。换言之，挑选的测试集的特征应该与训练集的特征相同。

测试集满足上述两个条件，才有可能得到一个很好的泛化到新数据的模型。而且一定要注意，绝对禁止使用测试数据进行训练。

2. KNIME 操作

有了训练集和测试集的基本概念，下面我们用 KNIME 来实现。类似前面的操作，新建一个“Partitioning”节点，假设训练集占已有数据的 75%，测试集占 25%。通过如图 3-10 所示的简单操作，即可划分。

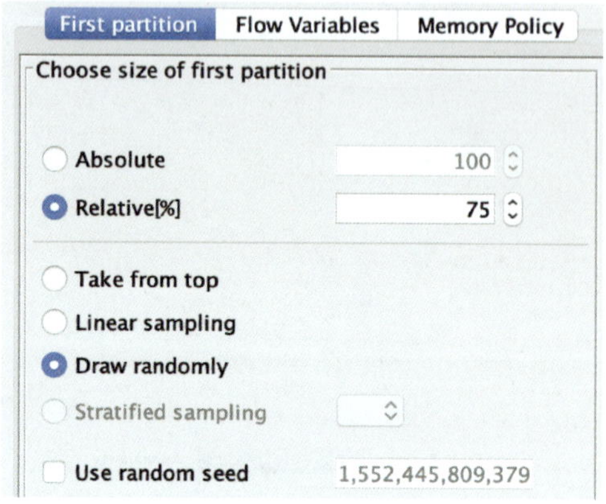

图 3-10　数据分类

这个划分需要注意两点：第一点是我们选择了相对数量（Relative）的百分比，而不是绝对数量（Absolute）；第二点是采用随机抽样。所以这个设置就是随机从原始数据中抽取 75% 的数据作为训练集的。

当前工作流如图 3-11 所示。

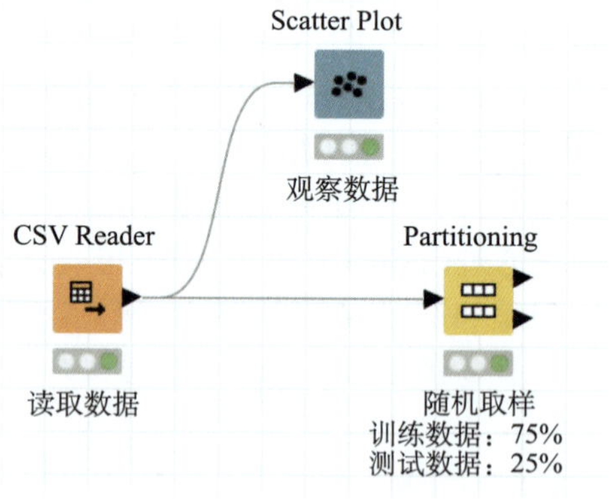

图 3-11　当前工作流

3.1.6　模型训练

数据准备好后，就可以开始训练模型了。新建一个“Linear Regression Learner”节点，使用线性回归方法学习。打开此节点进行设置，选择“Salary”为目标（Target），“YearsExperience”为特征，如图 3-12 所示。特征选择中有两栏，其中左侧红色区域为排除的特征，右侧为所需的特征，这里因为只有一个特征，所以左侧为空，右侧为“YearsExperience”。

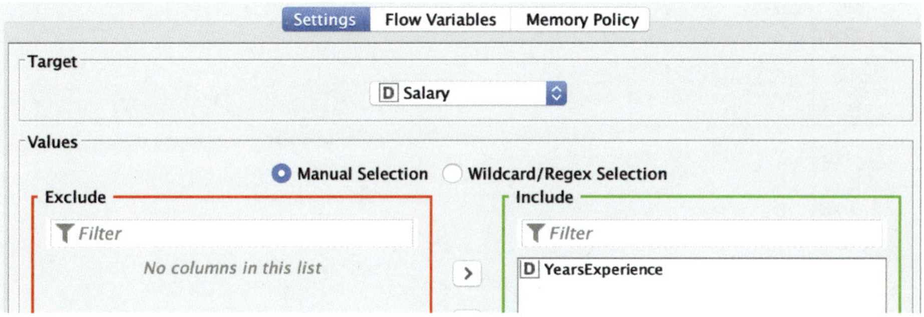

图 3-12　线性回归模型设置

将此节点的输入与“Partitioning”节点的第一个输出（这个就是训练数据）连接，如图 3-13 所示。

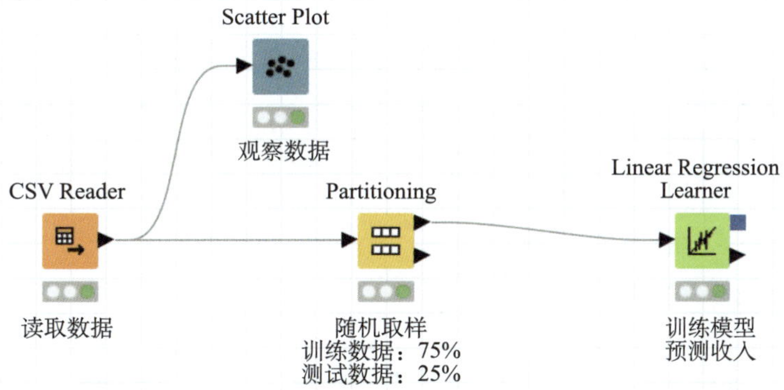

图 3-13　训练模型

运行这个节点，可以查看已训练模型的一些情况。右击该节点，在弹出的快捷菜单中分别选择“View：Linear Regression Result View”和“View：Linear Regression Scatterplot View”命令，分别可以查看拟合结果数据（见图 3-14）和拟合线（见图 3-15）。注意，这一步是针对训练集的操作。可以从图 3-14 所示的拟合线结果数据中直观地看出拟合线从各个数据之间穿过。从上一章介绍过的均方差角度考虑，这条线可以最大限度地降低均方差，不管是上移和下移还是角度调整，都不再能够降低均方差了。

File

Statistics on Linear Regression

Variable	Coeff.	Std. Err.	t-value	P>|t|
YearsExperience	9,685.4358	540.415	17.9222	8.66E-14
Intercept	24,135.385	3,067.0851	7.8692	1.50E-7

Multiple R-Squared: 0.9414
Adjusted R-Squared: 0.9385

图 3-14　拟合结果数据

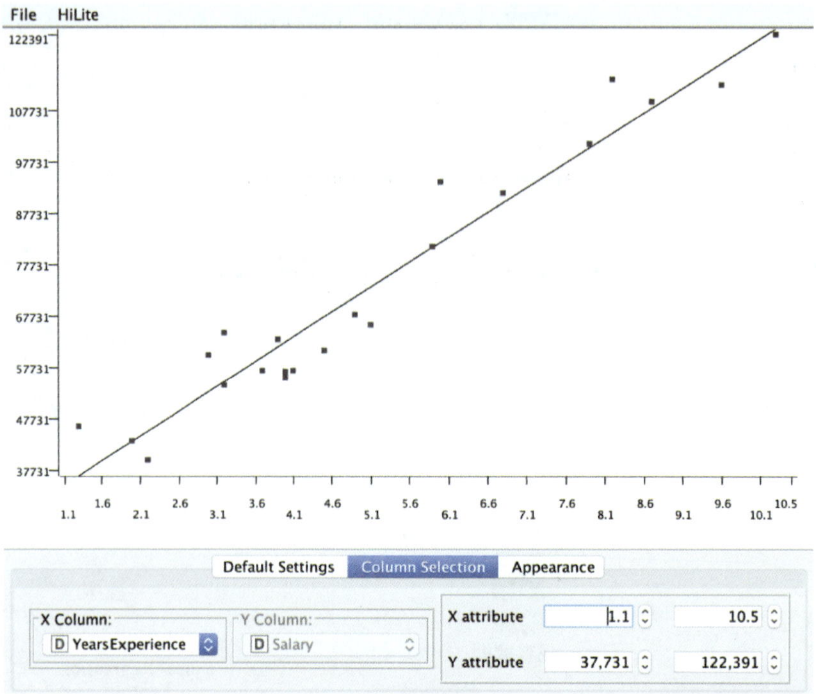

图 3-15 拟合线

下面分析下模型的参数都。

1. 斜率和截距

图 3-14 中，“YearsExperience”对应的“Coeff”是斜率，“Intercept”对应的“Coeff”是拟合曲线的纵截距。具体到这个问题，“Intercept”表示没有工作经验的话，能拿多少钱。“YearsExperience”对应的“Coeff”表示每增加一年工作经验，工资涨多少。

2. *P* 值

我们首先采取零假设，也就是此特征根本和目标没有关系，然后我们看看能否拒绝这种零假设，也就是拒绝特征和目标没有关系这种假设。

注意这里是拒绝特征和目标标签没有关系这种假设，并不是说承认特征和目标有关系。这个有点类似法院审判案件，开始根据无罪推定，控方律师需要证明犯罪嫌疑人真的有罪，如果不能，那就释放。但是这里其实只是无法证明犯罪嫌疑人有罪（无法推翻零假设），不能证明犯罪嫌疑人无罪。

P 值（*P* Value）就是当零假设为真时所得到的样本观察结果或更极端结果出现的概率。如果 *P* 值很小，说明零假设情况发生的概率很小，我们就有理由拒绝零假设。*P* 值越小，我们拒绝零假设的理由则越充分。总之，*P* 值越小，表明目标和特征的关系越显著。一般 *P* 值小于 0.05 的才算小，也就是：

- *P* Value < 0.05 => 拒绝零假设
- *P* Value $\geqslant 0.05$ => 无法推翻零假设

3. 决定系数

剩下一个重要指标就是决定系数 R^2 和 Adj R^2。前面已经有过具体叙述，简单地说，这两个值越接近 1 越好。

3.1.7　模型测试

下面开始对模型进行测试。新建“Regression Predictor”节点，将训练好的模型和测试数据分别对应输入此节点，模型如图 3-16 所示。这里可以观察发现，节点的蓝色输入端或者输出端为模型端，黑色三角为数据端。还可以发现，测试数据就是“Partitioning”节点的第二个输出端输出的数据。

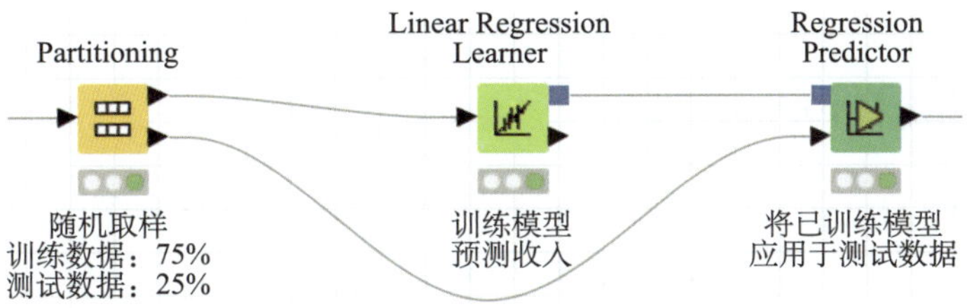

图 3-16　模型测试

然后新建一个“Numeric Scorer”节点，按如图 3-17 所示连接好。

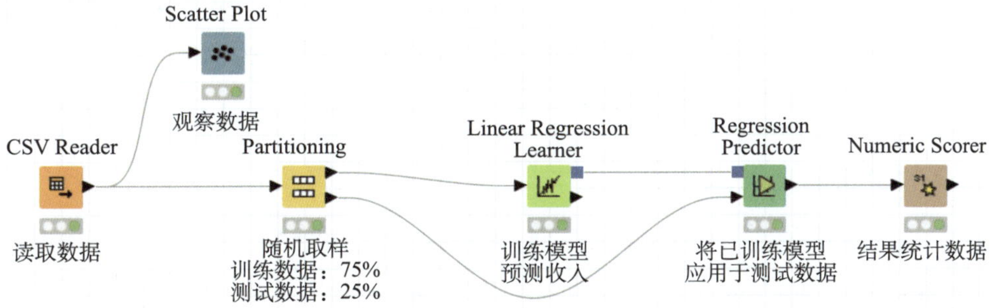

图 3-17　整体工作流

双击此节点设置参考列和预测列（见图 3-18）分别对应实际的值和预测的值。右击“Numeric Scorer”节点，在弹出的快捷菜单中选择“View：Statistics”命令，得到观察结果，如图 3-19 所示。这里其实就是把测试数据带入已训练模型，然后比较预测值和真实值，最后得出模型结果的指标。我们已经接触过的有 R^2 和 Mean Square Error（图 3-19 中显示为 Mean squared error）。简单来说，前者是越大越好，后者是越小越好。

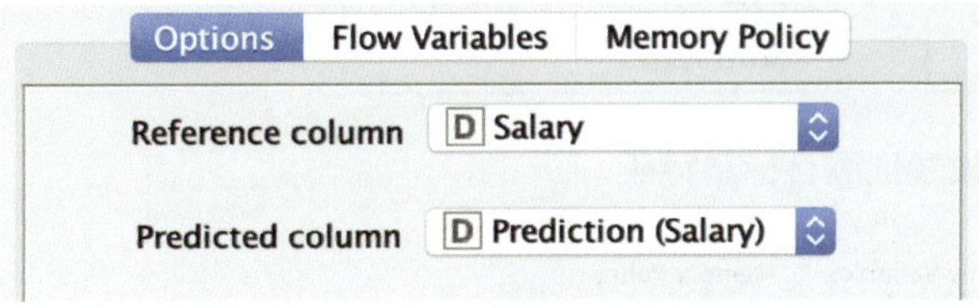

图 3-18　设置参考列和预测列

File	
R^2:	0.978
Mean absolute error:	4,175.074
Mean squared error:	22,143,307.694
Root mean squared error:	4,705.668
Mean signed difference:	-1,521.247

图 3-19　模型评分

3.1.8　损失函数

损失函数（Loss Function，Cost Function）用来估量模型的预测值与真实值的不一致程度，它是一个非负实值函数。损失函数越小，模型的稳健性就越好。我们会通过一种称为梯度下降算法的方法使损失函数最小化，从而优化模型。在图 3-19 中，“Mean squared error”、“Mean absolute error”、“Root mean squared error” 和 “Mean signed difference” 都可以用来作为我们模型的损失函数。我们一般使用 “Root mean squared error” 均方差作为损失函数，也就是 $\frac{1}{m}\Sigma(\hat{y}_i - y_i)^2$，其中的 m 表示样本数目。这个函数我们已经在第 2 章中介绍过，这里不再详述。

3.2 多元线性回归初步

熟悉了线性回归的原理，并在简单线性回归的基础上熟悉了机器学习的一般流程，下面在已有知识的基础上，学习使用 KNIME 并实践多元线性回归。

3.2.1 任务及数据说明

我们使用 Kaggle 房价预测的例子及其数据来学习多元线性回归问题（https://www.kaggle.com/harlfoxem/housesalesprediction/home）。这个项目给出了 19 个房屋特征，附加一个 id 列，目的是预测有了新房后，根据房屋特征判断房价是多少。比赛总共提供了 21613 个样本。数据及其说明都在比赛网站中可见。

3.2.2 建立基本的工作流

首先，可以根据前面介绍的简单线性回归的技术，按如图 3-17 所示建立工作流。相应地修改数据源和训练的特征及目标即可（见图 3-20）。对应的结果评分位置按如图 3-21 所示设置。

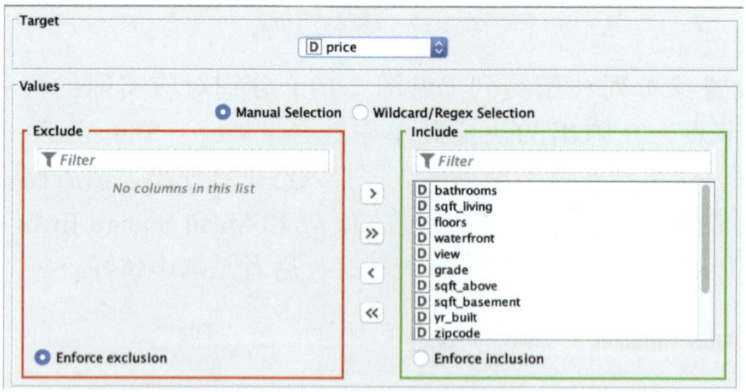

图 3-20 设置训练目标和特征

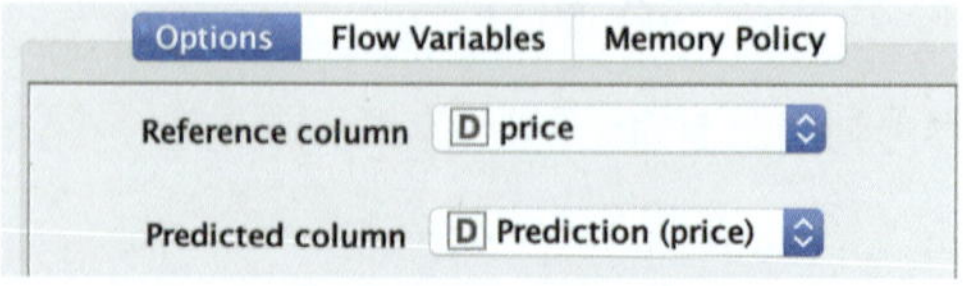

图 3-21 设置参考列和预测列

可以发现，我们仅仅通过这样简单的设置，就迅速完成了一个多元线性回归的任务。这充分体现了 KNIME 工具的简单易用特点。当然，现在这个模型还很不完善，我们将一步一步地完善模型，得出更好的模型。

3.2.3 读取并观察数据

为了更好地理解数据，我们首先观察一下数据。使用“CSV Reader”节点读取数据（kc_house_data.csv），然后准备开始观察数据。

1. 使用散点图观察数据分布情况

最简单的观察数据分布的方法就是散点图。在节点仓库搜索框中输入“scatter”，找到“Scatter Plot”节点。“Scatter Plot（JavaScript）”主要提供一些交互能力和输出能力，这些能力在这里体现得不明显，而且一般来说 JavaScript 节点运行会慢一些，所以这里不使用。JFreeChart 图形的优势不明显，这里也不采用。所以我们选择如图 3-22 所示的节点。

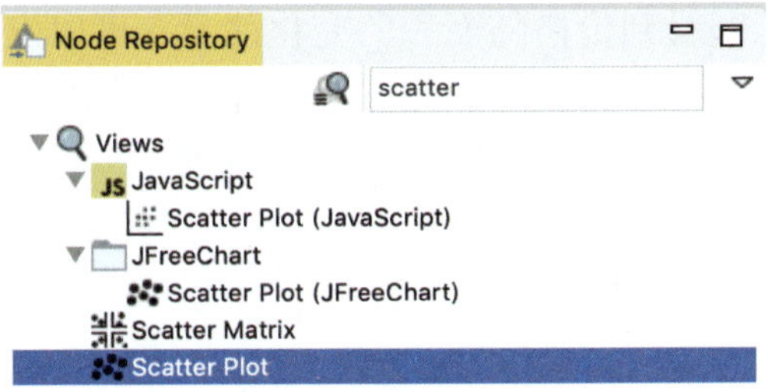

图 3-22 散点图

右击该节点，在弹出的快捷菜单中选择“View：Scatter Plot”命令，刚开始的界面如图 3-23 所示，而且上部有一行警告“Only the first 2500 rows are displayed”，也就是告诉你“数据中只有前 2500 行显示出来了”。我们在使用 KNIME 时会经常遇到这个警告，这是为什么呢？因为显示图形比较耗费计算机的资源，所以 KNIME 采取了“偷懒”的功能。在绘制散点图的设置中，如图 3-24 所示，在“No. of rows to display”中可以选择显示的行数，这里保持默认即可。因为散点图信息量太大，更多的数据只能增加我们大脑的负担。

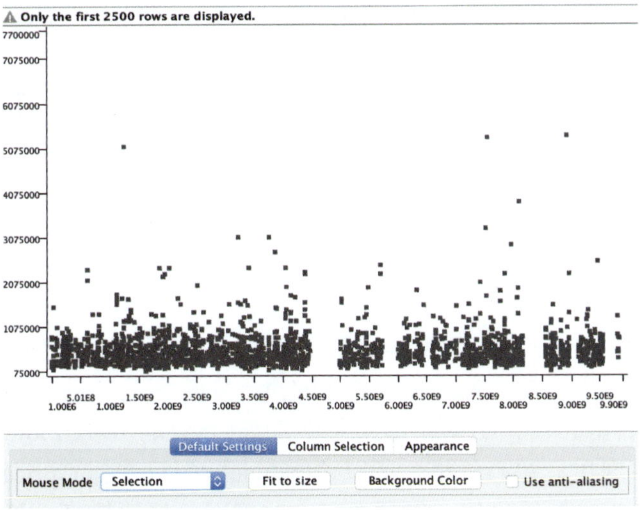

图 3-23 散点图

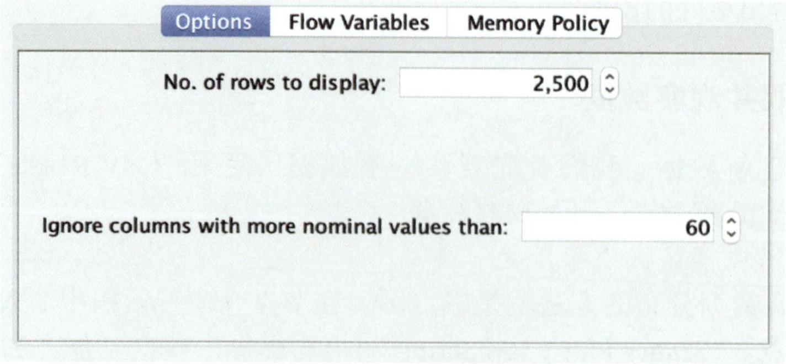

图 3-24 散点图设置显示行数

如图 3-25 所示，设置“X Column”为“sqft_living”（面积），保持“Y Column”为“price”（价格）。这样就可以看到价格随面积的变化情况。可以发现价格大致随着面积的增大而上升的趋势。这种趋势符合我们的认知，而且我们还可以发现低价位房子更加密集，价格分布更加集中，而很高价位的房子，房价分布好像又有了一个集中趋势。

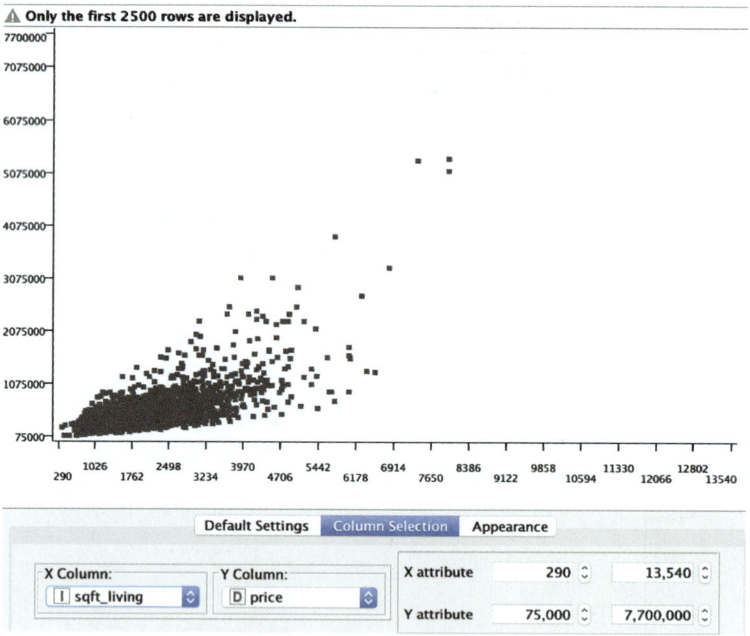

图 3-25 面积与价格的关系

大家可以自己试试更多的数据间关系，发现更多数据背后的秘密。

2. 使用箱线图观察数据分布情况

接着我们使用箱线图来观察一下数据的分布情况。在节点仓库搜索框中输入“box”，选择“Box Plot”（注：其中“Box Plot（JavaScript）”，目前不适合我们的工作，建议不要选择）。运行此节点，右击，在弹出的快捷菜单中选择“View：Box Plot”选项，然后按如图 3-26 所示进行设置。现在只关心价格，所以“Include”中只选择“price”。从箱线图可以看出，大多数房屋都在相对较低价位，但是会有一些房屋价格比较高，价格很高的就很少了。大家自己可以试试其他特征，看看能发现什么。

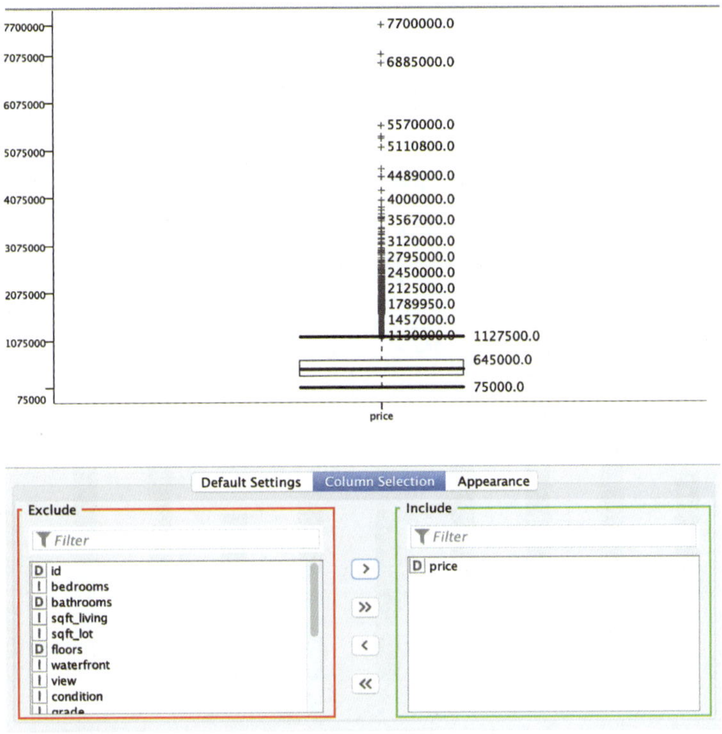

图 3-26　箱线图

3. 使用直方图观察数据分布情况

接着我们采用直方图和柱状图来观察数据。回忆这两种图，前者看的是数值数据，后者看的是分类数据。不过在 KNIME 中，这两种图都称为 Histogram（直方图），但是我们自己一定要分清楚。

在节点库搜索框中输入“hist”会显示出 4 个 Histogram，如图 3-27 所示，我们选择最后一个“Histogram（interactive）”。前两个 Histogram 画的图稍微好看点，但是功能很一般，第三个 Histogram 图使用不方便，所以建议使用最后一个“Histogram（interactive）”。

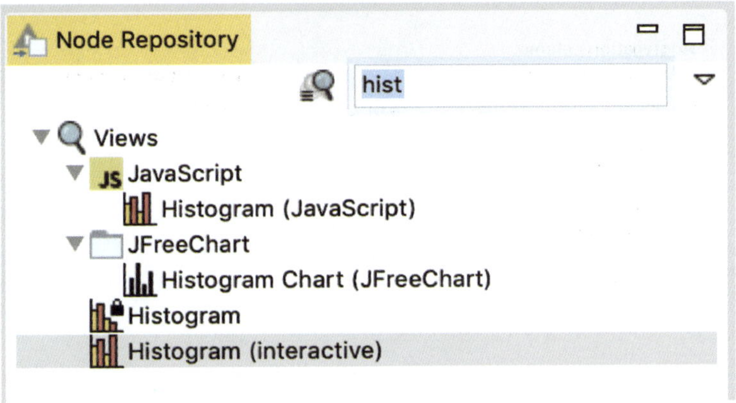

图 3-27　四种直方图

将它和“CSV Reader”节点连起来以后，不用再进行其他设置直接运行即可，随后右击，在弹出的快捷菜单中选择“View:Interactive Histogram View”命令开始使用图形化方法探索数据。

刚开始的界面，如图 3-28 所示，而且上部有一行警告“Only the first 2500 of 21613 rows are displayed”，也就是“21613 行数据中只有前 2500 行显示出来了”。因为直方图不像散点图需要画出所有数据，画图本身不会很耗费资源，只是前期计算耗费资源，所以我们在使用直方图观察数据时，最好观察所有数据的情况，那怎么办呢？双击这个节点，进行如图 3-29 所示的设置，勾选上部的“Display all rows”选项即可。可以发现其下方就是用于选择显示行数的选项，而默认的是 2500。其他选项现在不需要设置，等下观察数据时再设置即可。

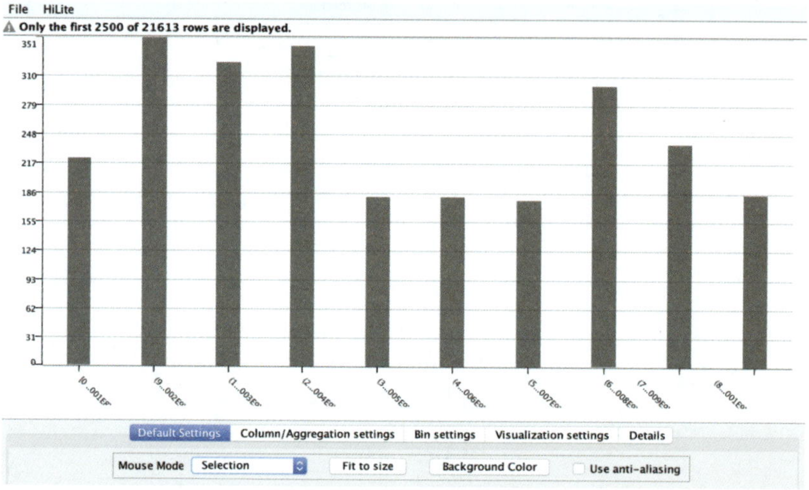

图 3-28 初始界面

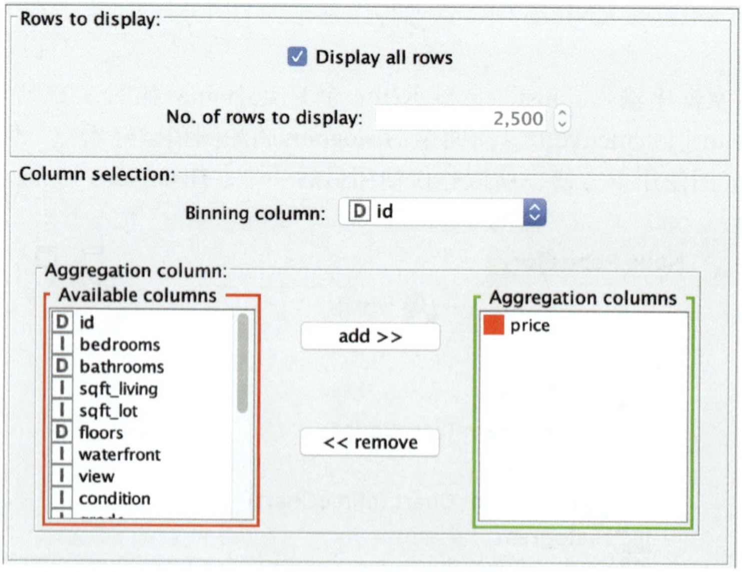

图 3-29 节点设置

再次打开“View：Interactive Histogram View”，就不会有警告了。下面开始探索数据。按如图 3-30 所示选择第二个标签“Column/Aggregation settings”，在“Binning column”区中选择“bedrooms”选项，可以发现［0-4］对应的数据个数最多。

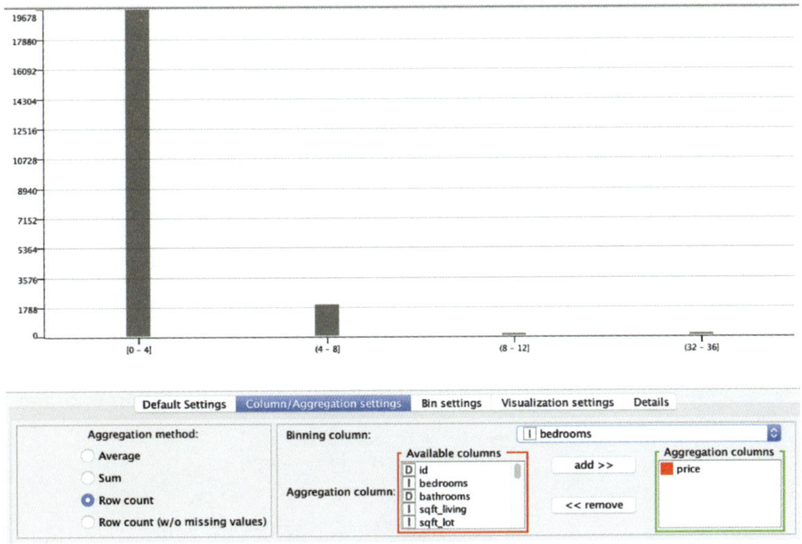

图 3-30 设置观察方法

如果想要将数据分得更细怎么办呢？可以打开另一个标签“Bin settings”，设置几根柱子，如图 3-31 所示。到这里我们可以发现默认的是 10，但是我们很清楚自己只看到了 4 根柱子，难道软件会但机器学习不会数数吗？显然这个逻辑不能成立，所以我们仔细看下设置选项，可以发现有一个勾选项“Show empty bins”，勾选它就可以发现其他空着的柱子了。默认情况下，如果柱子为空就不显示了。一般来说，我们也不需要显示空柱子，所以保持默认为好。

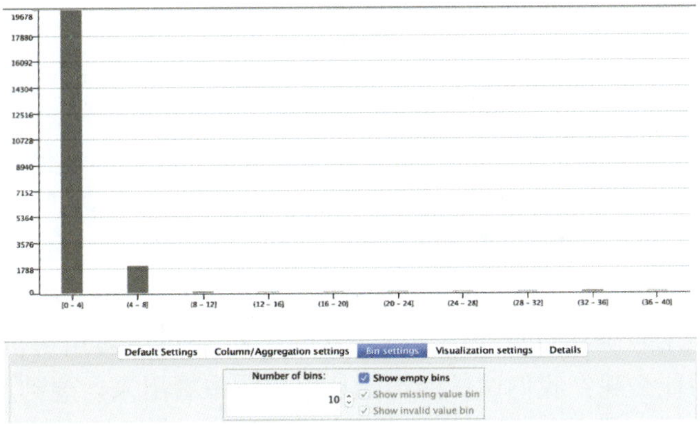

图 3-31 设置柱子

想要设置更细的数据划分，只需要设置“Number of bins”即可。可以发现各个柱子范围变成了［0-2］、(2-4］等，如图 3-32 所示。注意这里的数据包含情况，如果是“(”表示不包含，“]”表示包含。因为“bedrooms”是整数，这里（2-4］就只能取 3、4 了。从这个图可以看出，3、4 个卧室的房型是最多的。基于美国人住房比较大的事实，这个数据符合预期。

如果还想要看看其他关系呢？比如说想看看卧室数量和房价均值的关系怎么办？如图 3-33 所示，设置“Aggregation method”为“Average”即可。

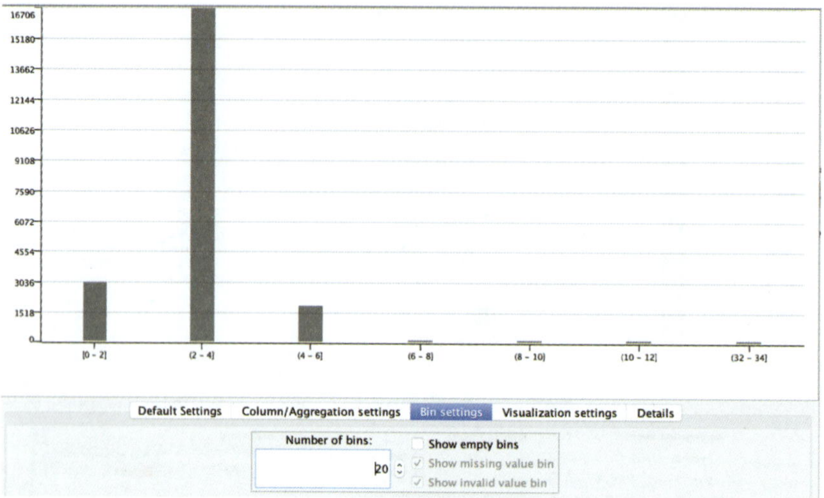

图 3-32　设置柱子个数

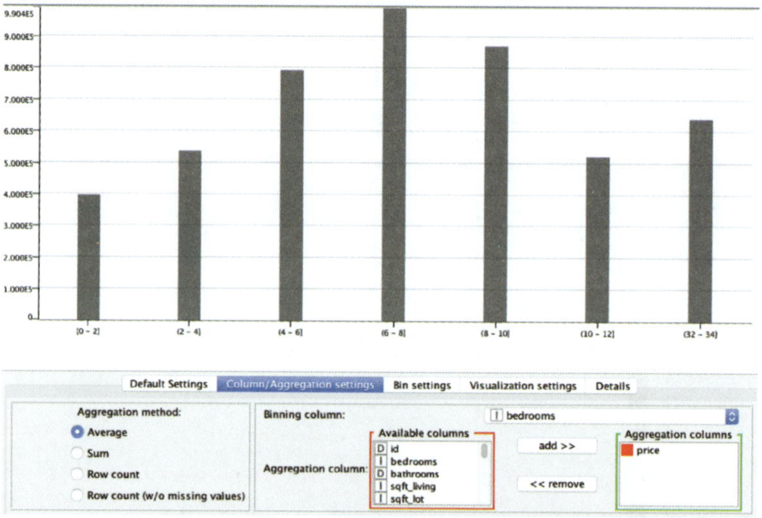

图 3-33　房价和卧室数量的关系

这个时候，出现了一个有点奇怪的情况，从图 3-33 中可以看出房价最高的是（6-8］个卧室的房型，这是为什么呢？我们试试能不能从直方图中看出来。想到房价和面积的关系很明显，我们试试画出卧室数量和面积的关系。按如图 3-34 所示设置“Aggregation columns”为“sqft_living”，可以发现，（6-8］个卧室的房型平均面积最大所以价格高，这样就解释了上面的疑问。至于为什么更多卧室的房子更小呢？这就要靠数据分析去慢慢挖掘了，大家可以自己试试，探索一下。

4. 相关性

我们做数据分析的一个重要目的就是想看看特征和目标之间的关系，虽然我们已经使用直方图观察了数据间的关系，但是仍然没有一个定量的值。我们可以用相关系数来度量这个相关性的大小。将相关系数以矩阵图的形式展现，可以让我们更直观地看到数据之间的关系。这里可以使用相关性矩阵来查看包括特征和目标在内所有数据的相关性。

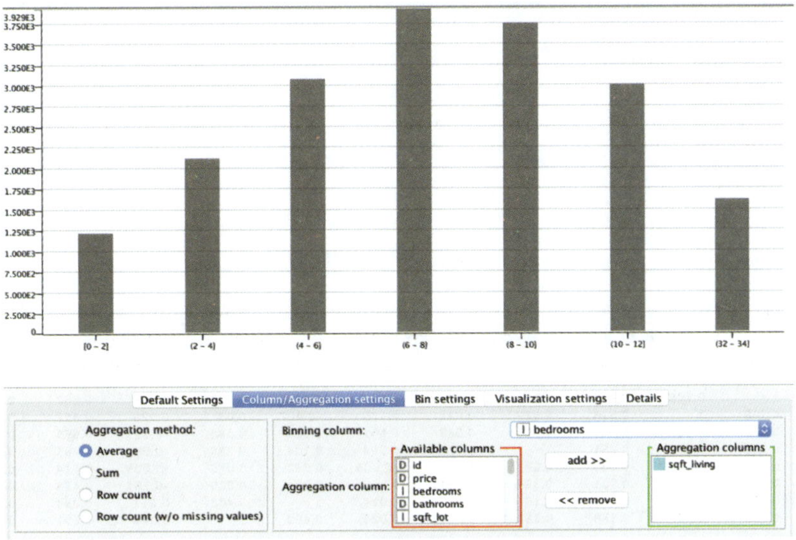

图 3-34 面积随卧室数量的关系

新建一个“Linear Correlation”节点，连接“CSV Reader”节点并运行后通过“View：Correlation Matrix”查看结果，展示出相关矩阵，如图 3-35 所示。

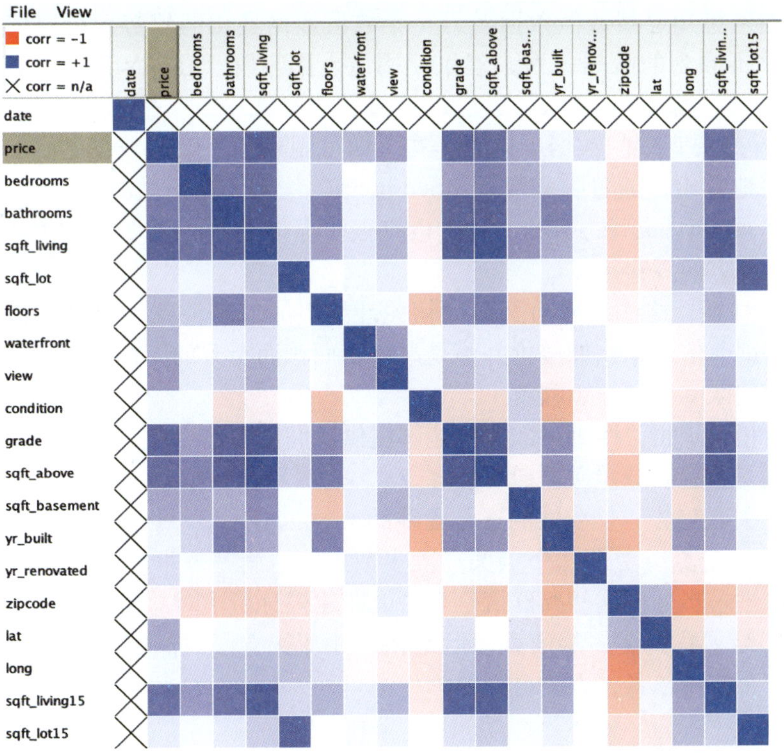

图 3-35 相关性矩阵

观察图 3-35 所示的矩阵，颜色越蓝表示越正相关，越红则越负相关。对于两列数据 a 和 b，简单来说，如果正相关的话，a 越大 b 越大。反之负相关的话，a 越大 b 越小。相关性绝对值大的话，这种 b 随着 a 或者 a 随着 b 变化的趋势越明显。从图 3-35 中可以看出，每组数据之间的相关性都是不同的。我们需要的主要信息是价格（price）与其他特征的关系，这个信息可以从矩阵第二列（price 列）读取出来。这一列对应的各个行的颜色就显示了它们之间的相关性。可以发现，价格与面积（sqft_living）的正相关性最高，这也与我们的普通认知吻合。

鼠标悬浮的话，可以读出数据。如果想要读出所有数据，右击此节点，在弹出的快捷菜单中选择“Correlation measure”命令即可查看，如图 3-36 所示。

Table "Correlation values" - Rows: 20 | Spec - Columns: 20 | Properties | Flow Variables

Row ID	D date	D price	D bedro...	D bathr...	D sqft_li...	D sqft_lot	D floors	D waterf...	D view	D condit...	D grade	D sqft_a...	D sqft_b...	D
date	1	?	?	?	?	?	?	?	?	?	?	?	?	?
price	?	1	0.308	0.525	0.702	0.09	0.257	0.266	0.397	0.036	0.667	0.606	0.324	0.0
bedrooms	?	0.308	1	0.516	0.577	0.032	0.175	-0.007	0.08	0.028	0.357	0.478	0.303	0.1
bathrooms	?	0.525	0.516	1	0.755	0.088	0.501	0.064	0.188	-0.125	0.665	0.685	0.284	0.5
sqft_living	?	0.702	0.577	0.755	1	0.173	0.354	0.104	0.285	-0.059	0.763	0.877	0.435	0.3
sqft_lot	?	0.09	0.032	0.088	0.173	1	-0.005	0.022	0.075	-0.009	0.114	0.184	0.015	0.0
floors	?	0.257	0.175	0.501	0.354	-0.005	1	0.024	0.029	-0.264	0.458	0.524	-0.246	0.4
waterfront	?	0.266	-0.007	0.064	0.104	0.022	0.024	1	0.402	0.017	0.083	0.072	0.081	-0.
view	?	0.397	0.08	0.188	0.285	0.075	0.029	0.402	1	0.046	0.251	0.168	0.277	-0.

图 3-36　观察相关系数数值

如果发生了数据与常识冲突的情况，那么首先看看这个问题有没有什么特殊性。如果没有特殊性，那就要看看数据方面有没有什么问题。确定没有问题之后，再继续进行分析。

5. 图形观察数据间关系

前面说过如果想知道某数值数据随另一个数值数据变化的趋势，可以使用散点图，如果想要同时观察不同列的数据关系，建议使用散点图矩阵。在 KNIME 的工作区域创建一个散点图矩阵，即“Sctter Matrix”节点，连接“CSV Reader”节点然后设置此节点。在“Include”中选择想要观察的数据（见图 3-37）即可观察各个数值数据之间的关系。从这个矩阵可以很清楚地看出，随着卧室数量（bedrooms）增多，房价总体来说会有一定的上升；随着房屋面积（sqft_living）的增加，房价也有很明显地上升。更多的此类数据关系，都可以通过散点图矩阵方便观察。

而且可以注意到，这些结果与上面的相关性给出的信息一致。但是从散点图中，我们还可以发现更多细节信息，比如房价并不是严格随面积而上升的，而是在某一区间内会离散开，在面积更大的区间，又开始收敛。

总体来说，相对于相关性矩阵散点图能够提供我们更多信息：

- 变量之间是否存在数量关联趋势。
- 如果存在关联趋势，是线性的还是曲线的？
- 如果有某一个点或者某几个点偏离大多数点，也就是离群值，通过散点图可以一目了然，从而可以进一步分析这些离群值是否可能在建模分析中对总体产生很大影响。

虽然散点图给了我们更多的信息，但是相关性却能方便我们定量比较各个数据间的关系，所以建议配合使用二者，方便自己的分析。

6. 统计值

我们往往还需要了解一下数据的统计值，比如最大值、最小值等，及数据的分布直方图等。这些统计类的功能都可以通过“Statistics”节点实现。

创建一个“Statistics”节点，连接“CSV Reader”节点并运行后观察其结果。我们可以看到诸如平均值、方差等统计数据及各个数值数据的直方图和分类数据的柱状图。

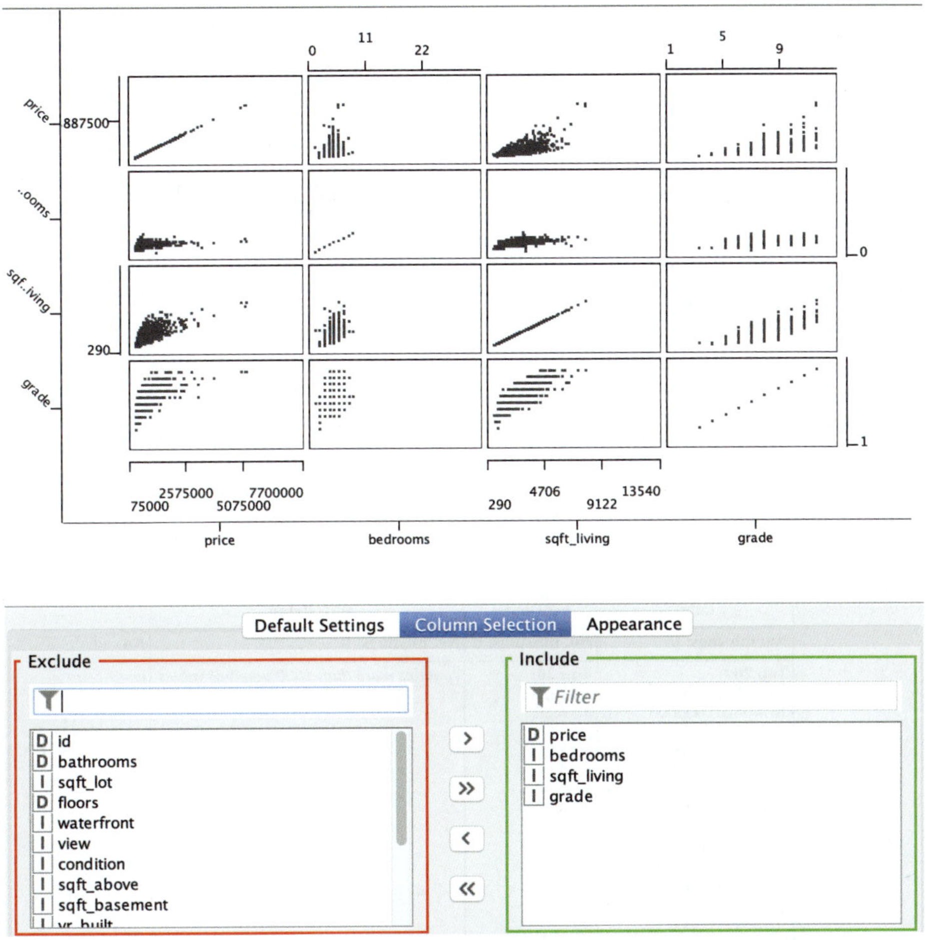

图 3-37　散点图矩阵

在数值数据（Numeric）标签下（见图 3-38），可以看到数值数据的最大值、最小值、平均值等及其直方图。

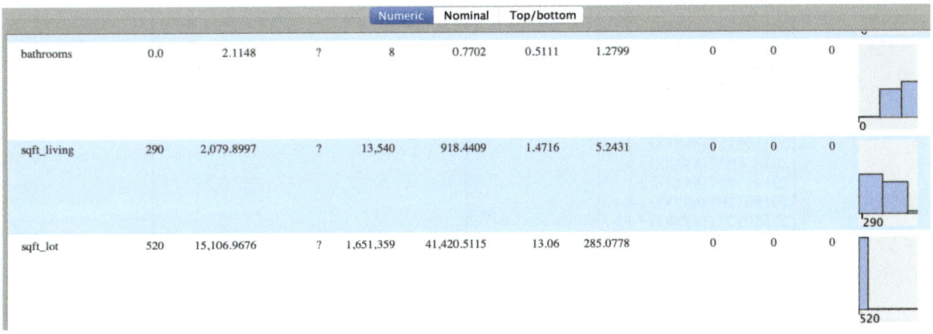

图 3-38　数值数据统计

在分类 / 整数数据标签（Nominal）下，主要是一些范围有限的证书或者分类数据的直方图，如图 3-39 所示。虽然这里的直方图表达能力比专门的直方图稍差，但是对于观察总体分布来说也足够了。

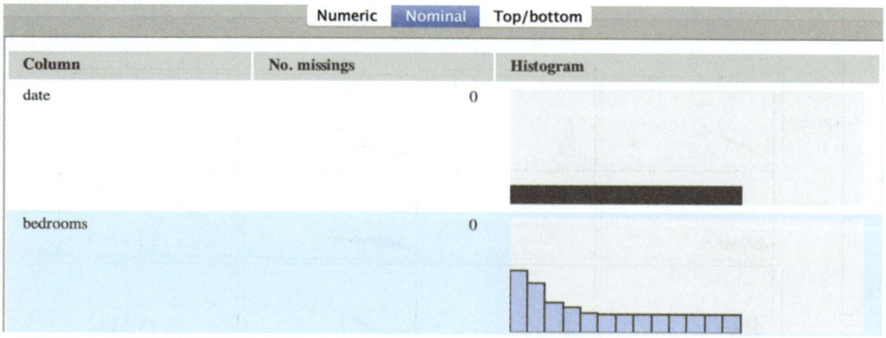

图 3-39　分类 / 整数数据统计

最后一个标签（Top/bottom）是每列数据出现最多和最少的数据的展示及其数量，如图 3-40 所示。

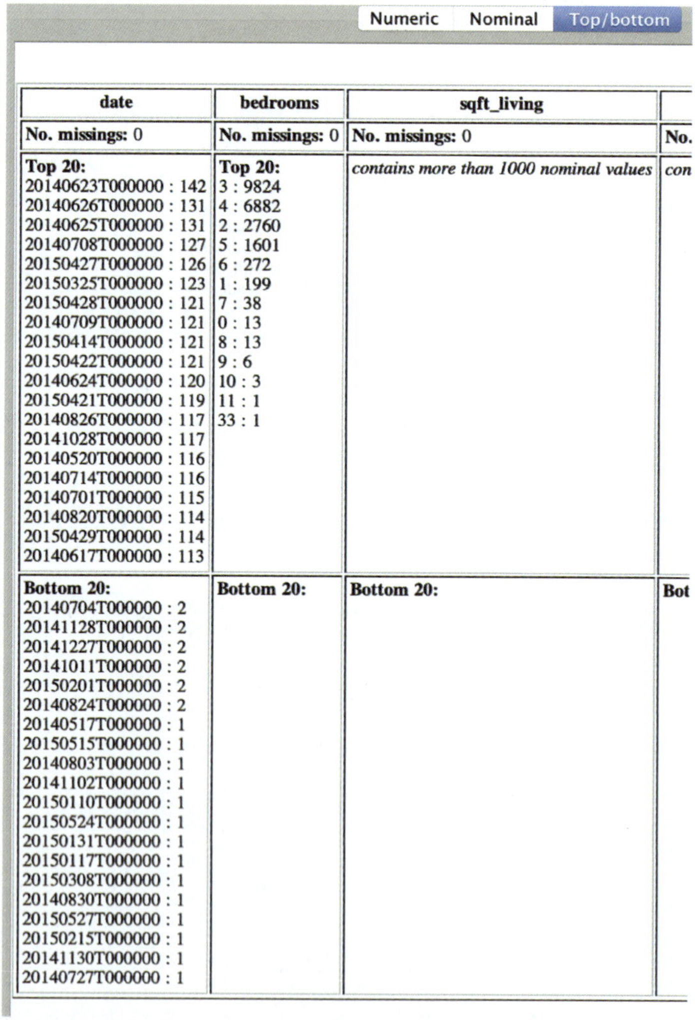

date	bedrooms	sqft_living	
No. missings: 0	**No. missings:** 0	**No. missings:** 0	**No.**
Top 20: 20140623T000000 : 142 20140626T000000 : 131 20140625T000000 : 131 20140708T000000 : 127 20150427T000000 : 126 20150325T000000 : 123 20150428T000000 : 121 20140709T000000 : 121 20150414T000000 : 121 20150422T000000 : 121 20140624T000000 : 120 20150421T000000 : 119 20140826T000000 : 117 20141028T000000 : 117 20140520T000000 : 116 20140714T000000 : 116 20140701T000000 : 115 20140820T000000 : 114 20150429T000000 : 114 20140617T000000 : 113	**Top 20:** 3 : 9824 4 : 6882 2 : 2760 5 : 1601 6 : 272 1 : 199 7 : 38 0 : 13 8 : 13 9 : 6 10 : 3 11 : 1 33 : 1	*contains more than 1000 nominal values*	*con*
Bottom 20: 20140704T000000 : 2 20141128T000000 : 2 20141227T000000 : 2 20141011T000000 : 2 20150201T000000 : 2 20140824T000000 : 2 20140517T000000 : 1 20150515T000000 : 1 20140803T000000 : 1 20141102T000000 : 1 20150110T000000 : 1 20150524T000000 : 1 20150131T000000 : 1 20150117T000000 : 1 20150308T000000 : 1 20140830T000000 : 1 20150527T000000 : 1 20150215T000000 : 1 20141130T000000 : 1 20140727T000000 : 1	**Bottom 20:**	**Bottom 20:**	**Bot**

图 3-40　最多和最少的数据

到目前为止，我们的工作流如图 3-41 所示。

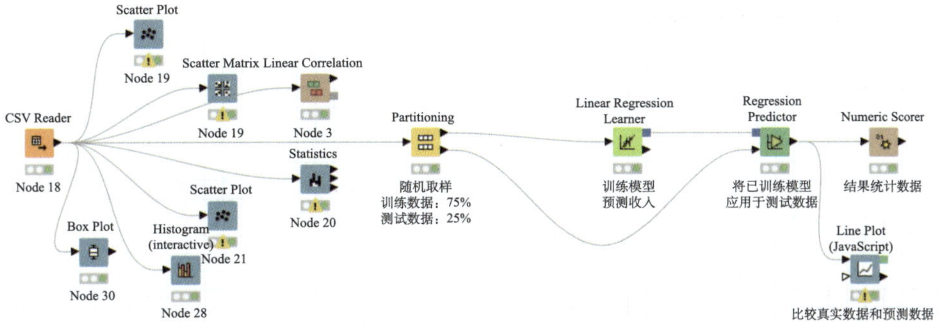

图 3-41　当前的工作流

KNIME 还有其他很多数据可视化的节点，希望大家自己探索一下。

3.2.4　整合界面

我们已经知道，做机器学习项目的话，有若干不同步骤。在 KNIME 中，每一步都需要若干个节点。这样的话，整个工作流界面可能会变得很乱，让人陷入各种繁杂的细节中。比如现在的工作流如图 3-41 所示，已经有很多节点。为了减轻这种负担，可以使用 Metanode。简单来说，Metanode 就是若干个节点组成的大节点。

选中我们想要组合成 Medanode 的节点，比如将数据观察的所有节点组合，右击，在弹出的快捷菜单中选择“Collapse into Metanode”命令，如图 3-42 所示，这个时候会询问你是否要重置节点，也就是以前的所有节点运算将会重置，单击“OK”按钮重置，如图 3-43 所示，因为不重置没办法创建 Medanode。接着填写名称即可，如图 3-44 所示。

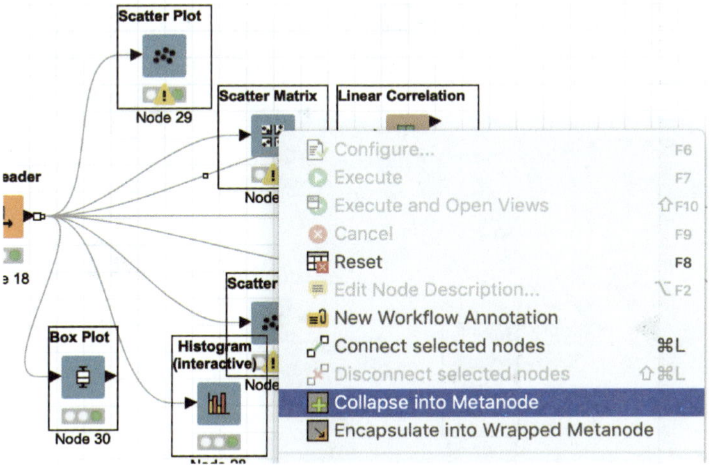

图 3-42　将所有可视化节点组合

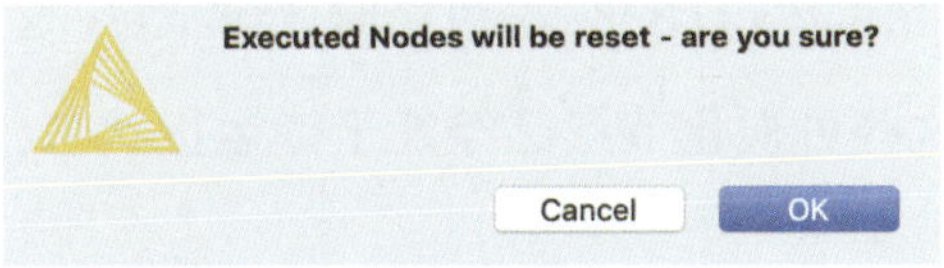

图 3-43　选择是否重置节点

图 3-44　添写名称

这样所有的可视化节点就成了“Data View”节点，如图 3-45 所示。双击可以看到里面内容，如图 3-46 所示。

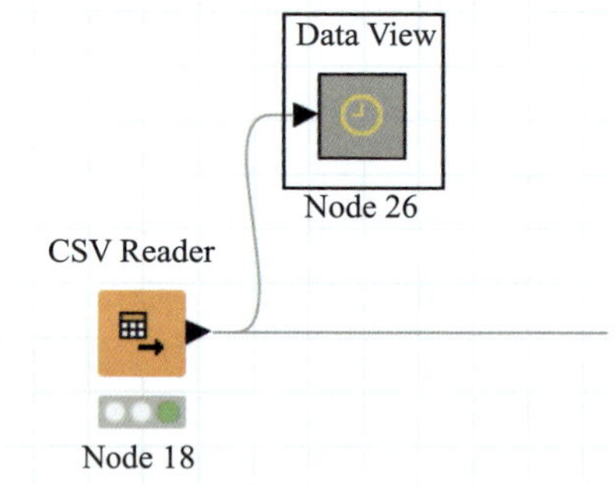

图 3-45　重置后的工作流

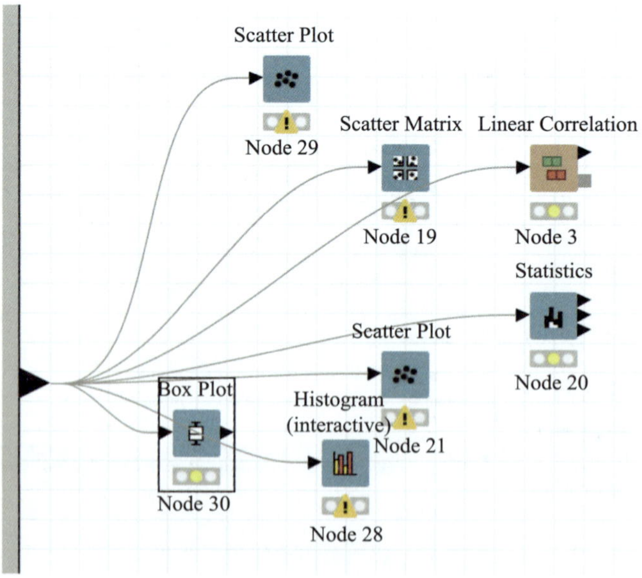

图 3-46　可视化部分的节点已经集成在一起

这个时候，我们发现这些可视化节点已经处于待运行状态，要观察数据重新运行它们即可。

3.3　多元线性回归进阶

在上一部分的基础上，我们下一步就要看看如何进一步优化模型，使其更好。

3.3.1　优化模型

虽然我们已经建立了模型，但是我们并没有做任何优化，这一步就在数据探索的基础上优化模型。导入数据并观察完数据后，就可以开始优化模型了。

1. 特征工程

在建立模型之前，我们往往想要先建立特征工程，目的是最大限度地从原始数据中提取特征以供算法和模型使用。

有这么一句话在业界广泛流传：数据和特征决定了机器学习的上限，而模型和算法只是逼近这个上限而已。

我们先从最基础的特征工程即特征选择中，开始特征工程的学习。特征选择，顾名思义，就是选择我们想要的特征，删除不想要的特征。也就是说，特征选择就是为了构建模型而选择相关特征子集的过程。使用特征选择技术有三个原因：

- 简化模型，使之更易于被研究人员或用户理解。
- 缩短训练时间。
- 改善通用性，降低过拟合。

虽然线性回归方法给出的结果往往不是最好的，但是解释能力强，而且可以让我们更深入地理解数据，所以在线性回归例子中学习特征工程对我们很有好处。

2. 特征选择的方法

特征选择常用的有三种方法：正向选择、反向消除和双向选择。其中双向选择是结合正向选择和反向消除的方法。

- 正向选择：依次在当前集合中加入一个其没有的属性，然后用交叉验证等方法对新的集合进行评估，找出评估结果最佳的属性加入当前集合。不断重复上面的步骤，直到加入任何新的属性都不能提高评估结果算法即告停止。
- 反向消除：开始的时候在当前集合中加入所有属性，然后用交叉验证等方法对集合进行评估，找出评估结果最差的属性并从当前集合删除。不断重复上面的步骤，直到删除任何属性都不能提高评估结果算法即告停止。

3. 过拟合

我们刚才提到特征工程可以降低过拟合，那这个过拟合是什么呢？在机器学习中，我们会不停地遇到过拟合的问题，过拟合将会是机器学习模型的极大障碍。过拟合就是模型完美地或者很好地拟合了数据集的某一部分，但是此模型很可能并不能用来预测数据集的其他部分。简单来说，就像是学生学习学傻了，学成了书呆子，只会考试某种题，稍微变一变就不会了。

比如图 3-47 所示这个数据，其实用一条直线拟合就挺好，但是为了完美拟合，使用了相当复杂的曲线连接，很难保证模型能够覆盖之后出现在直线附近的点。

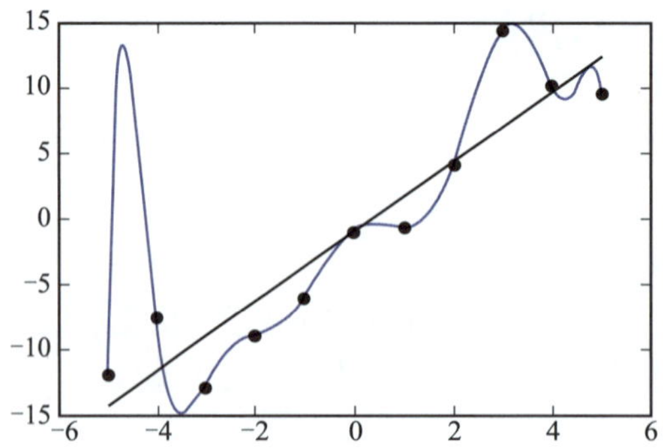

图 3-47　过拟合

4. 过滤无关列

在“Partitioning”节点和“Linear Regression Learner”节点之前插入列过滤器“Column Filter”节点，如图 3-48 所示。

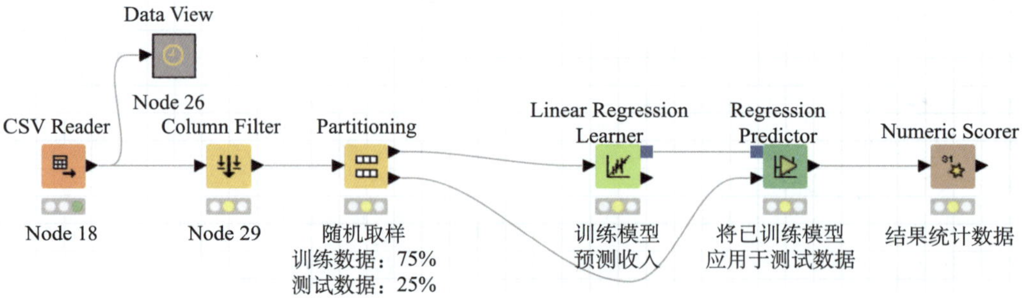

图 3-48　添加列过滤器

按如图 3-49 所示设置“Column Filter”。我们使用“Column Filter”节点来过滤无关数据。此问题中，假设“id”和“date”与房屋价格无关，我们将这两个特征过滤掉。

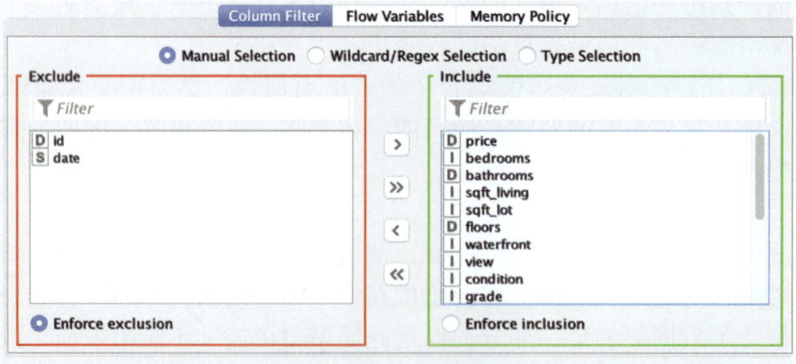

图 3-49　设置“Column Filter”

为什么要假设“id”和“date”与房屋价格无关呢？对于“id”来说，它是数据采集人员赋予的数据，和其他数据一般都没有关系。而对于“date”来说，这个处理起来稍微复杂，我们现在先不管它，因为我们不准备过于深入地进行特征处理的研究。

5. 正向选择算法

这个工作流的难点在于如何实现正向选择。正向选择的一种方法介绍如下：

（1）选择一个最相关的特征输入模型。

- 每个特征分别输入模型。
- 选择 P 值最小的特征。

（2）保留上一个特征，从剩余的特征中再选择一个输入模型，采用同样方法选择一个特征。

- 如果不符合完成条件，重复步骤（2）。
- 如果符合完成条件，结束。

完成条件：P 值大于阈值（0.05）或者特征数量达到上限。

在这个算法中，我们使用 P 值作为选择条件，也可以使用决定系数或者其他参数作为选择条件。

6. 尝试正向选择算法的手工实现

我们先试试手工实现正向选择算法。回顾之前相关系数矩阵，面积与价格最相关，所以我们先只用面积来拟合价格。

如图 3-50 所示，在工作流中插入"Column Filter"节点，双击此节点，在打开的如图 3-51 所示界面中设置只留下价格和面积两列（price 和 sqft_living）。

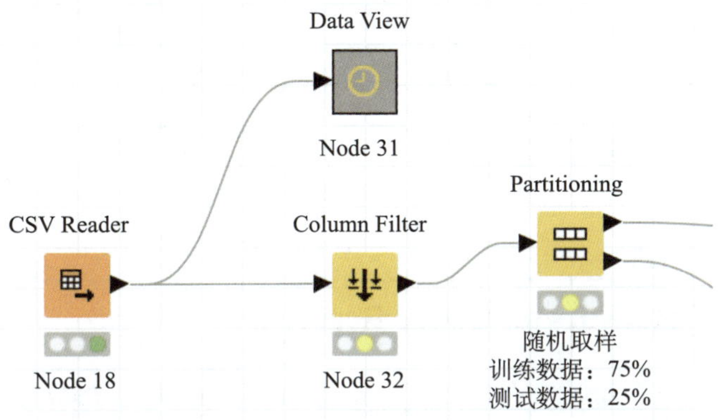

图 3-50　工作流中插入"Column Filter"

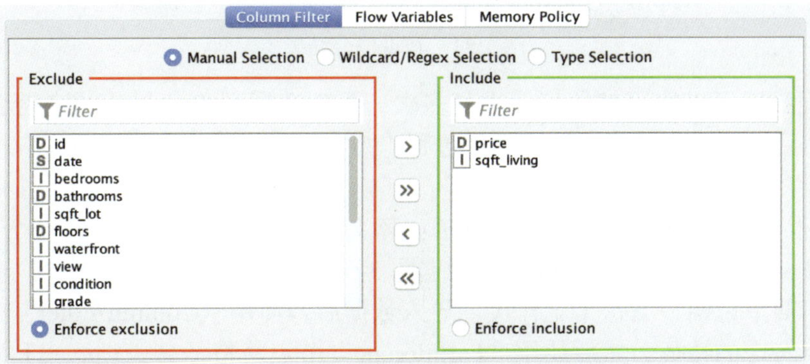

图 3-51　只留下价格和面积

运行整个工作流，右击“Linear Regression Learner”节点，在弹出的快捷菜单中选择“View：Linear Regression Scatterplot View”命令，观察结果，如图 3-52 所示。

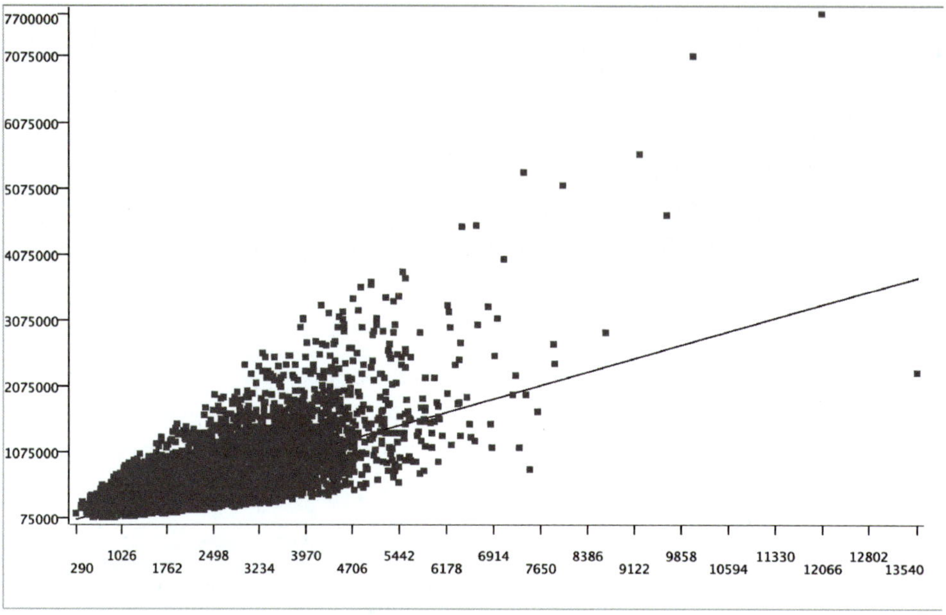

图 3-52　价格只由面积拟合

接着右击“Linear Regression Learner”节点，在弹出的快捷菜单中选择“View：Linear Regression Result View”命令，观察拟合参数，可以发现 *P* 值为 0，如图 3-53 所示。

File

Statistics on Linear Regression

Variable	Coeff.	Std. Err.	t-value	P>|t|
sqft_living	277.3818	2.2241	124.7177	0.0
Intercept	-35,472.2617	5,063.7832	-7.0051	2.57E-12

Multiple R-Squared: 0.4897
Adjusted R-Squared: 0.4897

图 3-53　查看拟合结果

这个过程我们可以使用其他特征重复多次，直到选择到 *P* 值最小或者符合其他选择标准的特征。然后保留这个特征，继续类似过程。

7. KNIME 实现正向选择

以上过程操作过于复杂，太麻烦了。幸好 KNIME 已经提供了一个正向选择的“Metanode：Forward Feature Selection”。根据图 3-54 所示重整工作流。

现在我们简单说明一下这个工作流。导入数据后，使用“Column Filter”节点删除掉我们肯定不需要考虑的特征，然后使用“Partitioning”节点将特征分为训练集和测试集，接着将训练集数据导入“Forward Feature Selection”。经过选择的特征输入到“Linear Regression Learner”节点，其他的节点我们都很熟悉了。唯一需要注意的是，“Linear Predictor”节点只会使用模型（“Linear Regression Learner”）使用过的特征，所以这里不需要对其输入数据进行过滤。下面我们仔细讨论正向选择的工作。

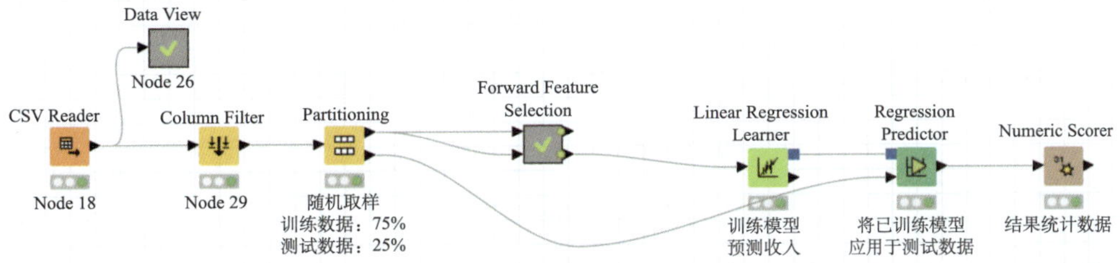

图 3-54　增加正向选择 Metanode

注意，这个 Metanode 一定要使用于训练数据中，而不是所有数据中（也就是要在“Partitioning”节点之后而不是之前）。

3.3.2　正向选择节点

双击打开“Forward Feature Selection”Metanode，可以看到如图 3-55 所示的工作流。它的两个输入都是一样的，所以这里的两个数据都是训练集数据。此节点输出的数据一个是所选择的特征的详细信息，另一个是由所选择的特征构成的数据表。其中“Feature Selection Loop Start”标志着一个选择循环的开始，“Feature Selection Loop End”标志着一个选择循环的结束，二者之间的步骤就是对某一特征的选择判断。这个 Metanode 内部第一个需要我们修改的就是用什么模型。因为我们进行的是回归分析，所以这里特征选择使用的模型也是回归模型。所以将此 Metanode 的学习器和预测器分别替换为“Linear Regression Learner”和“Regression Predictor”。另外需要将“Scorer”替换为“Numeric Scorer”。

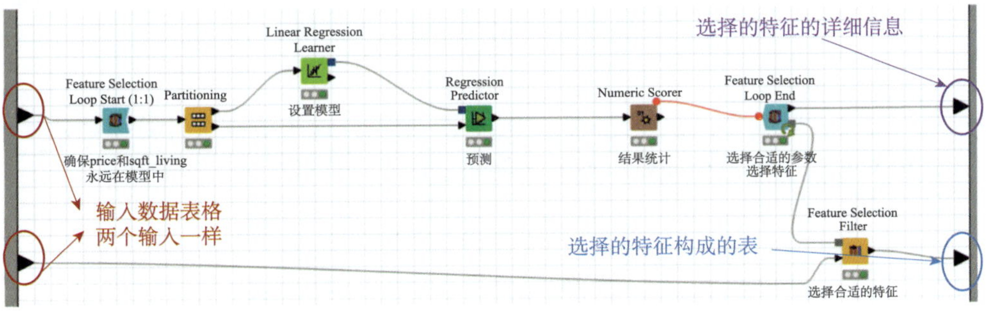

图 3-55　“Forward Feature Selection”Metanode

结合上面正向选择的方法，大体了解了图 3-55 所示的思路和算法。

（1）循环开始，选择价格（目标）和面积（最相关的特征）。

- 数据分为训练集和测试集。
- 数据分别带入模型和预测器。
- 计算模型预测效果。

（2）添加一个新的特征到模型。

- 再次计算模型预测效果。

- 如果特征数量达到上限，结束。

最后通过“Feature Selection Filter”来最终决定使用哪些特征。下面我们来具体看看每一步是怎么工作的。

1. 循环开始

双击“Feature Selection Loop Start”节点打开设置界面，如图 3-56 所示。

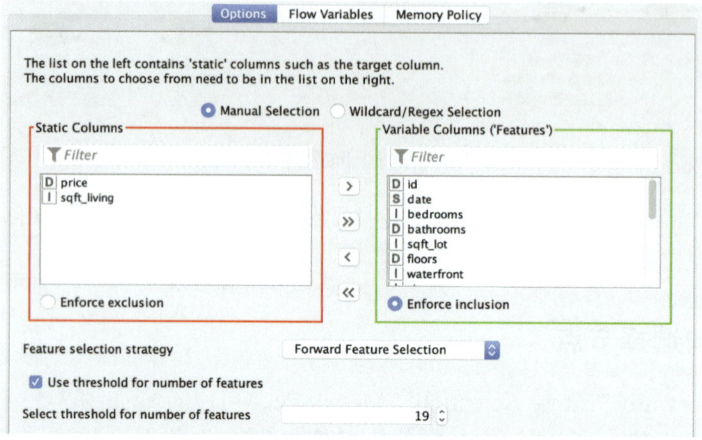

图 3-56　循环开始

这里重点要设置两个选项。

- “Static Columns”：静态列，也就是不会参与正向选择的列，它们会一直存在于模型中。这里选择了项目的目标——价格和最相关的特征——面积。
- “Use threshold for number of features”：使用特征数目阈值，也就是是否给特征数目设置一个上限，一旦到达这个上限循环停止。例如选择“是”（即选中该选项），然后在右边的输入框中设置使用“19”作为阈值。这个选项可以不点选或者设置成其他数值，希望大家自己试试。

2. 模型评价指标

另外一个需要注意的节点是“Numeric Scorer”节点，这个节点会计算模型效果评价指标，我们先按图 3-57 所示进行设置，然后才能使用这些评价指标。

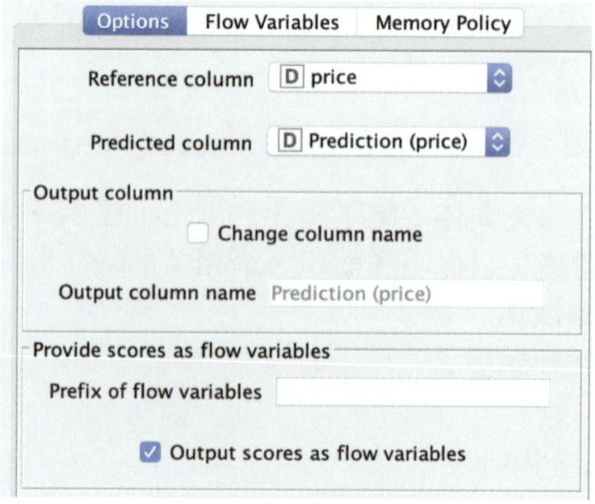

图 3-57　模型评价

这里有两个选项必须设置。

- “Reference column” 和 “Predicted column”：分别是参考列和预测列，参考列就是目标的真实值，预测列就是目标的预测值，这里分别是价格和预测的价格。
- “Output scores as flow variables”：输出评价指标为流变量。选中它，后面我们就可以使用这些评价指标了。这里出现了 KNIME 节点的一个重要但是我们没有介绍过的内容就是流变量（Flow Variable）。这里主要熟悉它的表现形式，即一个红色的圆即可（见图 3-58）。总体来说，节点设置好后，工作流中流动的数据都是确定的。选中价格，价格就会输出到下一个节点；没有选中时间，时间就不会输出到下一节点。但是如果想要参数化到底选谁或不选谁呢？或者参数化更多设置或者数据呢？我们可以使用流变量。

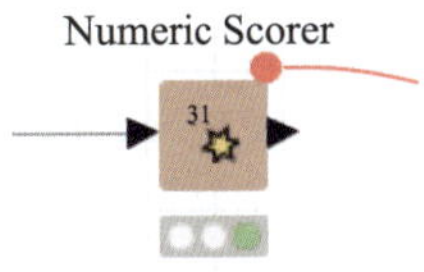

图 3-58　带有流变量（Flow Variable）的节点

3. 循环结束

接下来设置循环结束 “Feature Selection Loop End” 节点，选择使用谁作为评价指标及是要最大化还是最小化这个指标。

如图 3-59 所示，选择 “mean squared error” 选项，也即是常说的 MSE，并且我们要最小化它，选中 “Minimize score” 选项。这样的话，特征的选择将会以降低 MSE 为标准。

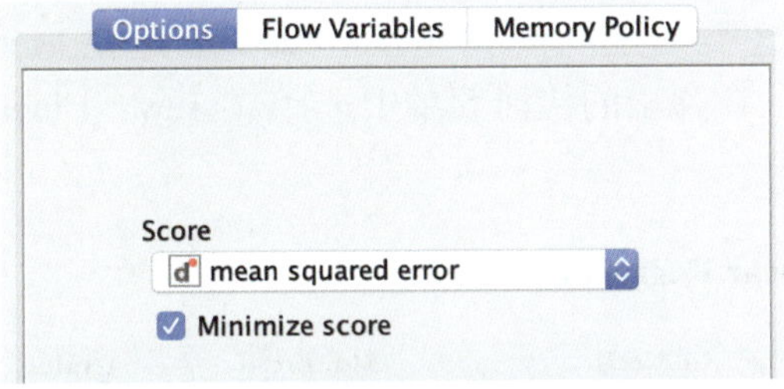

图 3-59　选择评价指标及其优化方法

4. 选择特征

运行整个工作流，然后选择 “Feature Selection Filter” 节点，双击，打开设置界面，如图 3-60 所示。这个图左侧选择框的左列是 mean squared error，即我们选择的标准，右侧代表特征数量。这里的 “mean squared error” 是按照从小到大排序的。

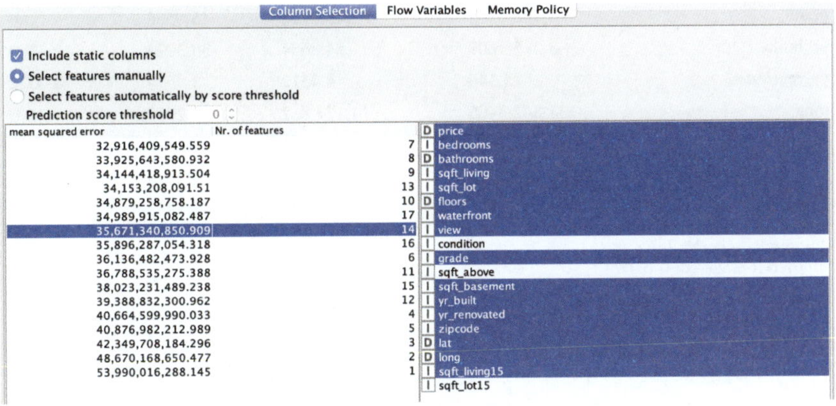

图 3-60　选择特征

我们可以手动选择特征，也可以自动选择。如果手动选择的话，那么根据评价指标，要选择保留的特征数目。如果是自动选择的话，则会根据评价指标阈值自动选择。观察图 3-60，这里使用的是手动选择，保留 14 个特征。在此，你可以尝试变更相关选项，优化一下自己的模型。

3.3.3 反向消除

反向去除的一种方法为：

（1）设置一个特征留在模型中的阈值（$P < 0.05$）。

（2）所有特征保留在模型中。

（3）运行模型，找到 P 值最大的特征。

- 如果 P 值大于阈值，则删除它，重复步骤（3）。
- 如果 P 值小于阈值，则结束。

类似于正向选择方法，我们可以使用 KNIME 完成反向去除，这里不再展开叙述。

3.3.4 模型解释

对于很多数据分析问题，需要我们能够回答每个特征有什么影响、影响多大等问题，下面我们看看如何解答这类问题。回到主工作流（不是在 Metanode 中），右击“Linear Regression Learner”节点，在弹出的快捷菜单中选择“View：Linear Regression Result View”命令，结果如图 3-61 所示。

Statistics on Linear Regression

Variable	Coeff.	Std. Err.	t-value	P>ltl
bedrooms	-45,163.9538	2,369.1283	-19.0635	0.0
bathrooms	46,287.9821	3,876.1182	11.9418	0.0
sqft_living	174.7458	4.0578	43.0645	0.0
sqft_lot	0.018	0.055	0.327	0.7436
floors	20,577.3427	3,875.8265	5.3091	1.11E-7
waterfront	587,159.7948	21,173.2691	27.7312	0.0
view	38,813.4577	2,536.6828	15.3009	0.0
condition	21,052.1089	2,803.7696	7.5085	6.26E-14
grade	114,706.6082	2,545.8762	45.0558	0.0
yr_built	-3,315.7609	84.3654	-39.3024	0.0
yr_renovated	13.548	4.4312	3.0574	0.0022
long	-131,842.3405	14,177.852	-9.2992	0.0
sqft_living15	29.2698	4.1117	7.1186	1.13E-12
sqft_lot15	-0.5021	0.0878	-5.718	1.10E-8
Intercept	-10,394,041.6927	1,798,232.9787	-5.7801	7.59E-9

Multiple R-Squared: 0.657
Adjusted R-Squared: 0.6567

图 3-61　查看模型

这里最主要的就是第二列内容，“Coeff.”（系数）绝对值越大，对应的特征对结果的影响也就越大。符号为正的话表示正向影响，符号为负的话表示负向影响。从这个图中可以看出，面积的系数为 174.7458，影响相当大。

这个系数的影响其实从回归的公式 $y=b+w_1x_1+\cdots+w_nx_n$ 就可以方便地看出来。w 越大，对应的 w 单位变化对 y 产生的影响越大。比如 $y=b+100000x_1+x_2$，x_1 变化 1，y 变化 100000，而 x_2 变化 1，y 变化仅仅为 1。

3.3.5 特征归一化

还是上面的例子 $y=b+100000x_1+x_2$，它有一个严重的问题，就是模型可能会不稳定，因为模型受到的 x_1 变化影响太大了，它稍微变化一点，就相当于 x_2 变化很多。例如，根据身高体重判别一个人是男还是女，如果身高为 1.7m 体重为 70kg 的一个人，身高变化 0.1m，将会有很大的区别，但是体重变化 0.1kg 不会有什么大的影响。所以我们应该将数据变化到大致相同的范围，在这个问题中，我们可以将身高从 1.7m 变化 170cm，这样的话，身高和体重对数据变化的敏感程度就会差不多了。更深层的原因是导致梯度下降算法收敛困难，这里不做讨论。

为了解决这个问题，可以采取特征归一化来处理数据。归一化一般是将数据映射到指定的范围，用于去除不同维度数据的量纲和量纲单位。

1. Z-score

Z-score 是常用的一种归一化方法，就是将数据变为标准正态分布：

$$z=\frac{x-\mu}{\sigma}$$

其中，x 是原始数据，z 是转换后的数据，μ是原始数据的平均值，σ是原始数据的标准差。标准化后可以更加容易地得出最优参数 w 和 b 及计算出损失函数的最小值，从而达到加速收敛的效果。

2. Min-Max

这个方法使数据绝对分布在一定范围内：

$$x_{\text{norm}}=\frac{x-x_{\min}}{x_{\max}-x_{\min}}$$

其中，x_{norm} 是转换后的数据，$x_{\min}$ 是原始数据的最小值，$x_{\max}$ 是原始数据的最大值。

3. 怎样选择归一化方法

具体使用哪一种归一化方法，需要经验的积累和不断的尝试。一个简单粗暴的方法是：如果不是要求必须在一个范围内，应选择 Z-score。例如说图像问题要求像素大小分布在［0，1］之间，那就必须使用 Min-Max。其他问题例如房价问题，某个特征并不一定必须在哪个范围内，则可以使用 Z-score。

3.3.6 使用 KNIME 具体实现归一化

在实际实现归一化时，需要特别小心。观察图 3-62 所示的 KNIME 的实现方法，可以发现这里不仅使用了“Normalizer”节点做归一化，还使用了“Normalizer（Apply）”节点，这是为什么呢?

首先观察“Normalizer”节点的使用，我们将训练数据输入，输出归一化后的数据，供模型使用。然后再来看“Normalizer（Apply）”节点，它的输入数据是测试数据，同时还有另外一个输入，这个输入是归一化模型。“Normalizer（Apply）”节点的作用就是将归一化模型应用于测试数据，这个归一化模型来自“Normalizer”节点的输出。为什么搞得这么复杂呢？因为你不知道未知的数据满足什么样的分布规律，又因为你根本就没有这些数据。那么你怎么可能将它们归一化呢？所以只能靠已经有的数据规律归一化未知的数据。

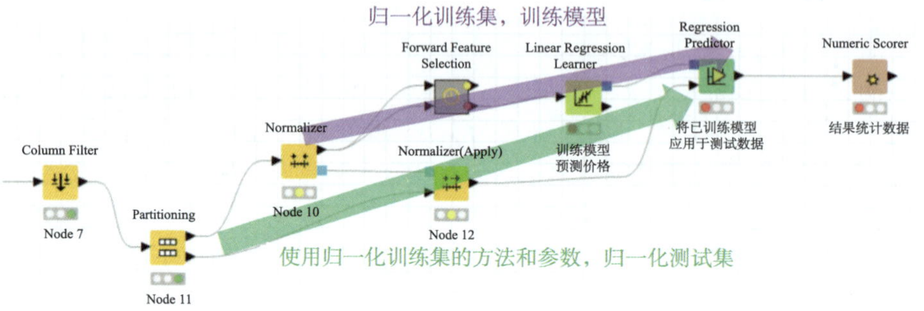

图 3-62　KNIME 实现归一化

而训练集就是你知道的数据，你可以大胆地进行归一化处理。你虽然知道测试集，但是假装不知道，这样才能高度模拟未来未知的数据。未来预测的数据集是你真的不知道的数据。因为你不能归一化未知的数据，所以使用训练集的参数来归一化测试集。也就是需要使用“Normalizer（Apply）”节点来归一化测试集。

双击“Normalizer”节点，在打开的界面中按照图 3-63 所示选择“Z-Score Normalization（Gaussian）”进行设置。归一化后，再次运行整个工作流，看看模型有没有改善。

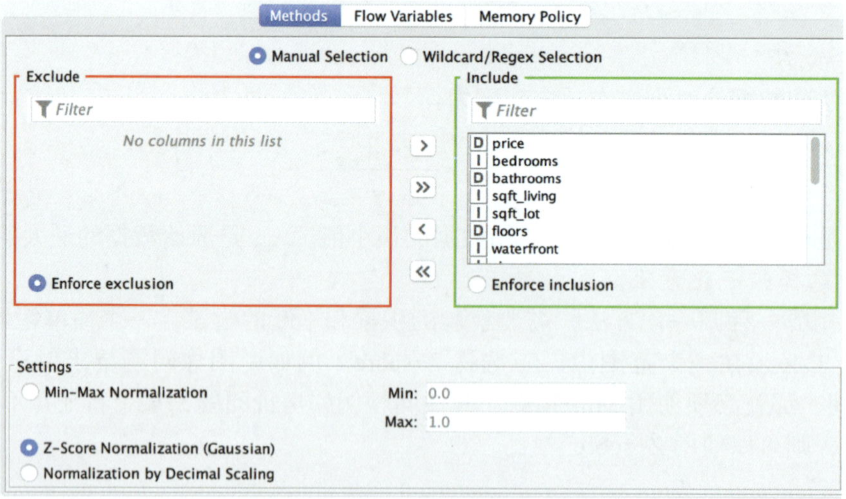

图 3-63　归一化节点

3.3.7　相关系数

最后，补充一下相关系数的知识。相关系数是最早由统计学家卡尔·皮尔逊设计的统计指标，是研究变量之间线性相关程度的量，一般用字母 r 表示。由于研究对象的不同，相关系数有多种定义方式，较为常用的是皮尔逊相关系数。

相关系数的绝对值越接近于 1，数据之间的线性关系越大，相反，越接近 0，则数据之间越缺乏线性关系，如图 3-64 所示。

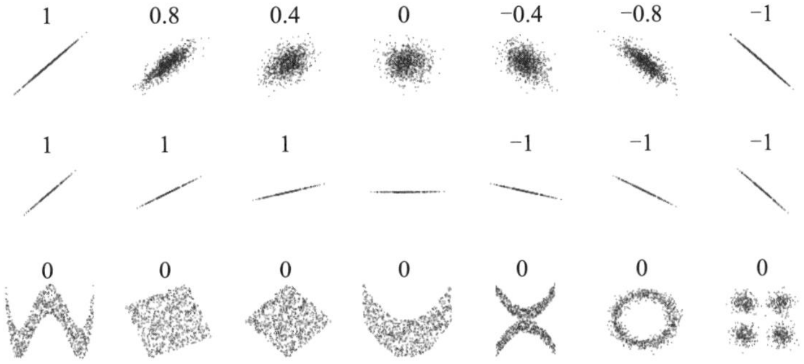

图 3-64　线性相关

但是观察图 3-64 所示的线性相关的最后一行，会发现相关系数为 0 并不代表数据之间没有关系，仅仅代表没有线性关系。

3.4　课后练习

1. 什么是训练集和测试集？请举一个学习工作中的例子加以说明。
2. 如果一个特征的 P 值为 0.1，可以说这个特征肯定和模型的标签没有关系吗？
3. 从模型的系数中，分析房价主要受什么影响比较大。
4. 尝试使用 KNIME 的反向去除方法优化模型。
5. 尝试使用 Min-Max 归一化方法。
6. 为什么要联合使用“Normalizer”和“Normalizer（Apply）”节点？

第4章 逻辑回归

生存还是毁灭，这是一个值得考虑的问题。

——莎士比亚

知识点

- 分类问题
- 判定边界
- 模型评价
- ROC
- F1
- 哑变量

我们已经熟悉了什么是回归问题和怎样使用 KNIME 来解决，通过前面几章的学习，对 KNIME 这个工具已经有了比较深入的掌握，下面我们看看另一个常见的问题——分类问题。

4.1 逻辑回归基本概念

4.1.1 分类问题

假设想根据学生的考试成绩和性别信息来判断他能否获得奖学金（hon），我们期望的结果无非两种：能或者不能。如图 4-1 所示，几列数据为是否为女（female）、阅读分数（read）、写作分数（write）、数学成绩（math），最后是否有奖学金（hon）。

female	read	write	math	hon
1	39	41	33	0
0	63	49	35	0
1	36	44	37	0
0	39	33	38	0
1	42	46	38	0
0	42	39	39	0

图 4-1　数据表

其中有奖标注为 1，无奖标注为 0。假设使用回归方法解决这个问题，观察 hon（是否有奖学金）和 read（阅读分数）的关系，如图 4-2 所示。

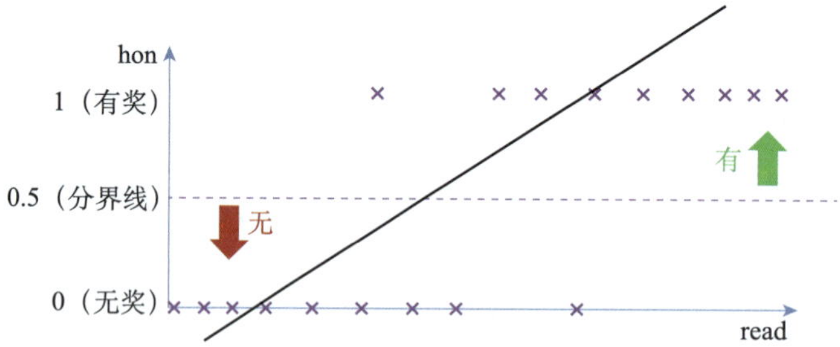

图 4-2　使用回归方法

图 4-2 所示的斜线是回归线，回归线大于分界线 0.5 的话为有奖，否则为无奖。如果预测的话，就是找到这个分界线对应的 read 值，设置这个值为阈值，大于阈值的为有奖，否则为无奖。

但是这条回归线到底代表什么呢？如果我们将回归线值在 0 和 1 之间的数值考虑为能否获奖的概率，如图 4-3 所示，会产生一些问题。首先，回归线预测的值大于 1 怎么理解？其次，回归线预测的值小于 0 怎么理解？

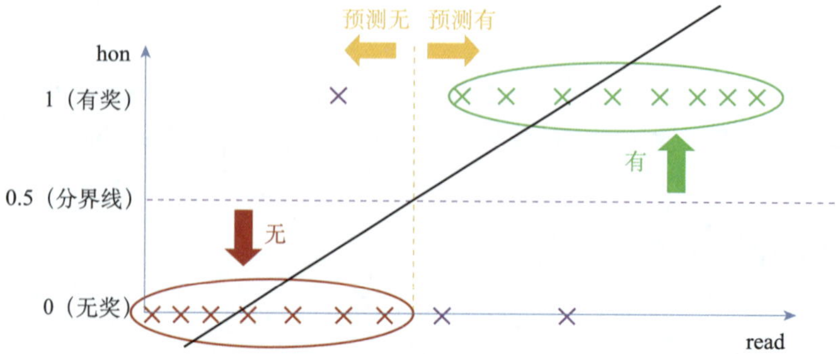

图 4-3　回归方法预测

另外，假设右上角有一个点离其他点很远（见图 4-4），则为了照顾这个点，回归线将会偏离。因为一个偏离点，导致整个模型变得不稳定，说明这个方法必然是存在问题的。

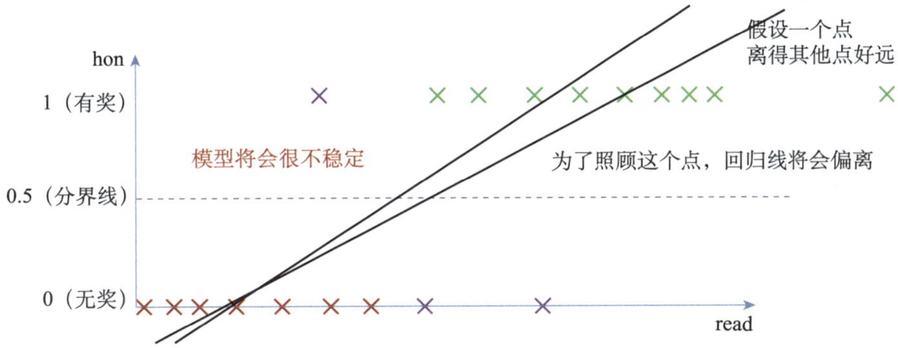

图 4-4　偏离的点有很大影响

为了解决这些问题，我们可以想象，最好能做出图 4-5 所示这样的结果。如果可以的话，只要计算出来获奖概率比阈值大，就预测为有奖，否则就是无奖。

这种二分类问题就是一种典型的分类问题。逻辑回归是二分类任务的首选方法之一。它会计算出一个［0，1］的概率值，根据阈值判断应该是 0 还是 1，使得它的最终结果不是 1 就是 0。

例如这个奖学金预测的例子就是一个判断 0 还是 1 的问题。类似的问题还有判断是否有某种疾病，判断客户是否为忠实客户，判断一张图片中的动物是猫还是狗。

这样问题变成了如何得到图 4-5 这样的曲线。在这个曲线中，最小值为 0，最大值为 1，可以方便地根据阈值预测结果。

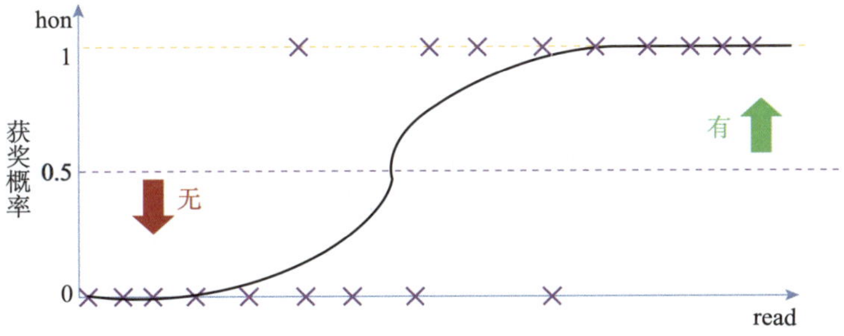

图 4-5　比较理想的分类方法

4.1.2　从线性回归到逻辑回归

我们使用 Sigmoid 函数将线性回归线转为逻辑回归线。Sigmoid 函数为：

$$\sigma(z)=\frac{1}{1+\mathrm{e}^{-z}}$$

其图像如图 4-6 所示。

它能够将 $z=b+w_1x_1+\cdots+w_nx_n$ 换为 $\hat{y}=\sigma(z)$，当 $z>0$ 时，$\sigma(z)>0.5$；当 $z<0$ 时，$\sigma(z)<0.5$。这里的 0.5 就是一个分界点，也就是判定边界。

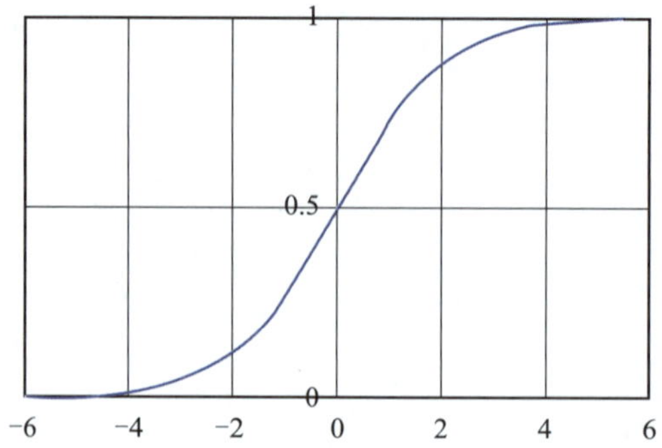

图 4-6　Sigmoid 函数

4.1.3　判定边界

在这个例子中，线的两侧有不同的获奖预测，这条线就叫判定边界（Decision Boundary），我们可以调整判定边界，使得损失函数最小。

在如图 4-7 所示的例子中，可以画出数学成绩和阅读成绩与是否有奖学金的关系。判定边界的右侧预测为有奖学金，左侧为无奖学金。如果判定边界右移，可以使预测为有奖学金的数据更多真地获奖了，但是却丢失了一些其实有奖学金的数据。反之，如果判定边界左移，可以包括更多真的有奖学金的数据，但是却使误判为有奖学金的可能性增大。

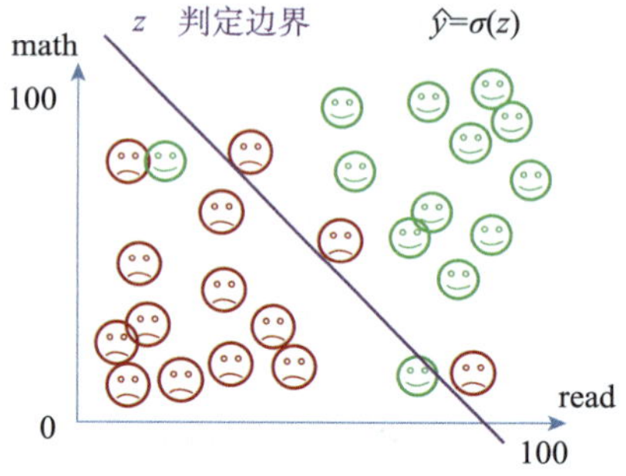

图 4-7　判定边界

4.1.4　KNIME 工作流

我们已经知道了机器学习的一般流程：读取数据、数据处理、模型训练及测试和模型评价，那么就可以很容易地建立如图 4-8 所示的工作流。

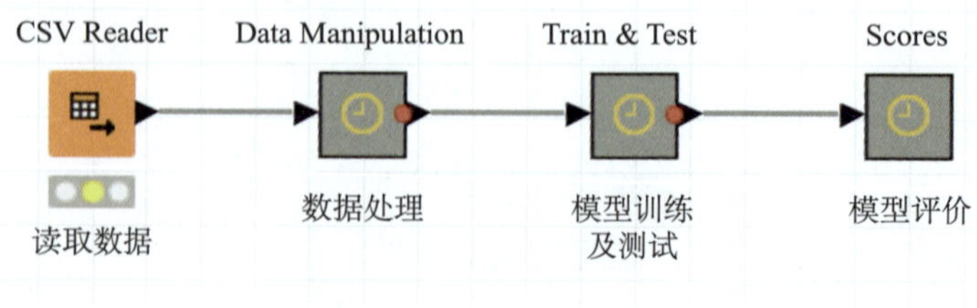

图 4-8　工作流概况

这个工作流中，我们将数据处理、模型训练及测试和模型评价分别封装了 Metanode，我们的任务就是完成这些封装的内容。

4.1.5　读取数据

读取数据跟以前的步骤一样，只要新建一个“CSV Reader”节点读取数据（hon.csv）文件即可。

4.1.6　数据处理

在数据处理阶段，主要完成两个任务：一个是数据类型转换，一个是数据可视化。可以按图 4-9 所示建立数据处理的工作流，然后将其整合为 Metanode 即可。

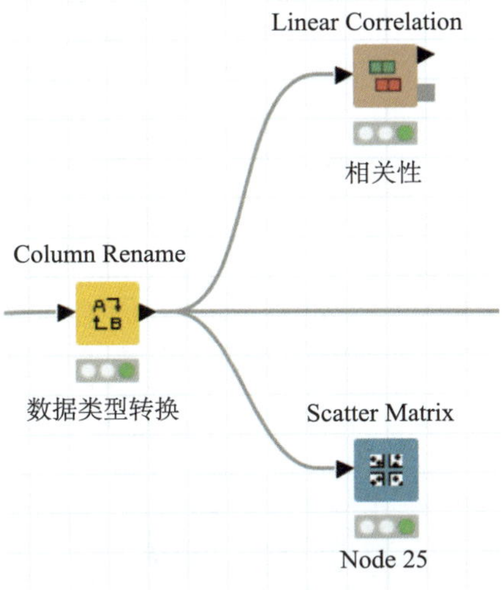

图 4-9　数据处理

1. 数据类型转换

观察数据，可以发现 female 列的 0 和 1 并没有大小意义，仅仅代表男性或者女性。类似的 hon 列也是一样的。这样的话，我们就需要将其类型转换成分类数据。在 KNIME 中，我们将这类数据转换为 StringValue。建立一个“Column Rename”节点，将 female 和 hon 转换为 StringValue，如图 4-10 所示。

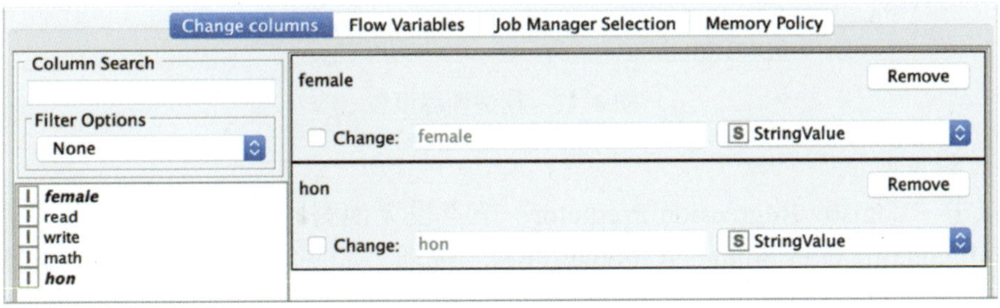

图 4-10　转变数据类型

2. 数据可视化

我们可以通过相关性矩阵和散点图矩阵观察各个数据之间的关系。和线性回归中的情况一样，我们可以从图中分析数据关系，这里不再做详细介绍。

4.1.7 模型训练及测试

与线性回归类似，这里先将数据分为训练集和测试集，然后将训练集导入“Logistic Regression Learner”节点，测试集和训练好的模型导入“Logistic Regression Predictor”（见图 4-11）。建立好这个工作流后，可以将其整合成 Metanode，方便整个工作流模块化。

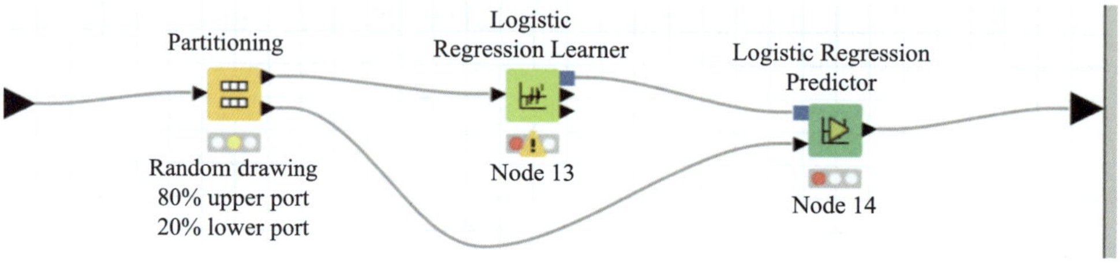

图 4-11 训练和测试

1. 模型训练设置

双击“Logistic Regression Learner”节点，在打开的界面中设置模型训练参数。我们的目标是 hon，所以把“Target column”设置为 hon。我们想要预测的是有奖学金，也就是 hon 为 1 的情况，则“Reference category”需要设置为 0，注意这里不要填 1，如图 4-12 所示。

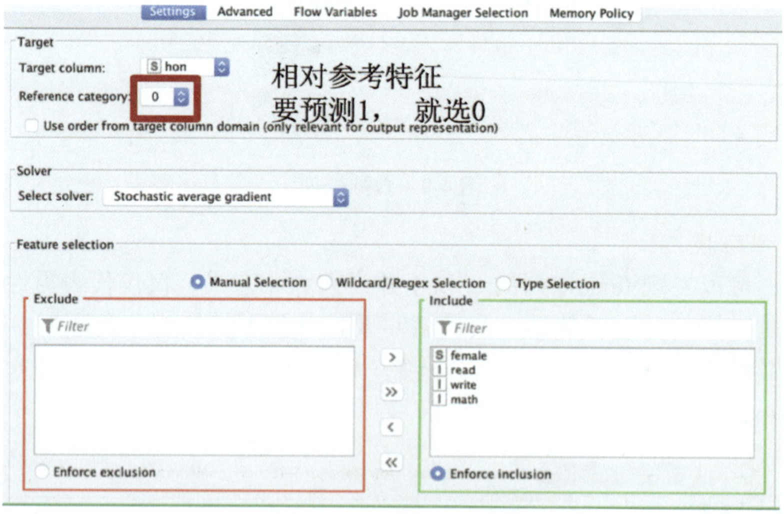

图 4-12 模型训练设置

2. 预测器设置

接着双击“Logistic Regression Predictor”节点设置预测器，这里唯一需要设置的就是选中“Append columns with predicted probabilities”选项，如图 4-13 所示。这个选项会在输出的结果中添加模型计算的概率，方便之后评价模型。

运行这个节点后，查看结果，即可看到附加的这一列，如图 4-14 所示。

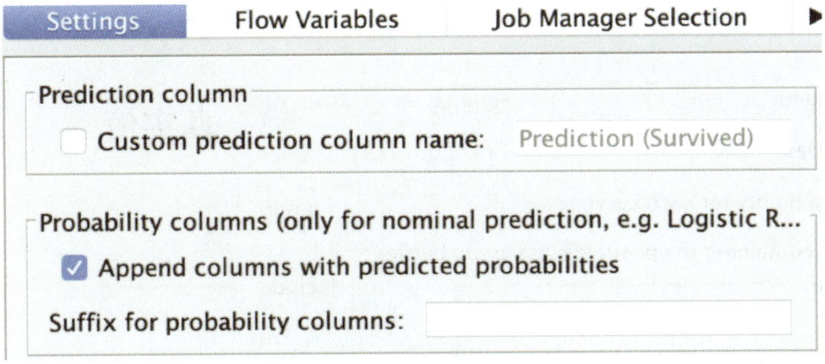

图 4-13 预测器设置

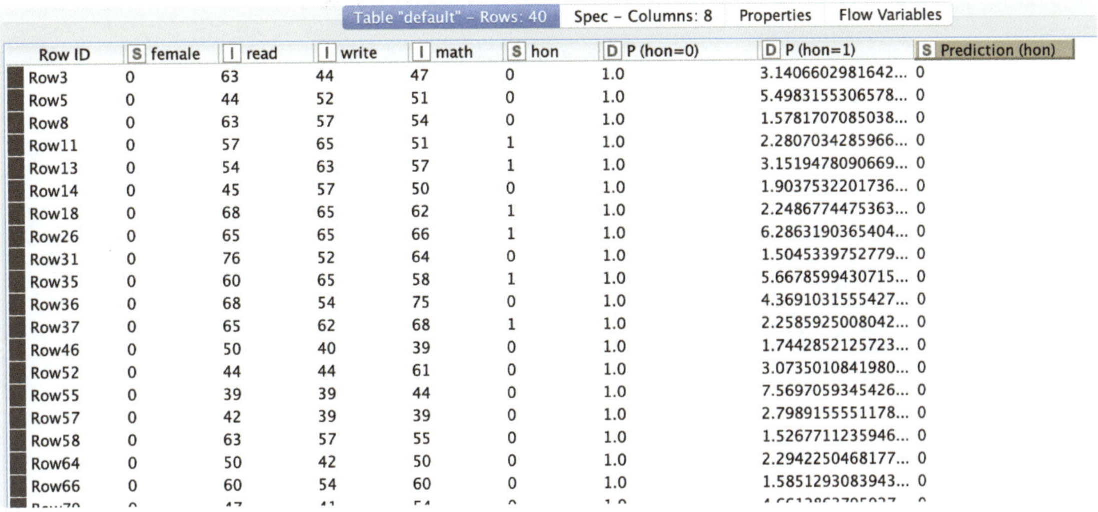
Table "default" - Rows: 40 | Spec - Columns: 8 | Properties | Flow Variables

Row ID	S female	I read	I write	I math	S hon	D P (hon=0)	D P (hon=1)	S Prediction (hon)
Row3	0	63	44	47	0	1.0	3.1406602981642...	0
Row5	0	44	52	51	0	1.0	5.4983155306578...	0
Row8	0	63	57	54	0	1.0	1.5781707085038...	0
Row11	0	57	65	51	1	1.0	2.2807034285966...	0
Row13	0	54	63	57	1	1.0	3.1519478090669...	0
Row14	0	45	57	50	0	1.0	1.9037532201736...	0
Row18	0	68	65	62	1	1.0	2.2486774475363...	0
Row26	0	65	65	66	1	1.0	6.2863190365404...	0
Row31	0	76	52	64	0	1.0	1.5045339752779...	0
Row35	0	60	65	58	1	1.0	5.6678599430715...	0
Row36	0	68	54	75	0	1.0	4.3691031555427...	0
Row37	0	65	62	68	1	1.0	2.2585925008042...	0
Row46	0	50	40	39	0	1.0	1.7442852125723...	0
Row52	0	44	44	61	0	1.0	3.0735010841980...	0
Row55	0	39	39	44	0	1.0	7.5697059345426...	0
Row57	0	42	39	39	0	1.0	2.7989155551178...	0
Row58	0	63	57	55	0	1.0	1.5267711235946...	0
Row64	0	50	42	50	0	1.0	2.2942250468177...	0
Row66	0	60	54	60	0	1.0	1.5851293083943...	0

图 4-14 附加概率值列

4.1.8 模型评价

模型可以用 ROC 曲线或者混淆矩阵等进行评价。建立该评价指标的节点如图 4-15 所示。同样可以将这两个节点整合为 Metanode。

关于这两个评价指标，下一部分内容中会有详细介绍，这里先了解下如何设置节点及什么是好的指标。

1. ROC

双击“ROC Curve”节点，在打开的界面中进行设置，如图 4-16 所示，“Class column”为真实值，“Include”中填入预测的概率，即“P（hon=1）”。

运行节点后查看结果，如图 4-17 所示。

ROC 曲线在斜线上面的这部分面积越大越好，得出的值越接近 1 越好。

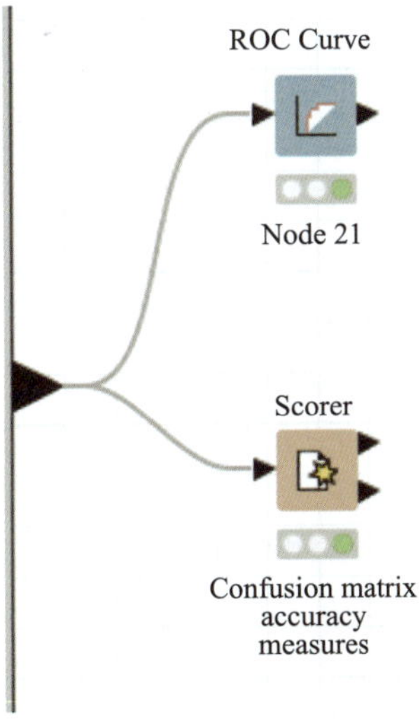

图 4-15 模型评价

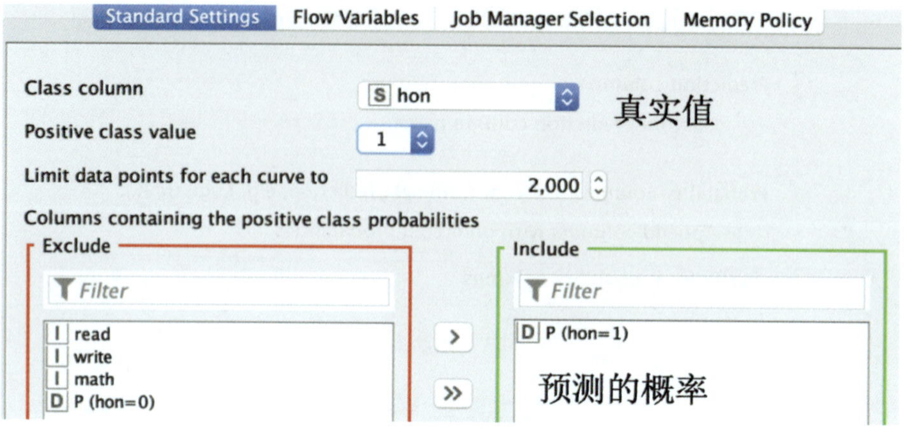

图 4-16　设置 ROC 节点

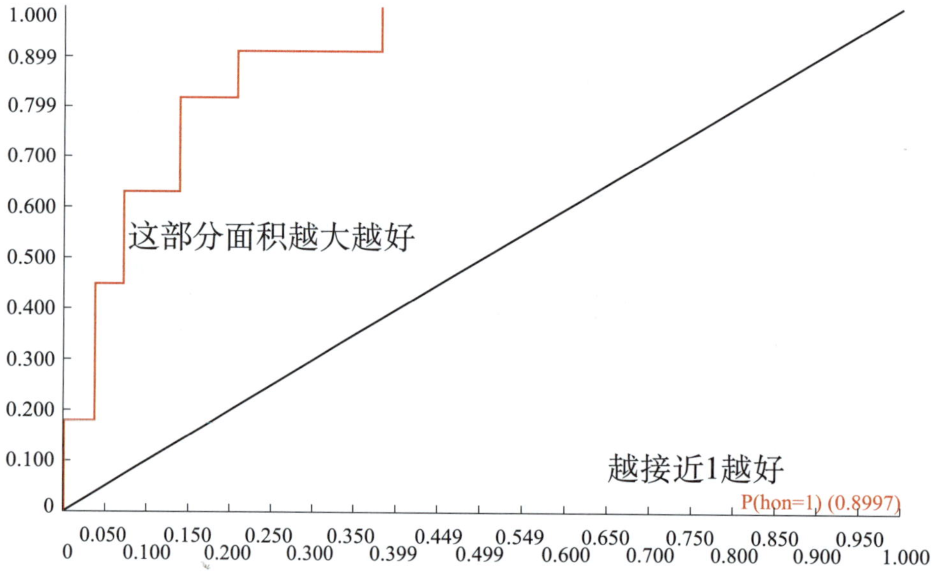

图 4-17　ROC 曲线

2. 其他评价指标

如图 4-18 所示，设置“Scorer”节点，第一列（First Column）和第二列（Second Column）分别为 hon 和 Prediction（hon），运行后可查看结果。混淆矩阵如图 4-19 所示，模型各类评分如图 4-20 所示。

在结果中我们主要分析以下两个指标。

- 混淆矩阵：左上到右下的对角线之和越大越好。
- F1：越接近于 1 越好。

混淆矩阵可以通过右击此节点，在弹出的快捷菜单中选择“View：Confusion Matrix”命令查看（有关内容见图 4-19）。其他评价指标可以右击此节点，在弹出的快捷菜单中选择“Accuracy Statistics”命令查看（有关内容见图 4-20）。

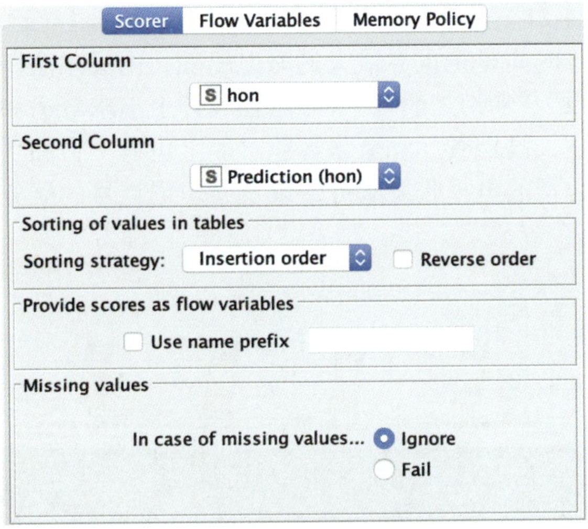

图 4-18 设置评分器

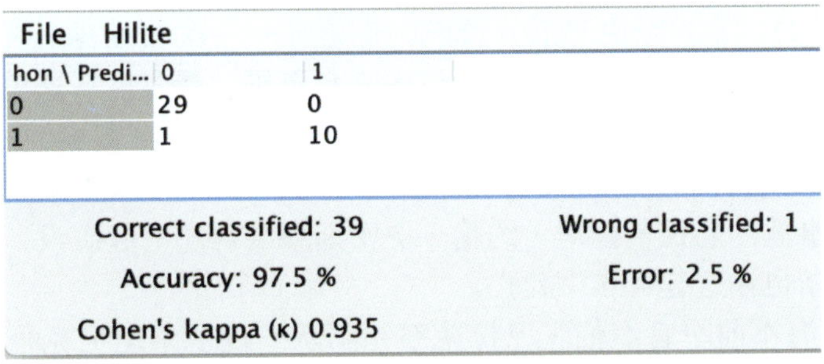

图 4-19 混淆矩阵

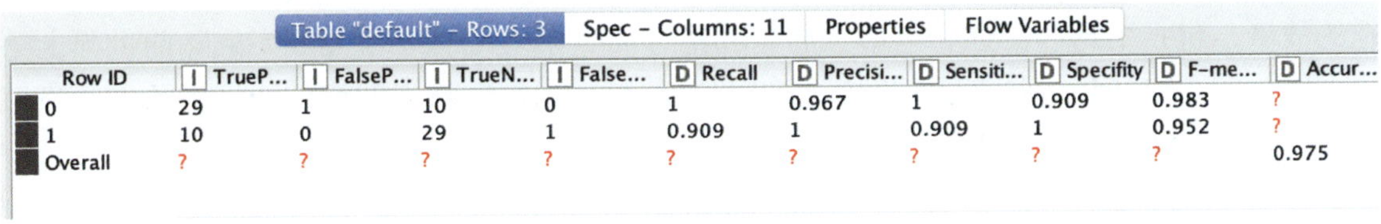

Row ID	TrueP...	FalseP...	TrueN...	False...	Recall	Precisi...	Sensiti...	Specifity	F-me...	Accur...
0	29	1	10	0	1	0.967	1	0.909	0.983	?
1	10	0	29	1	0.909	1	0.909	1	0.952	?
Overall	?	?	?	?	?	?	?	?	?	0.975

图 4-20 模型各类评分

4.2 逻辑回归实战

这部分我们来做一个 Kaggle 机器学习的经典入门案例——泰坦尼克号生存问题。通过这个案例，可以深入理解机器学习的步骤和方法，提高对 KNIME 这个工具的掌握程度，为以后的学习和工作打下坚实的基础。

4.2.1 泰坦尼克号生存问题背景介绍

在做数据分析类型的研究时，对问题背景的掌握是必需的，所以我们先来了解一下这个问题的背景。

泰坦尼克号（见图 4-21）是一艘英国皇家邮轮，也是白星航运公司旗下的 3 艘奥林匹克级邮轮之一，在其服役时间是全世界最大的海上船舶，由贝尔法斯特哈兰德与沃尔夫造船厂建造，号称“永不沉没”“梦幻之船”。头等舱在设计上追求舒适和奢华的最高水准，设有健身房、游泳池、接待室、高档餐厅和豪华客舱。船上也有一台高功率的无线电报机，为乘客提供马可尼无线电报公司的电报收发服务，以及泰坦尼克号的航务通信。

图 4-21　泰坦尼克号

1912 年 4 月 10 日，泰坦尼克号展开首航，也是唯一一次的载客出航，最终目的地为纽约。部分乘客为当时世界上顶尖富豪，以及许多来自英国、爱尔兰、斯堪的纳维亚和整个欧洲其他地区的移民，他们寻求在美国展开新生活的机会。4 月 14 日至 15 日子夜前后，在中途发生碰撞冰山后沉没的严重灾难。2224 名船上人员中有 1514 人罹难，成为近代史上最严重的和平时期船难事故。船长爱德华·约翰·史密斯最终与船一起沉没，泰坦尼克号总设计师汤玛斯·安德鲁斯也在这起灾难中死亡。

1985 年，美国海军前军官罗伯·巴拉德率领团队发现了泰坦尼克号残骸，该船分裂成两部分，并在 3784 米的海底深处逐渐瓦解，沉船内成千上万的文物已在世界各地的博物馆中复原并展示。泰坦尼克号已成为历史上最著名的船舶之一，许多流行文化作品保存了关于她的故事，包括书籍、民谣、电影、展览和纪念品。泰坦尼克号也是“一战”前世界上第二大的远洋客轮残骸，仅次于她的姊妹舰不列颠号。沉没事故中的最后一位生还者米尔维娜·迪恩于 2009 年去世，享年 97 岁。

根据当时公众的做法，在船舶不会马上沉没的情况下，救生艇用来将乘客接驳到附近的船只上。泰坦尼克号携带的 20 艘救生艇只能运载约一半的人员，如果是满载的情形，则只有约三分之一的人可以一次性地登上救生艇。船员没有得到充分的疏散训练，他们不知道救生艇即使坐满也能安全漂浮，所以很多救生艇下水时只坐了一半人。三等舱乘客大部分都遭到船员留置于下层甲板，他们只能自己想办法穿越障碍，导致其中的许多乘客受困，而大部分下层甲板都充满了海水。副官在指挥登艇时一般都遵循女人和小孩优先的原则，大部分男性乘客和船员都留在船上。

本问题是 Kaggle 竞赛的一个入门题目，要根据乘客信息，判断乘客能否活下来。

遵循机器学习的一般步骤，我们将会使用 KNIME 工具实现数据读取、数据处理、模型训练与测试、模型评价等一系列步骤。总体的工作流参照图 4-8。

4.2.2　读取数据

首先读取数据（Titanic_train.csv），接着查看数据，会发现有大量的数据缺失，而且数据格式化程度也不太好（见图 4-22）。这说明我们需要花很多精力进行特征处理。

其中的数据意义如表 4-1 所示。

Row ID	Passe...	Survived	Pclass	Name	Sex	Age	SibSp	Parch	Ticket	Fare	Cabin	Emba...
Row0	1	0	3	Braund, Mr. Owen Harris	male	22	1	0	A/5 21171	7.25	?	S
Row1	2	1	1	Cumings, Mrs. John Bra...	female	38	1	0	PC 17599	71.283	C85	C
Row2	3	1	3	Heikkinen, Miss. Laina	female	26	0	0	STON/O2....	7.925	?	S
Row3	4	1	1	Futrelle, Mrs. Jacques ...	female	35	1	0	113803	53.1	C123	S
Row4	5	0	3	Allen, Mr. William Henry	male	35	0	0	373450	8.05	?	S
Row5	6	0	3	Moran, Mr. James	male	?	0	0	330877	8.458	?	Q
Row6	7	0	1	McCarthy, Mr. Timothy J	male	54	0	0	17463	51.862	E46	S
Row7	8	0	3	Palsson, Master. Gosta ...	male	2	3	1	349909	21.075	?	S
Row8	9	1	3	Johnson, Mrs. Oscar W ...	female	27	0	2	347742	11.133	?	S
Row9	10	1	2	Nasser, Mrs. Nicholas (...	female	14	1	0	237736	30.071	?	C
Row10	11	1	3	Sandstrom, Miss. Marg...	female	4	1	1	PP 9549	16.7	G6	S
Row11	12	1	1	Bonnell, Miss. Elizabeth	female	58	0	0	113783	26.55	C103	S
Row12	13	0	3	Saundercock, Mr. Willia...	male	20	0	0	A/5. 2151	8.05	?	S
Row13	14	0	3	Andersson, Mr. Anders...	male	39	1	5	347082	31.275	?	S
Row14	15	0	3	Vestrom, Miss. Hulda A...	female	14	0	0	350406	7.854	?	S
Row15	16	1	2	Hewlett, Mrs. (Mary D ...	female	55	0	0	248706	16	?	S
Row16	17	0	3	Rice, Master. Eugene	male	2	4	1	382652	29.125	?	Q
Row17	18	1	2	Williams, Mr. Charles E...	male	?	0	0	244373	13	?	S
Row18	19	0	3	Vander Planke, Mrs. Jul...	female	31	1	0	345763	18	?	S
Row19	20	1	3	Masselmani, Mrs. Fatima	female	?	0	0	2649	7.225	?	C
Row20	21	0	2	Fynney, Mr. Joseph J	male	35	0	0	239865	26	?	S
Row21	22	1	2	Beesley, Mr. Lawrence	male	34	0	0	248698	13	D56	S
Row22	23	1	3	McGowan, Miss. Anna ...	female	15	0	0	330923	8.029	?	Q
Row23	24	1	1	Sloper, Mr. William Tho...	male	28	0	0	113788	35.5	A6	S
Row24	25	0	3	Palsson, Miss. Torborg ...	female	8	3	1	349909	21.075	?	S
Row25	26	1	3	Asplund, Mrs. Carl Osc...	female	38	1	5	347077	31.387	?	S
Row26	27	0	3	Emir, Mr. Farred Chehab	male	?	0	0	2631	7.225	?	C
Row27	28	0	1	Fortune, Mr. Charles Al...	male	19	3	2	19950	263	C23 C25 ...	S
Row28	29	1	3	O'Dwyer, Miss. Ellen N...	female	?	0	0	330959	7.879	?	Q
Row29	30	0	3	Todoroff, Mr. Lalio	male	?	0	0	349216	7.896	?	S
Row30	31	0	1	Uruchurtu, Don. Manuel E	male	40	0	0	PC 17601	27.721	?	C
Row31	32	1	1	Spencer, Mrs. William A...	female	?	1	0	PC 17569	146.521	B78	C
Row32	33	1	3	Glynn, Miss. Mary Agatha	female	?	0	0	335677	7.75	?	Q
Row33	34	0	2	Wheadon, Mr. Edward H	male	66	0	0	C.A. 24579	10.5	?	S

图 4-22　数据一览

表 4–1　数据的定义

变量	定义	备注
Survived	生存与否	0：死亡，1：生存
Pcalss	仓位	1，2，3 表示 1，2，3 等仓
Sex	性别	
Age	年龄	
Sibsp	登船的兄弟姐妹及配偶的人数	
Parch	登船的父母及子女的人数	
Ticket	票号	
Fare	票价	
Cabin	船舱号	
Embarked	登船港口	

4.2.3　数据处理

这个例子中，数据处理十分重要，因为数据很不“干净”，需要进行大量的清洗工作。这部分由“Data Manipulation” Metanode 完成，其具体实现如图 4-23 所示。首先我们使用“Column Filter”节点将无关列删除，然后将数据类型转变为合适的类型，处理缺失数据，最后根据数据可视化的分析，删除无关列或者进行进一步的特征处理。这里我们没有进行进一步的特征处理，而只是删除无关列。

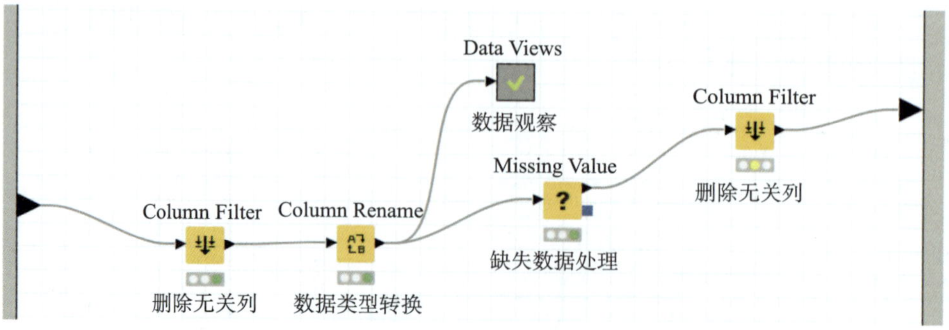

图 4-23 数据处理

1. 删除无关列

数据处理的第一步就是将无关列删除。无关列和我们要分析的问题完全没有关系，例如乘客 ID（PassengerId），将其删除。双击“Column Filter”节点，在打开的界面中，按图 4-24 所示设置，将 ID 删除。

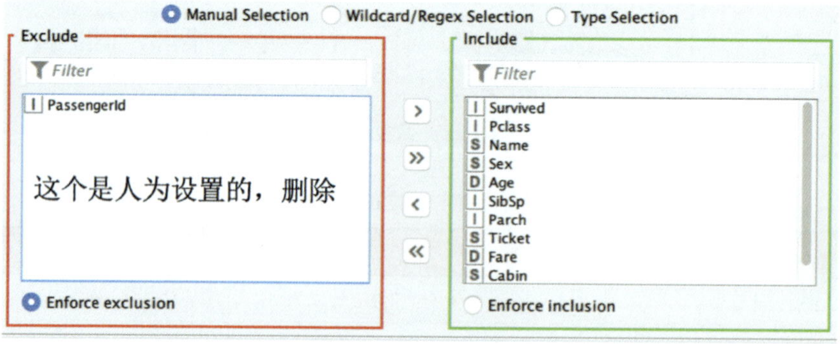

图 4-24 删除无关列

2. 数据类型转换

有些数据虽然是以数字形式存在的，但是它们和数值大小完全没有关系。这些数据就是以前我们提到过的分类数据。

这里，Survived 和 Pcalss 就是分类数据，却以数字的形式存在。我们需要告诉模型它们的真实类型。双击“Column Rename”节点，在打开的界面中按图 4-25 所示更改二者的数据类型为 StringValue。

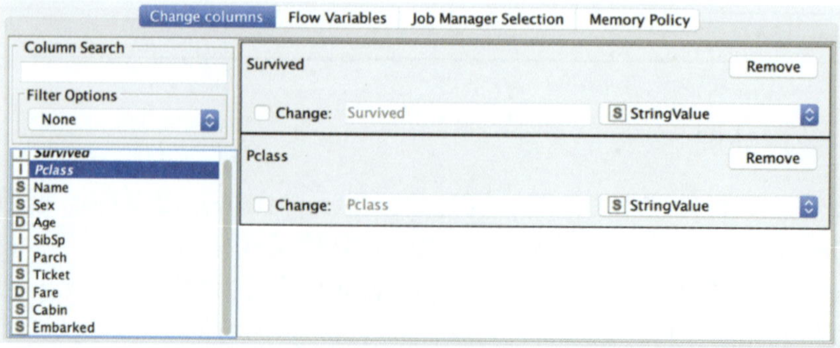

图 4-25 更改数据类型

3. 处理缺失数据

处理缺失数据是一个巨大的工程，绝不是可以简单地完成的。我们目前只采用最简单的方法处理一下缺失数据。首先明确一个要点：绝对不要随便删除一行数据。基于这个要点，我们就不应该因为某个数据的缺失，将缺失数据所在的整行数据删除。一般来说，我们需要使用某些值填充这些缺失的值，常用的填充值有：平均值、中位数、最常见的值。在这个例子中，我们采用这些"简单粗暴"的方法，实现缺失值的填充。双击"Missing Value"节点，在打开的界面中按图 4-26 所示将有缺失值的数值数据用平均值（Mean）填充，将有缺失值的分类数据用最常见的值（Most Frequent Value）填充。

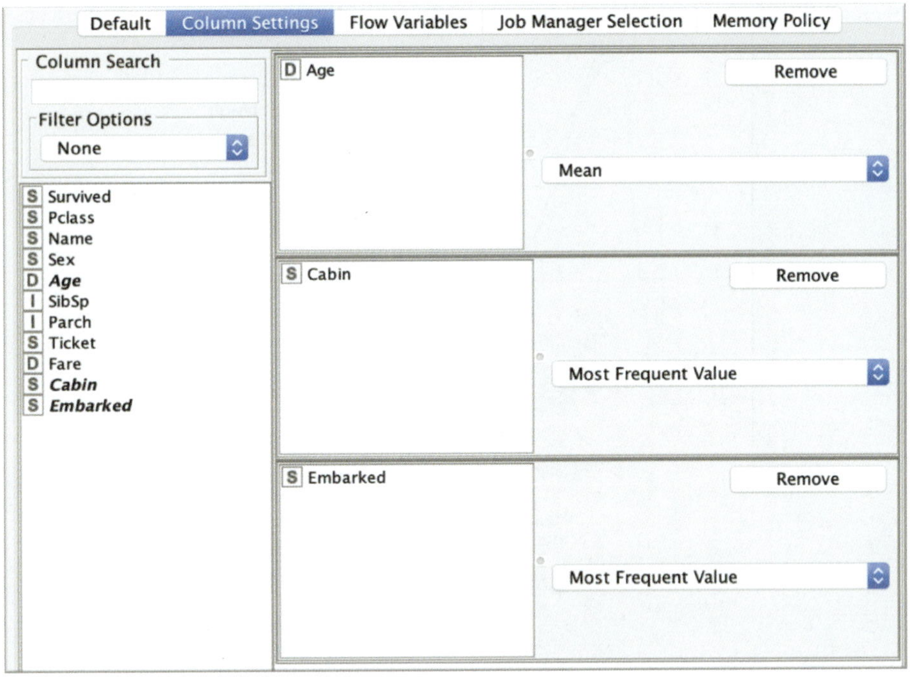

图 4-26　缺失值处理

4. 数据可视化

数据可视化是数据处理中重要的一环，这一部分我们在后一小节中详细介绍。

4.2.4　数据可视化及删除无关列

数据可视化可以帮助我们更深入地理解要处理的问题，更容易发现一些数据关系等。将图 4-23 所示的"Data Views"Metanode 展开后，如图 4-27 所示。

1. 给数据着色

数据表的优势是可以看到精确的各个数值，图形的优势是可以直观地感受到数据的趋势关系等信息。有没有什么方法能够结合二者的优势呢？ KNIME 提供给我们一个给数据着色的功能。如果想要让泰坦尼克号数据中所有存活的人显示为绿色，死亡的人显示为红色，可以双击"Color Manager"节点，在打开的界面中按图 4-28 所示进行设置，"Select one Column"选择"Survived"列做着色，然后配置 0 为红色，1 为绿色。

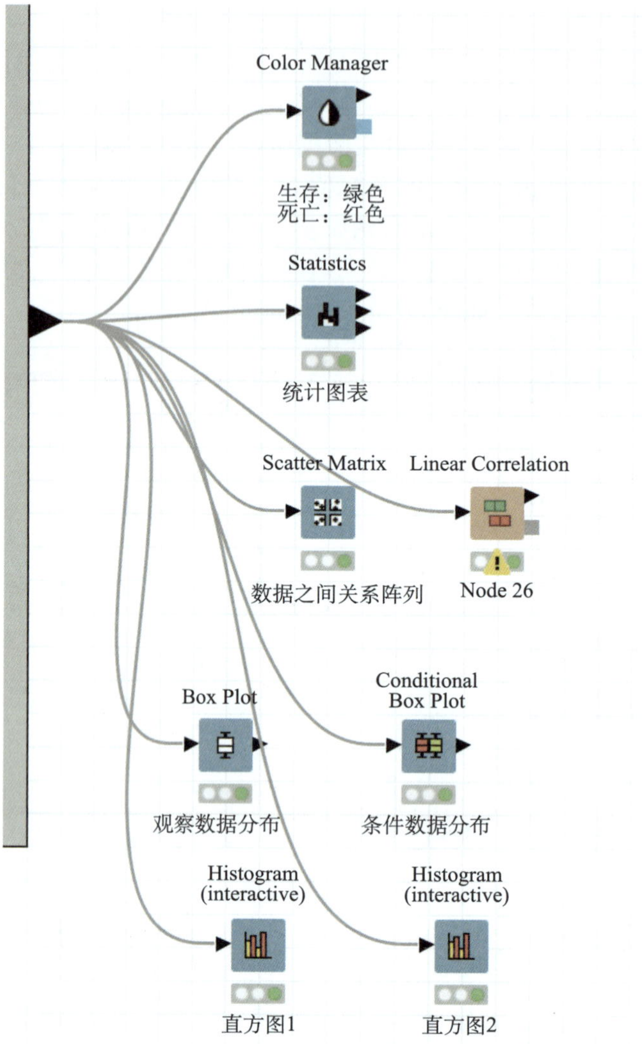

图 4-27　数据可视化

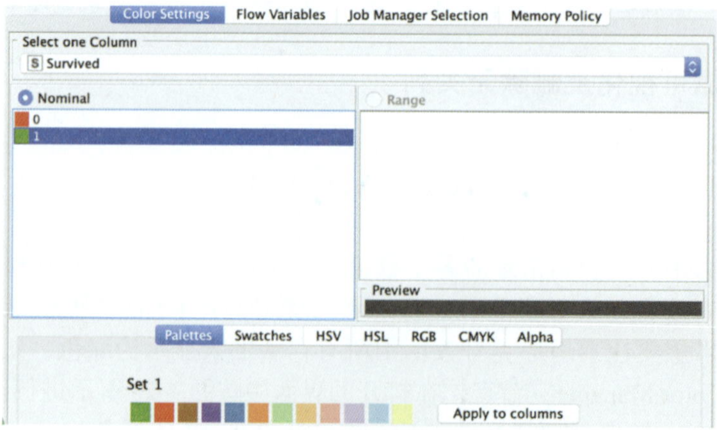

图 4-28　设置着色节点

运行此节点后，查看运行结果，可以发现数据显示如图 4-29 所示。

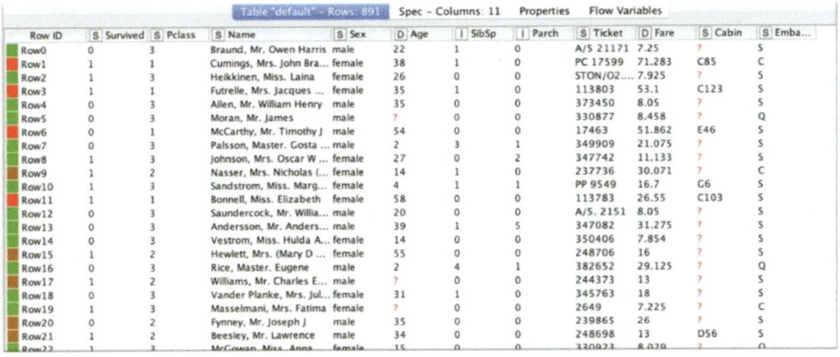
Table "default" - Rows: 891　Spec - Columns: 11　Properties　Flow Variables

Row ID	S Survived	S Pclass	S Name	S Sex	D Age	I SibSp	I Parch	S Ticket	D Fare	S Cabin	S Emba...
Row0	0	3	Braund, Mr. Owen Harris	male	22	1	0	A/5 21171	7.25	?	S
Row1	1	1	Cumings, Mrs. John Bra...	female	38	1	0	PC 17599	71.283	C85	C
Row2	1	3	Heikkinen, Miss. Laina	female	26	0	0	STON/O2....	7.925	?	S
Row3	1	1	Futrelle, Mrs. Jacques ...	female	35	1	0	113803	53.1	C123	S
Row4	0	3	Allen, Mr. William Henry	male	35	0	0	373450	8.05	?	S
Row5	0	3	Moran, Mr. James	male	?	0	0	330877	8.458	?	Q
Row6	0	1	McCarthy, Mr. Timothy J	male	54	0	0	17463	51.862	E46	S
Row7	0	3	Palsson, Master. Gosta ...	male	2	3	1	349909	21.075	?	S
Row8	1	3	Johnson, Mrs. Oscar W ...	female	27	0	2	347742	11.133	?	S
Row9	1	2	Nasser, Mrs. Nicholas (...	female	14	1	0	237736	30.071	?	C
Row10	1	3	Sandstrom, Miss. Marg...	female	4	1	1	PP 9549	16.7	G6	S
Row11	1	1	Bonnell, Miss. Elizabeth	female	58	0	0	113783	26.55	C103	S
Row12	0	3	Saundercock, Mr. Willia...	male	20	0	0	A/5. 2151	8.05	?	S
Row13	0	3	Andersson, Mr. Anders...	male	39	1	5	347082	31.275	?	S
Row14	0	3	Vestrom, Miss. Hulda A...	female	14	0	0	350406	7.854	?	S
Row15	1	2	Hewlett, Mrs. (Mary D ...	female	55	0	0	248706	16	?	S
Row16	0	3	Rice, Master. Eugene	male	2	4	1	382652	29.125	?	Q
Row17	1	2	Williams, Mr. Charles E...	male	?	0	0	244373	13	?	S
Row18	0	3	Vander Planke, Mrs. Jul...	female	31	1	0	345763	18	?	S
Row19	1	3	Masselmani, Mrs. Fatima	female	?	0	0	2649	7.225	?	C
Row20	0	2	Fynney, Mr. Joseph J	male	35	0	0	239865	26	?	S
Row21	1	2	Beesley, Mr. Lawrence	male	34	0	0	248698	13	D56	S
Row22	1	3	McGowan, Miss. Anna	female	15	0	0	330923	8.029	?	Q

图 4-29　观察着色效果

这样我们可以将数据以彩色的形式展现，更方便我们发现数据背后的信息。

2. 统计数据

在之前的内容中，已经介绍过“Statistics”节点。我们可以使用此节点，查看数据的统计信息，这里就不再具体详述了，希望大家自己研究一下。

3. 散点图矩阵

利用“Scatter Matrix”节点可以观察数据的分布，按图 4-30 所示设置散点图矩阵，观察生存与所选特征的关系。但是很快发现，除了生存与年龄的关系，其他特征因为都是整数或者分类数据，所有数据都缩在一起，看不出来到底有多少信息。这个问题怎么解决呢？

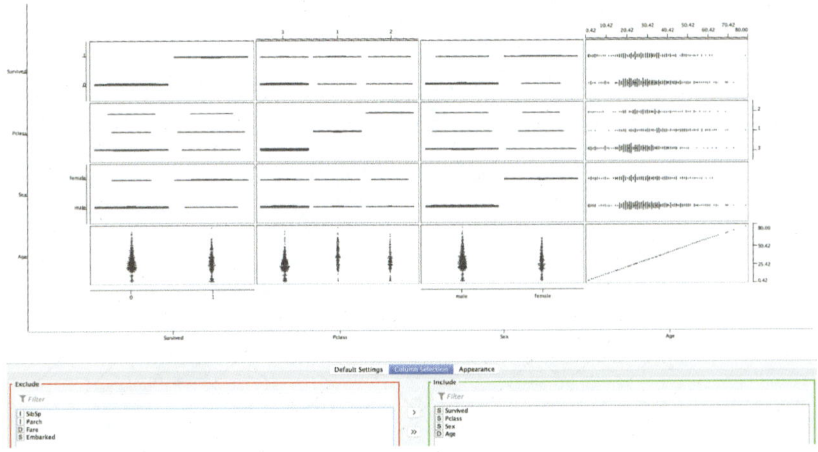

图 4-30　散点图矩阵

如图 4-31 所示，单击“Appearance”标签，然后设置“jitter”到合适的值，使得自己认为能看清楚数据详情即可。调整完毕后，我们可以看出，死亡的人数多于生存的人数，三等舱死亡人物远远多于生存人数，男性死亡人数远远多于女性，年轻人死亡人数偏多。选择其他特征，还可以发现更多信息。

4. 相关性矩阵

对“Linear Correlation”节点可以结合来看，如图 4-32 所示，仓位和性别与生存情况相关性很大，与前面通过散点图看到的信息一致。

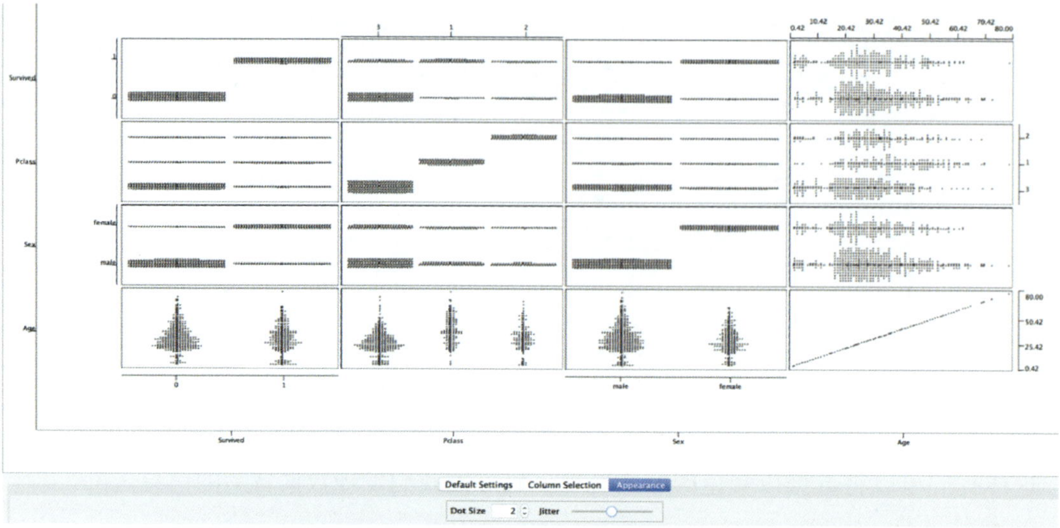

图 4-31　设置“jitter”

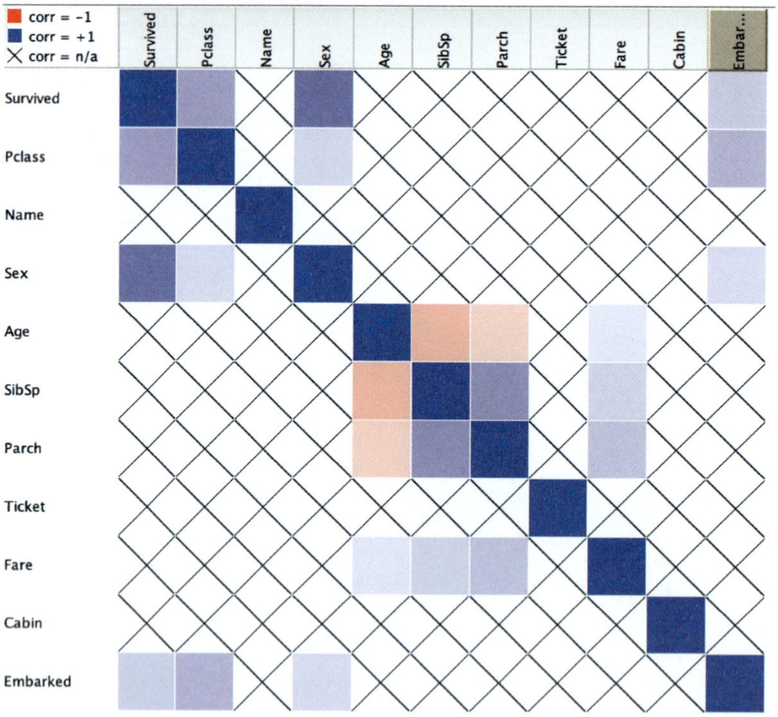

图 4-32　相关性矩阵

5. 箱线图

接着我们看看箱线图能带给我们什么信息。先来看一下如图 4-33 所示的箱线图，“Box Plot”节点能带给我们什么信息呢？从这个图中可以发现由于各个数据范围不一样，“SibSp”和“Parch”数据看不清楚了，所以我们可以将取值范围近似的特征一起查看，而不是所有数据一起查看。但是这样做的话是不是太麻烦了？

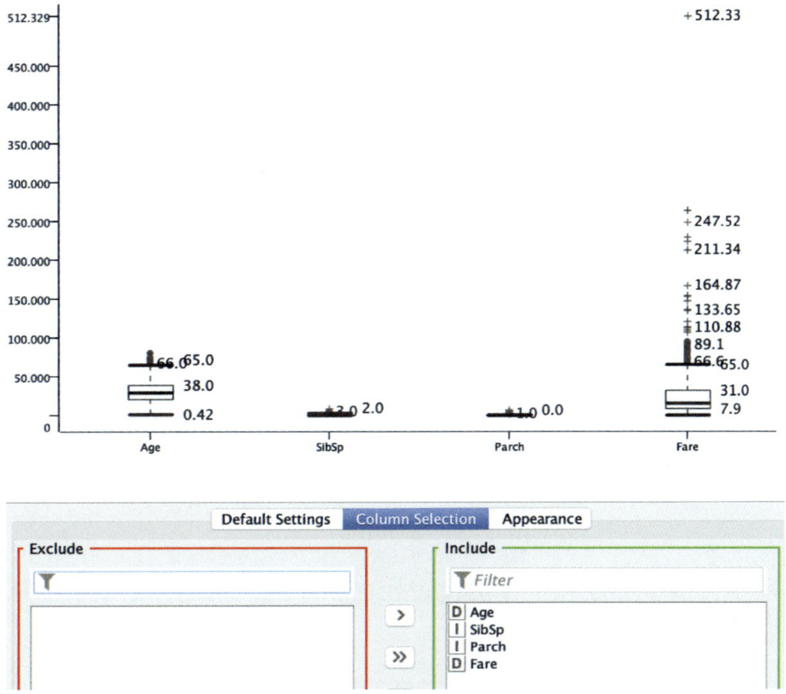

图 4-33　箱线图

KNIME 这次又为我们提供了解决办法，如图 4-34 所示，选择“Appearance”标签，勾选“Normalize（with respect to min/max values of the domain）”选项，图形就会以归一化后的形式显示，我们就很容易看清楚各个数据了。

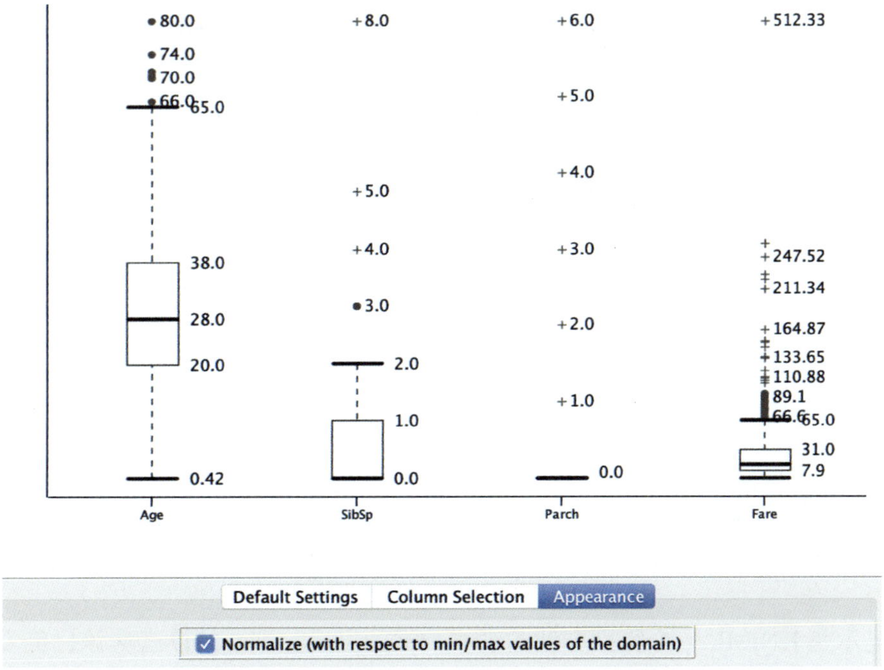

图 4-34　归一化显示

和普通箱线图类似，KNIME 还提供了一个“Conditional Box Plot”节点，首先按如图 4-35 所示设置这个节点。因为现在想要查看各个数据在不同存活状态下的情况，所以“Nominal column”选择“Survived”，“Numeric column”选择一个自己想要查看的特征即可。

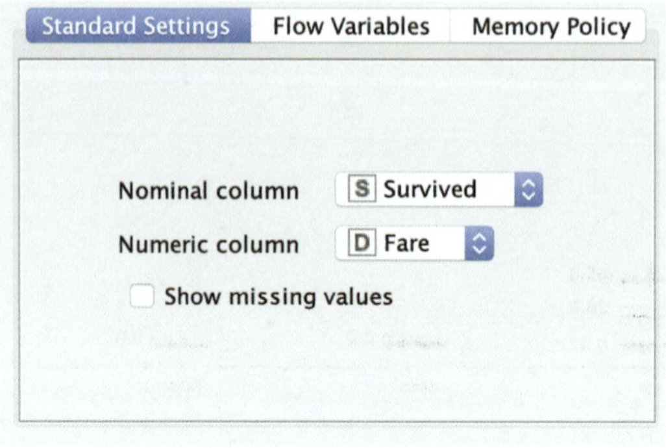

图 4-35　条件箱线图设置

如图 4-36 所示，横坐标 0 和 1 分别代表死亡和存活，纵坐标是票价。从这个图中可以看出，存活的人票价偏高。

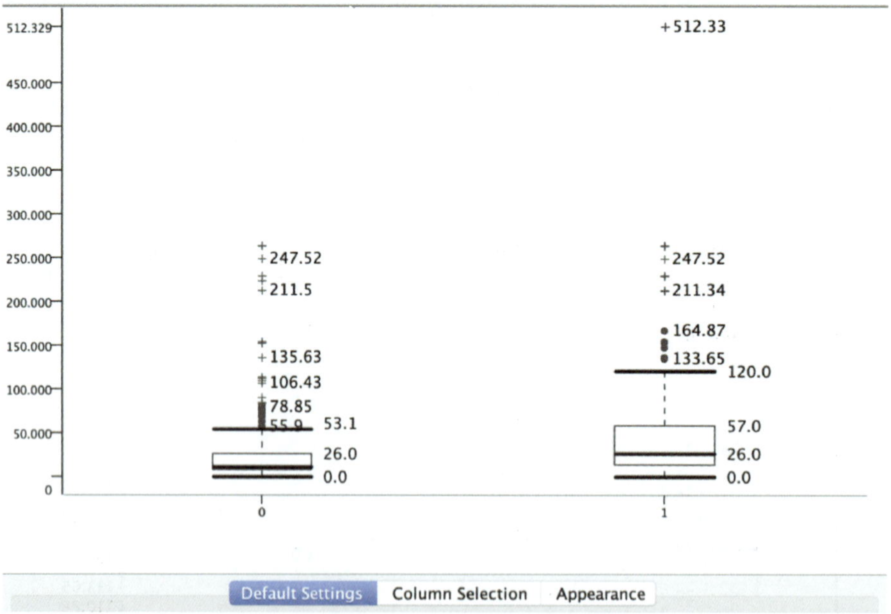

图 4-36　条件箱线图

6. 直方图

接着我们可以使用直方图查看一下数据。例如，通过图 4-37 可以看出不同生存状况的人的兄弟姐妹和儿女父母数量的关系。

7. 高亮显示

高亮显示是 KNIME 一个特别方便的观察数据的方式。细心的读者应该已经发现图 4-27 中有两个直方图节点，不要担心，这个不是因为手一抖多拖了一个节点，而是因为我们要用它们来演示高亮显示的“威力”。

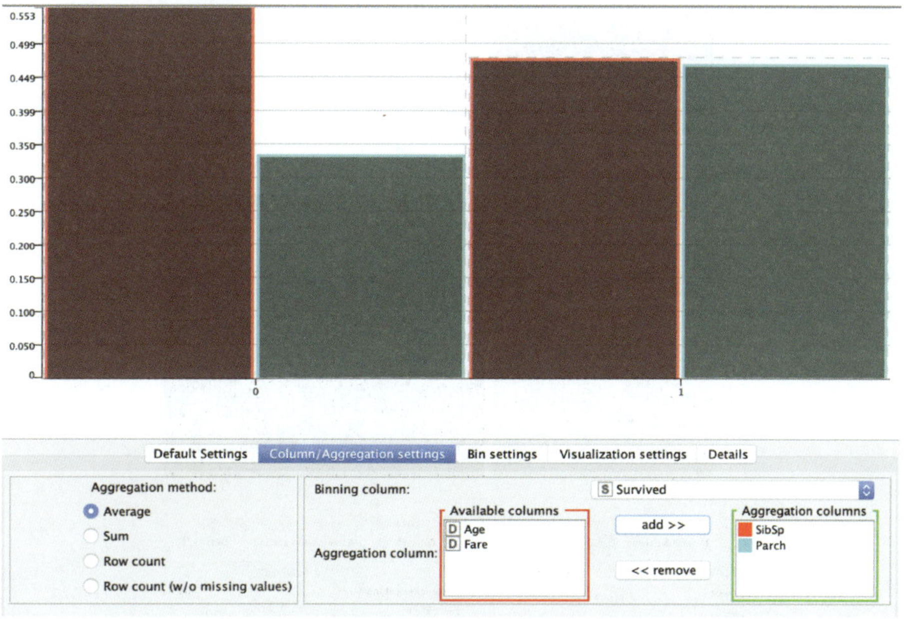

图 4-37　直方图比较

首先来看下效果是什么样的，这样做起来就不会像无头苍蝇一样不知道在干什么了。如图 4-38 所示，左侧是生存状态直方图，右侧是不同性别人数统计。当我们在左侧直方图中高亮选中生存后，右侧就会相应地将所有生存的数据高亮显示。从这张图可以很清楚地看出来，男性的生存率实在是太低了。

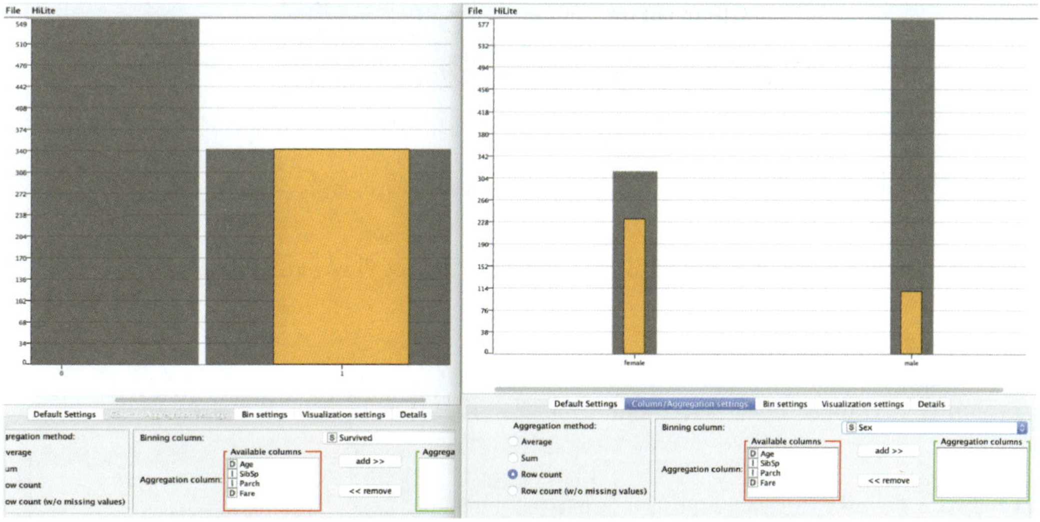

图 4-38　高亮显示查看效果

这么好的展示效果，是怎样做出来的呢？如图 4-39 所示，第一步，选中目标，这里就是单击对应存活的那根柱子。第二步，如图 4-40 所示，选择“HiLite”→“HiLite selected”命令。简单两步，就做出来了这种直观的效果。如果想要取消选择当前高亮，那就选择“UnHiLite selected”命令，如果要清空所有高亮，可以选择“Clear HiLite”命令。

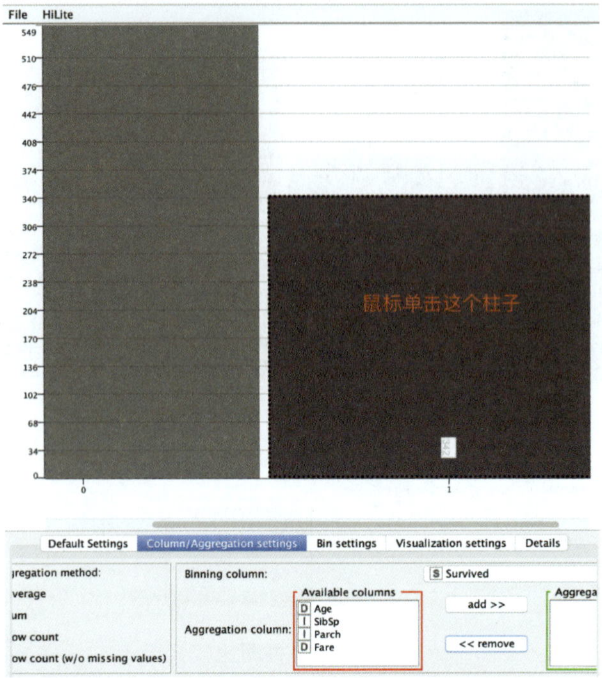

图 4-39　第一步，选中目标

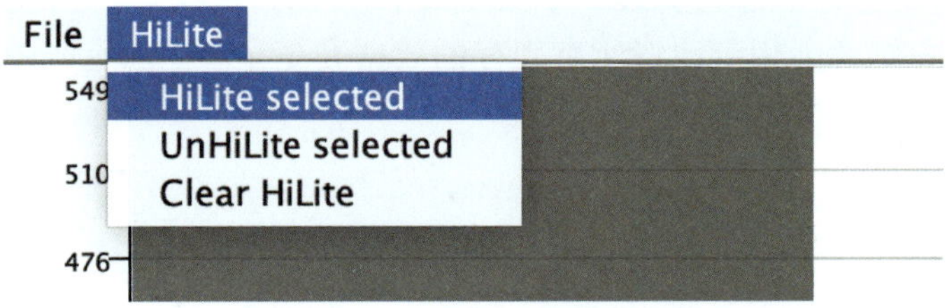

图 4-40　第二步，高亮选择

那么，利用高亮显示还能做什么呢？打开散点图矩阵，你会发现这里的数据也可以高亮显示！

可视化方法不局限于介绍的这些内容，有兴趣的朋友可以自己尝试更多可视化节点。

4.2.5　模型训练和测试

这部分在“Train & Test” Metanode 中实现，其具体实现方法如图 4-41 所示。

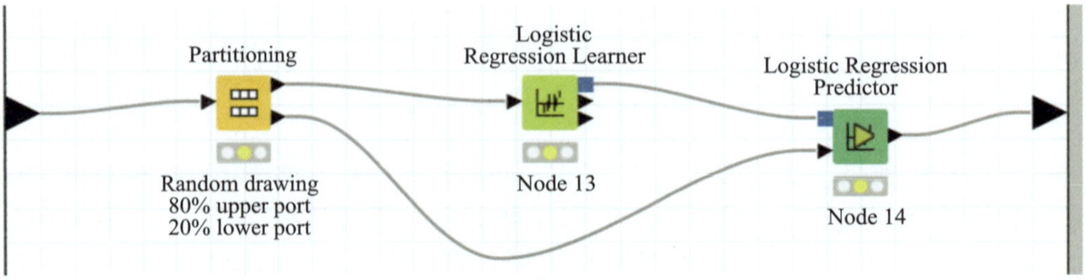

图 4-41　模型的训练和测试

首先将数据划分为训练集和测试集，然后进行逻辑回归学习器的训练，最后使用测试数据和训练好模型的预测器。

数据划分已经介绍过多次，这里不再赘述。

“Logistic Regression Learner”节点设置，如图 4-42 所示。

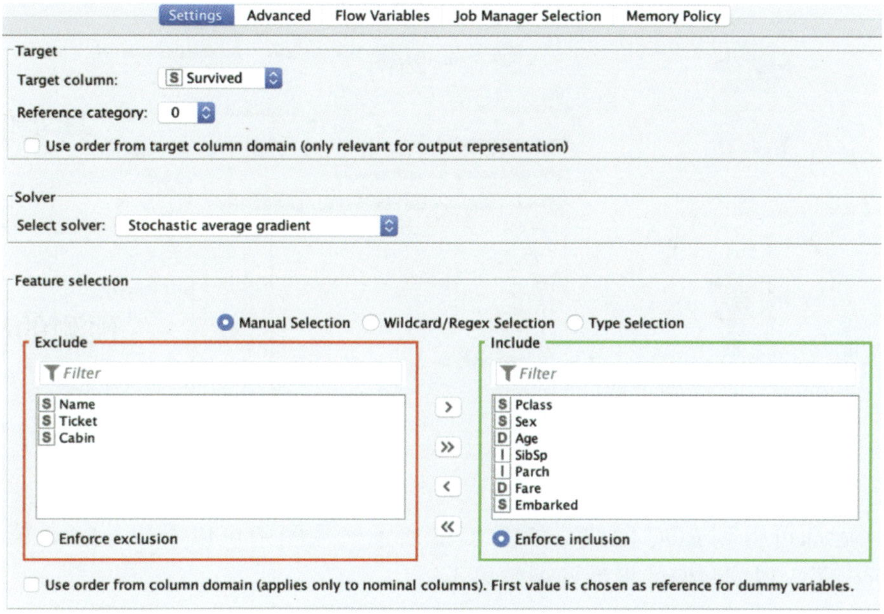

图 4-42　节点设置

目标“Target column”设为“Survived”，“Reference category”设为 0。因为 Name、Ticket 和 Cabin 信息复杂，暂时不方便分析，所以将它们从模型数据中排除。

下一步进行“Logistic Regression Predictor”节点设置，如图 4-43 所示，主要就是将计算出的概率附加在数据表中。这样的话计算出的概率就会附加在数据表中，以供后面计算 ROC 时使用。

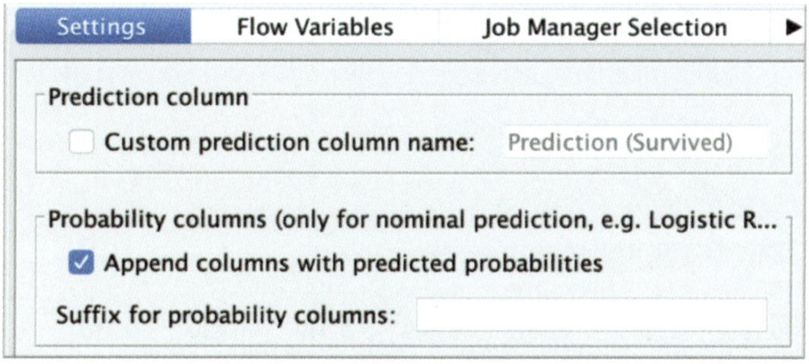

图 4-43　预测器的设置

4.2.6　模型评价

最后一步就是模型评价了。这里我们可以使用介绍过的 ROC、混淆矩阵、F1 score 等评价指标，如图 4-44 所示。

1. ROC

和前面例子类似，双击“ROC Curve”节点，首先设置真实值，其次设置预测的概率，如图 4-45 所示。

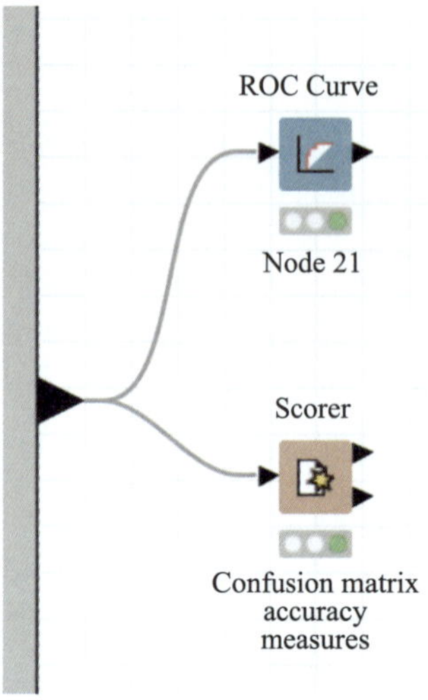

图 4-44　模型评价

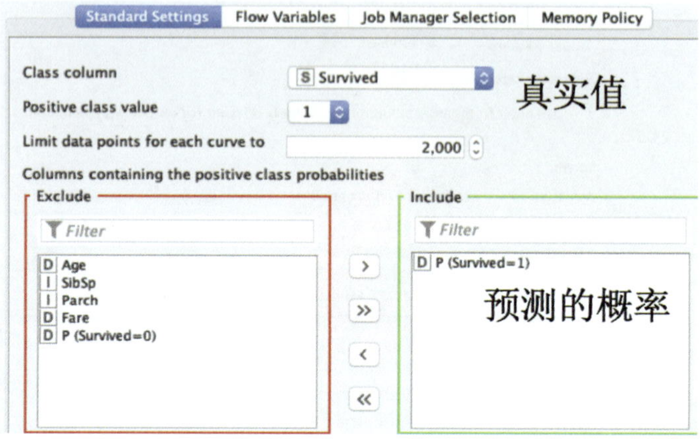

图 4-45　ROC 节点设置

运行之后即可得到 ROC 曲线，如图 4-46 所示。从图中可以看出，ROC 值为 0.8539，已经很接近 1 了，说明我们的模型预测效果不错。

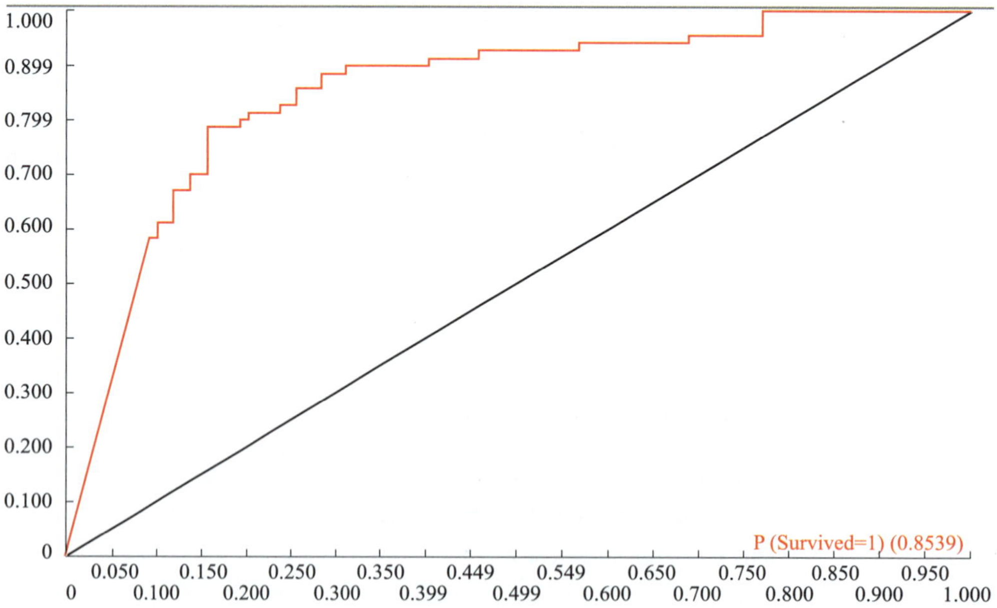

图 4-46　ROC 曲线

2. 其他评价指标

其他评价指标只要知道真实值和预测值即可，双击“Scorer”节点，再按图 4-47所示进行设置。

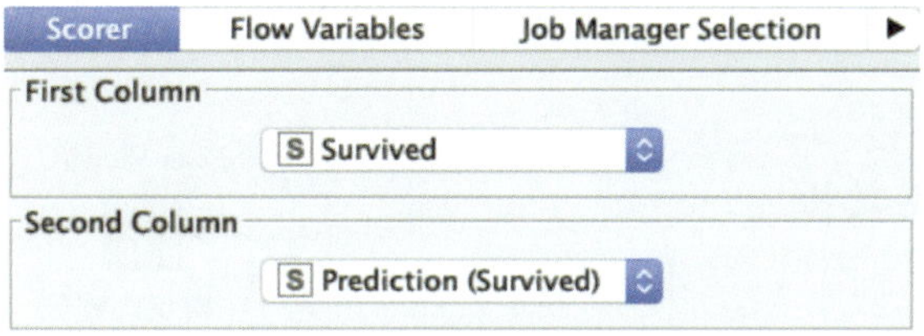

图 4-47　其他评价指标设置

运行之后即可得到包括混淆矩阵、F1 score 在内的各种评价指标。

右击此节点，在弹出的快捷菜单中选择“View：Confusion Matrix”命令可以观察混淆矩阵。如图 4-48 所示，两列分别对应的是预测死亡（0）和生存（1），两行分别对应的是实际死亡（0）和生存（1）。左上角和右下角的数据分别为 94 和 47，这两个数据相加就是预测正确的情况，显然这两个数据之和越大越好。而且从图 4-48 中也可以看出准确率为 78.771%，这个数据是这个比赛比较的结果，我们肯定是希望这个数据越大越好。

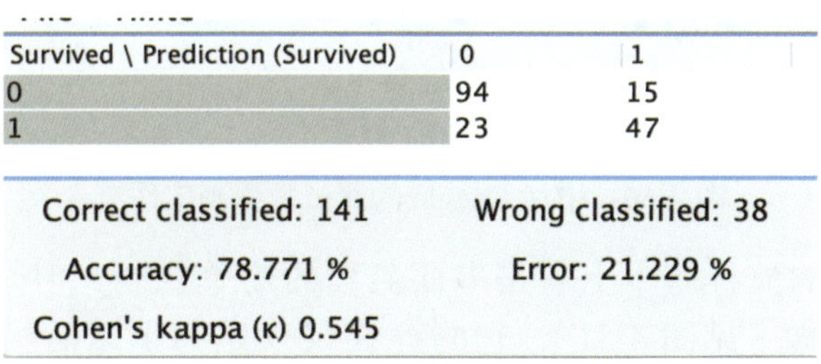

Survived \ Prediction (Survived)	0	1
0	94	15
1	23	47

图 4-48　混淆矩阵

4.2.7　提交结果

这部分不是机器学习一般流程的一部分，但却可能是我们这个例子中最激动人心的一部分。这一步，我们会将训练好的模型上传到 Kaggle 比赛平台，和来自全世界的机器学习爱好者和专家一决高下。添加另一个“CVS Reader”节点。“CVS Reader”节点按图 4-49 所示进行连接。这个节点读取 Kaggle 测试数据，方法同以前一样。

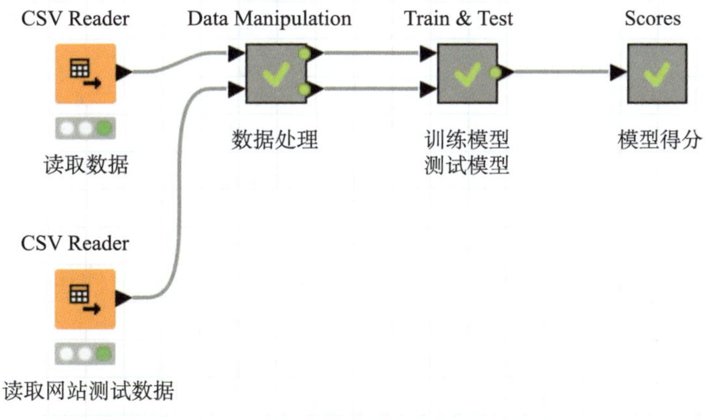

图 4-49　包括结果提交的工作流

然后将“Data Manipulation”Metanode 展开，按如图 4-50 所示进行修改。

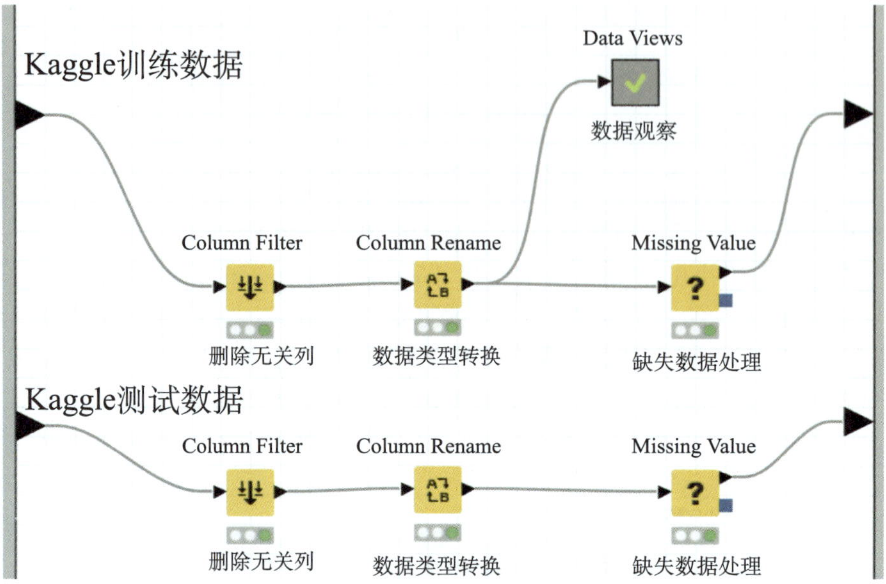

图 4-50　增加 Kaggle 的测试数据到工作流

图 4-50 下面部分的流程基本上就是上面流程的简单复制，但是要注意的是“Column Filter”节点什么都没做（见图 4-51），它的存在仅仅是为了以后模型调整优化方便考虑的，现在没有任何作用。这部分流程的上半部分是 Kaggle 的训练数据，下半部分是其测试数据。

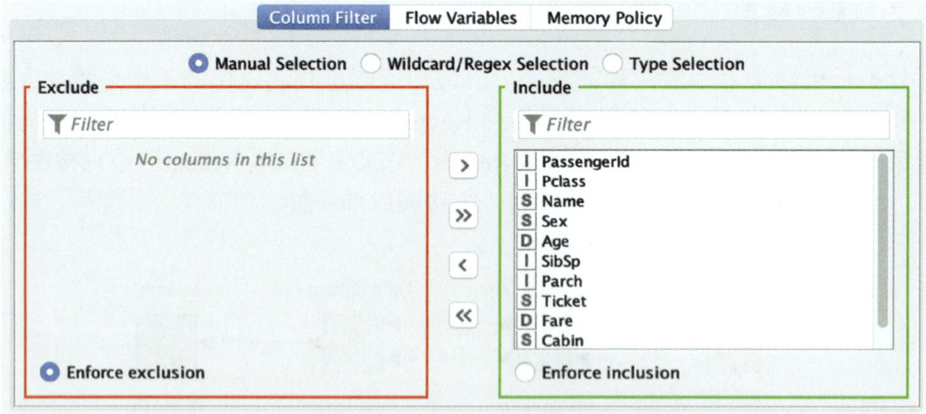

图 4-51　“Column Filter”没有做任何事情

需要注意的是，Kaggle 测试数据不是机器学习中一般意义上的测试数据。在 Kaggle 竞赛中，Kaggle 测试数据是参赛者不知道标记的数据，参赛者必须使用自己训练的模型预测这些数据的标记，然后上传到网站，由网站根据其真实标记进行评分。

下一步展开“Train & Test”节点，按图 4-52 所示搭建工作流。

这里我们将 Kaggle 测试数据和训练好的模型导入“Logistic Regression Predictor”节点进行预测，最后生成提交文件。其中“Logistic Regression Predictor”节点大家已经很熟悉了，这里不再赘述。其他的两个节点都是为了符合提交文件格式而添加的。

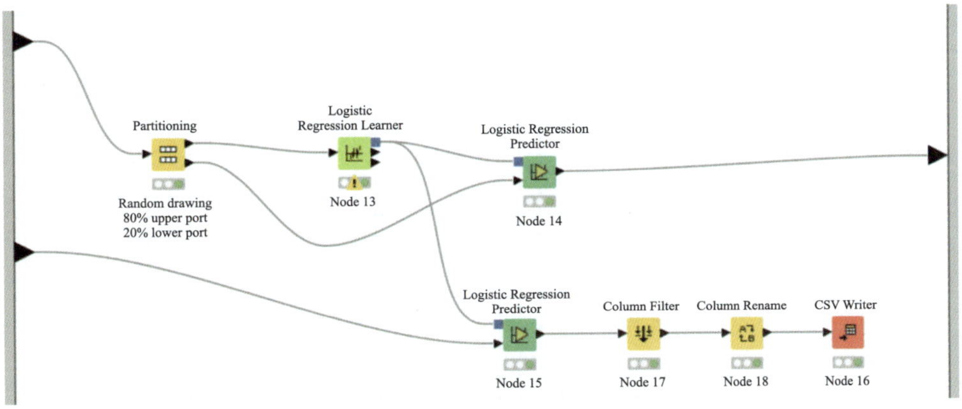

图 4-52　使用 Kaggle 测试数据预测

先看看所提交的文件的格式，网站要求是 CSV文件，其格式如图 4-53 所示。

为了满足这个格式，首先需要设置“Column Filte”节点，仅仅保留“PassengerId”和“Prediction（Survived）”两列，如图 4-54 所示。

PassengerId	Survived
892	0
893	0
894	0
895	0
896	0
897	0
898	1
899	0
900	1

图 4-53　提交文件格式

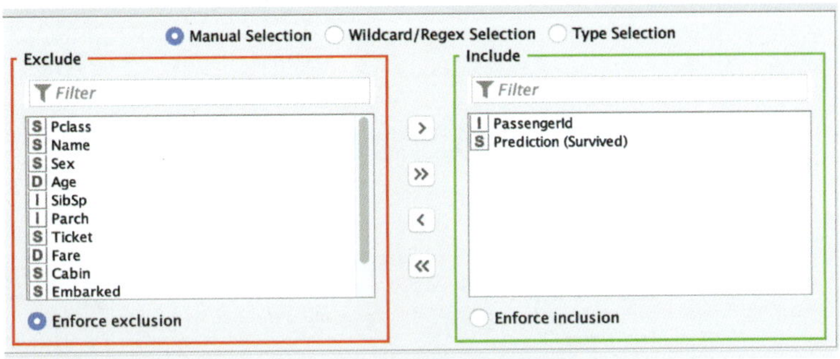

图 4-54　仅保留两列

其次设置“Column Rename”节点，将“Prediction（Survived）”重命名为“Survived”，并且数据类型转换为“SringValue”，如图 4-55 所示。

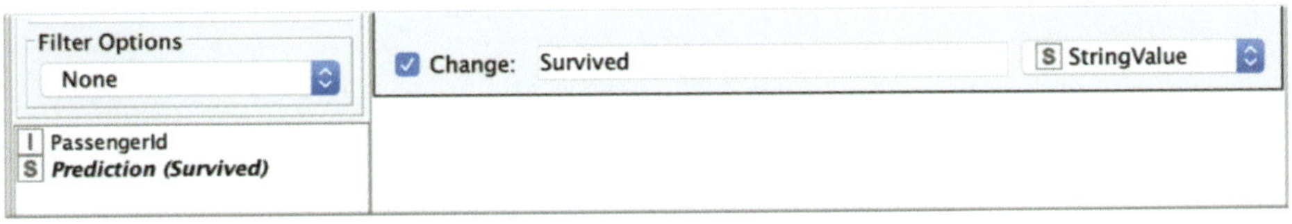

图 4-55　列重新命名且数据转换

最后一个节点“CSV Writer”将数据写入一个 CSV 文件。将这个生成的文件上传至网站，即可看到自己的排名。进入泰坦尼克号比赛主页，如图 4-56 所示，单击右上角的“Submit Predictions”即可进入上传页面。单击“Upload Files”按钮即可选择文件上传。

文件上传成功后，如图 4-57 所示，单击页面下面的“Make Submission”按钮即可提交。

这个比赛的衡量指标是准确度，提交后 Kaggle 的测试数据准确度为 0.78947，我们排在了 3079 位，如图 4-58 所示。

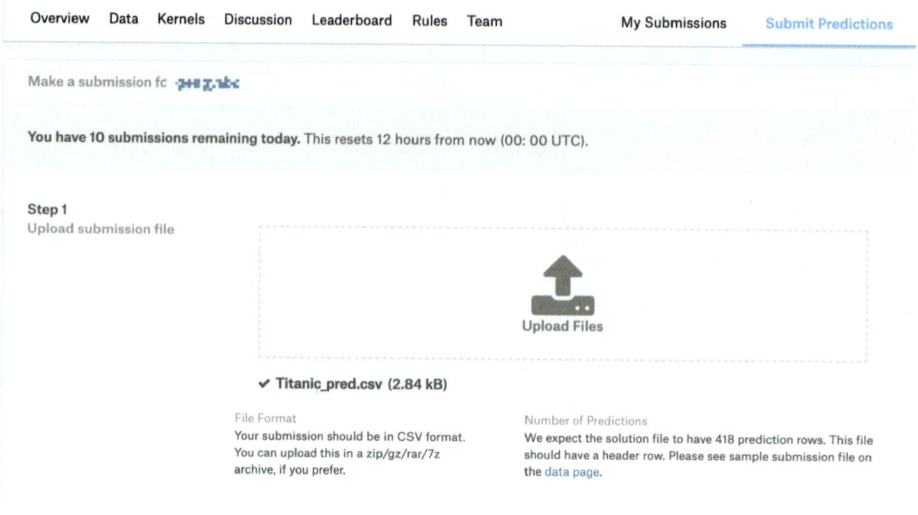

图 4-56　上传预测

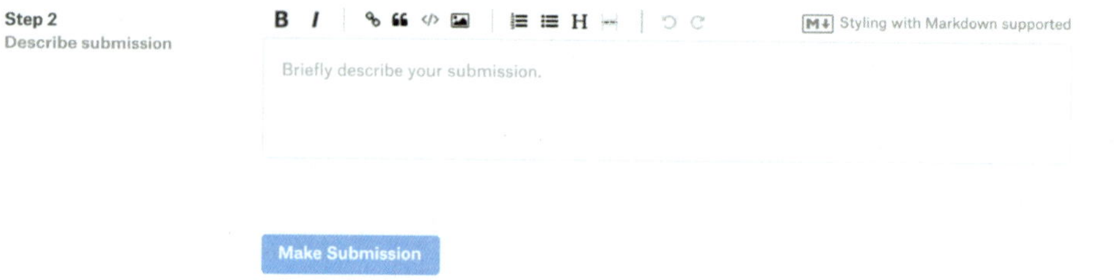

图 4-57　提交

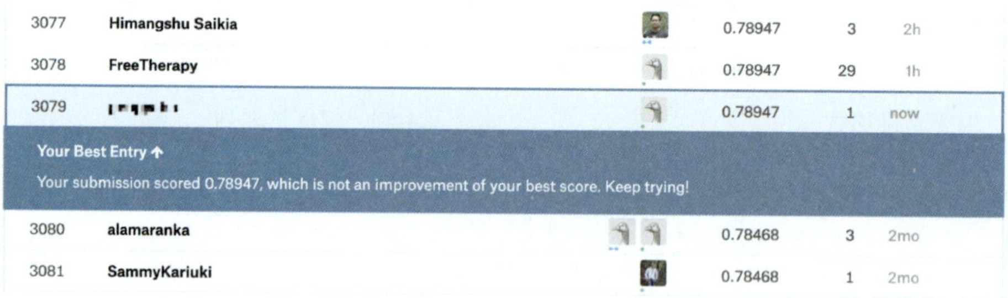

图 4-58　我的提交

观察这个页面底部，如图 4-59 所示，可见一共有 10095 位参赛者，我们已经进入前 1/3 了。对于我们这种初学者来说，没有编程，也没有复杂的建模过程，仅仅通过 KNIME 简单的拖曳操作就取得这个成绩已经很棒了吧！

图 4-59　提交者总数

4.2.8　模型解释

数据分析的问题往往不仅需要模型本身，还需要对模型的解释。前面已经对线性回归模型进行了解释，这里接着熟悉下逻辑回归模型的解释。

右击“Logistic Regression Learner”节点，在弹出的快捷菜单中选择“Coefficients and statistics”选项，观察模型参数结果，如图 4-60 所示。

Table "Coefficients and Statistics" - Rows: 10

Row ID	S Logit	S Variable	D Coeff.	D Std. Err.	D z-score	D P>|z|
Row1	1	Pclass=2	-51.352	30,009.347	-0.002	0.999
Row2	1	Pclass=3	-125.211	30,009.473	-0.004	0.997
Row3	1	Sex=male	-251.144	30,010.257	-0.008	0.993
Row4	1	Age	-5.845	6.151	-0.95	0.342
Row5	1	SibSp	-55.077	56.617	-0.973	0.331
Row6	1	Parch	-28.147	38.958	-0.722	0.47
Row7	1	Fare	2.738	2.932	0.934	0.35
Row8	1	Embarked...	-2.546	483.832	-0.005	0.996
Row9	1	Embarked...	-43.611	51.23	-0.851	0.395
Row10	1	Constant	343.209	30,011.162	0.011	0.991

图 4-60　模型参数

除了系数“Coeff”，可以发现在“Variable”列出现了一些奇怪的信息，比如“Pclass=2”和“Pclass=3”。我们知道这列数据代表仓位信息，那么问题来了，“Pclass=1”呢？

1. 哑变量

这些奇怪的信息就是哑变量。在处理分类数据，比如职业、性别等信息时，并不能够定量处理，需要采取一定方法将其量化。这种“量化”通常是通过引入“哑变量”（Dummy Variable）来完成的。根据这些因素的属性类型，构造只取“0”或“1”的人工变量。

例如在这个例子中，仓位的 1、2、3 并没有实际的数值意义，将其转为哑变量的话，就是将“Pclass”转为“Pclass=2”和“Pclass=3”，并且“Pclass=2”和“Pclass=3”只能有一个取值为 1。哪个为 1，就是仓位为哪个。如果“Pclass=2”和“Pclass=3”都是 0 呢？那就是间接告诉我们“Pclass=1”。

所以这个时候就有一个需要注意的问题，例如，这个例子的仓位，一定不能将“Pclass=1”、“Pclass=2”和“Pclass=3”都引入，因为三者满足条件“Pclass=1”+“Pclass=2”+“Pclass=3”=1，而且要求“Pclass=1”、“Pclass=2”和“Pclass=3”三者中只能有一个为 1。这就导致只要知道其中两个，就知道第三个值，所以对于这个问题，KNIME 给出的哑变量是“Pclass=2”和“Pclass=3”而没有“Pclass=1”。

一般来说，某个特征转换可能取值的个数为 n，此特征对应的哑变量个数为 $n-1$。

知道了这些，自然就明白了后面出现的“Sex=male”等。

2. 系数的意义

下面进入正题，逻辑回归的系数有什么意义呢？逻辑回归的系数不能像线性回归那样简单地理解，因为逻辑回归经过了 Sigmod 函数的转换。总的来说，如下所列：

- 符号为正表示正影响，符号为负表示负影响。
- 系数绝对值大，影响就大。

观察图 4-60，首先可以发现“Pclass=2”和“Pclass=3”的系数都是负数，这就说明它们两个相对于“Pclass=1”来说，都是负影响，也就是更不容易存活了。而“Pclass=2”的绝对值又小于“Pclass=3”，说明三等舱的人最不易存活。

接着观察“Sex=male”的系数，是一个很大的负数，这个与男性乘客死亡率远大于女性乘客相符。总之，观察模型参数，会让你对问题的认识有帮助。

4.3 课后练习

1. 简述判定边界对模型准确率的影响。
2. 简述逻辑回归可以用的评价指标。
3. 使用 KNIME 的数据可视化方法深入理解数据。
4. 哑变量是什么？
5. 如何解释逻辑回归的系数？
6. 结合图 3-62，分析图 4-23 所示的工作流有没有问题，有问题的话分析哪里有问题，如何解决？

第5章 模型优化

人生像攀登一座山，而找山寻路，却是一种学习的过程。

——席慕蓉

知识点

- 损失函数
- 梯度下降
- 模型优化
- 模型评价指标

通过前面的学习，我们已经熟悉了如何使用KNIME进行机器学习的项目，但是并没有介绍怎么样优化模型，评价指标到底代表什么。这里将探寻机器学习的一些重要概念，其中最重要的就是梯度下降。

5.1 梯度下降

在模型的训练过程中，会涉及大量的参数设置问题，如何更快更好地设置这些参数，直接关系到最终模型的好坏。理解梯度下降算法，可以帮助我们更快地调试出更好的模型。

5.1.1 损失函数

前面介绍过损失函数（Loss Function，Cost Function），它被用来估量模型的预测值与真实值的不一致程度。线性回归使用了 MSE 作为损失函数。二分类的逻辑回归使用交叉熵损失函数（Cross Entropy Loss）：

$$L = -[y\log\hat{y} + (1-y)\log(1-\hat{y})]$$

其中，L是损失函数，y是真实值，$\hat{y}$是预测值。对于二分类问题，目标只会取0或者1。那这个损失函数有什么意义呢？为什么它可以作为损失函数呢？

我们可以将它分情况进行考虑。当真实值 y 为 0 时，交叉熵变为：

$$L = -\log(1-\hat{y})$$

回顾第 4 章中的知识，预测值 $\hat{y}$ 是一个取值范围为［0，1］的概率，这样交叉熵就成了如图 5-1 所示的样子。想要最小化这个损失函数，必然想要预测值越接近 0 越好。

类似的，当真实值 y 为 1 时，交叉熵变为：

$$L = -\log\hat{y}$$

这样交叉熵就成了如图 5-2 所示的样子。想要最小化这个损失函数，必然想要预测值越接近 1 越好。

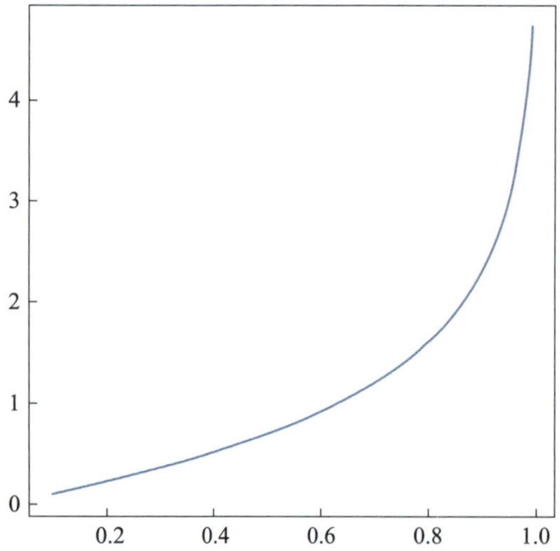

图 5-1　当真实值 y 为 0 时的交叉熵

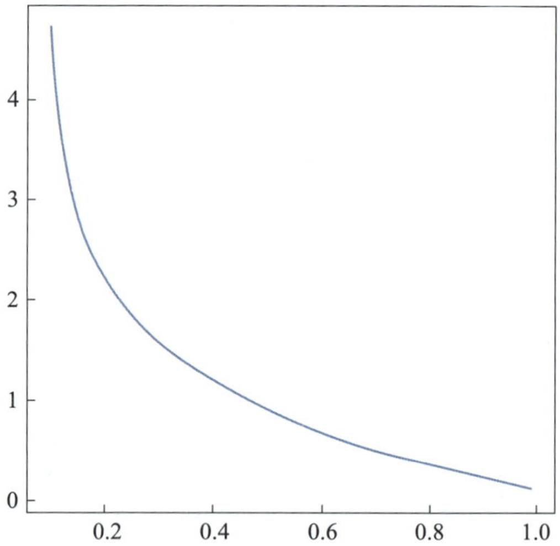

图 5-2　当真实值 y 为 1 时的交叉熵

如何使交叉熵损失函数最小化呢？我们使用梯度下降算法计算损失函数的最小值。

1. 梯度

以等高线帮助理解梯度比较方便。在某一点，垂直于等高线走的线就是梯度线。而梯度本身是一个标量。珠穆朗玛峰等高线地图，如图 5-3 所示，围绕着主峰有一圈一圈的等高线。从峰顶开始画线，一直垂直于等高线往山下画出的线就是梯度线。等高线密集的地方坡陡，等高线稀疏的地方坡缓。如果要下坡的话，我们肯定沿着梯度线走比较快。如果把这个地图看成是损失函数，现在我们的问题就变成了如何找到梯度，然后沿着梯度线下降减小损失函数。

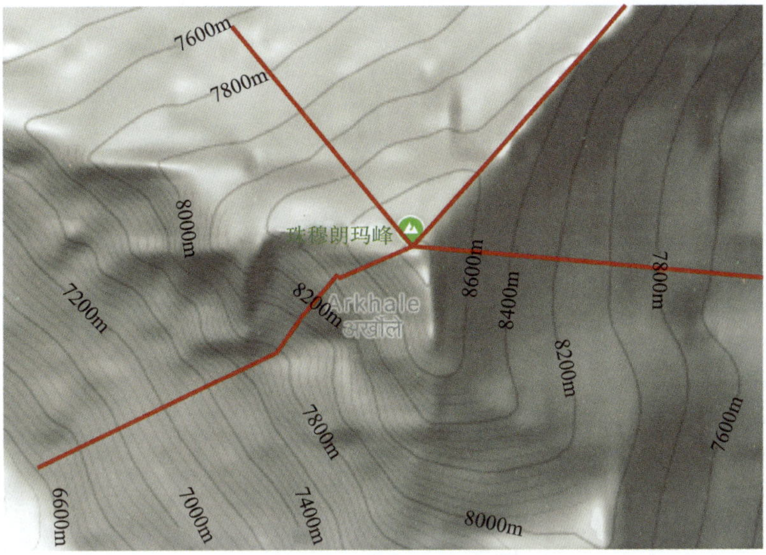

图 5-3　珠穆朗玛峰等高线地图

2. 梯度下降

怎样找到最低的那个点呢？梯度下降算法简单地说就是沿着梯度走下来。如图 5-4 所示，我们从山顶 6200 米高度可以沿着梯度线一直下去到海拔 5500 米的位置。

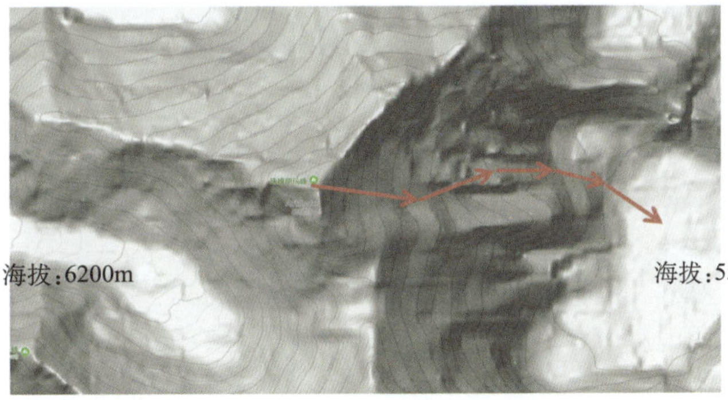

图 5-4　梯度下降

具体怎么知道应该朝哪个方向走呢？我们可以用这个公式：

下一个位置 = 当前位置 − 学习率 × 梯度

这里的学习率是一个正数，一个超参数，也就是一个靠经验设置的值。想要找到最小的值，就是将这个公式循环往复一直计算，不断更新迭代下一个位置的值。

梯度下降算法示意图，如图 5-5 所示，我们要使用梯度下降算法来优化模型的某一个参数，左侧梯度为负，右侧梯度为正。当初始位置在右侧时，更新后的值为当前值减去一个正数，更新后新值左移，下一个位置会比当前位置低。当初始位置在左侧时，更新后的值为当前值减去一个负数，更新后新值右移，下一个位置也会比当前位置低。在理想条件

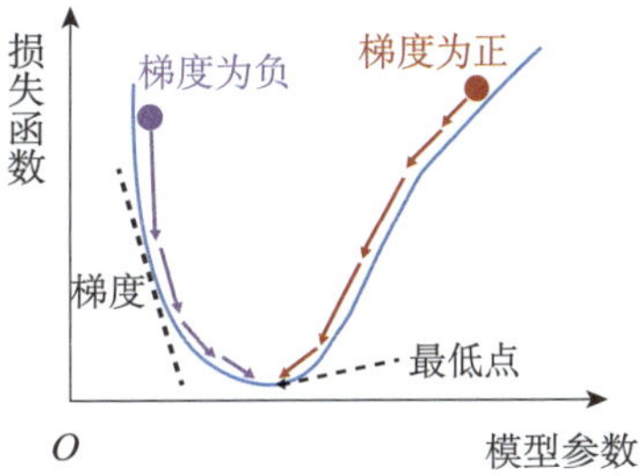

图 5-5　梯度下降算法示意图

下，下一个位置总会不断降低。循环计算下一个位置，慢慢地就会找到最低点。每一个循环叫做一个周期（Epoch）。

3. 学习率（Learning Rate）

使用梯度下降算法有一个学习率的问题，其值太大或者太小都不好。观察梯度下降算法示意图（见图 5-5），想想其中的原因。

结合图 5-6 来看看学习率大小的问题。如果学习率太大，会产生每一步迈得太大的问题，将要优化的参数值在最低点附近来回变化，导致损失函数梯度来回振荡而不能下降。甚至有可能因为学习率设置得太大，导致梯度振荡上升。反之，如果学习率太小，每一步都谨小慎微，虽然损失函数梯度绝对值一直在降低，但是步子太小，效率太低。所以，如何设置学习率，是一个考验机器学习工程师能力和经验的艺术。

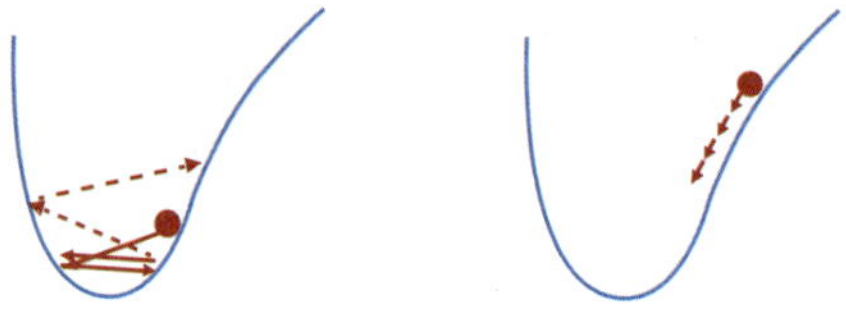

图 5-6　学习率设置太大或者太小

4. 结束标准

怎么样才能知道在什么时候可以使梯度下降算法循环结束呢？我们有两个标准，满足一个即可截止：

- 损失函数小于阈值（ϵ）。
- 已经运行了设置的最大周期数。

5. 梯度下降算法是否正常工作

我们已经了解了学习率和结束标准，这些知识有什么用呢？有一个最有用的地方就是想要知道梯度下降算法是否正常工作。我们可以画出损失函数每个周期的变化。

在正常情况下，损失函数应该随着周期数持续下降，最后稳定在某个值的附近，如图 5-7 所示。

为什么损失函数开始下降得快之后越来越慢趋于稳定呢？结合图 5-5 观察梯度下降算法，当梯度比较大时，山坡更陡一些，因为山坡越陡梯度越大，所以每个周期更新的步长也比较大，梯度下降比较多。随着梯度不断下降，山坡变得越来越平缓，导致梯度变小，所以每个周期更新的步长也相应变小了，从图 5-7 上看就是越来越稳定了。

出问题的损失函数随周期变化会有什么反应呢？如图 5-8 所示，结合图 5-6，如果学习率设得太小，将会发现损失函数一直在下降，但是不能稳定下来，这就是上面说的下降速度太慢，一直达不到最低点附近。但是如果学习率设得太大，将会发现损失函数很快下降到某个比较大的值附近，便不再变化，说明损失函数的梯度值发生了振荡。假设发现损失函数不降反升，那就说明学习率设置得过于巨大了，导致梯度更新的每一步都上升而不是下降。

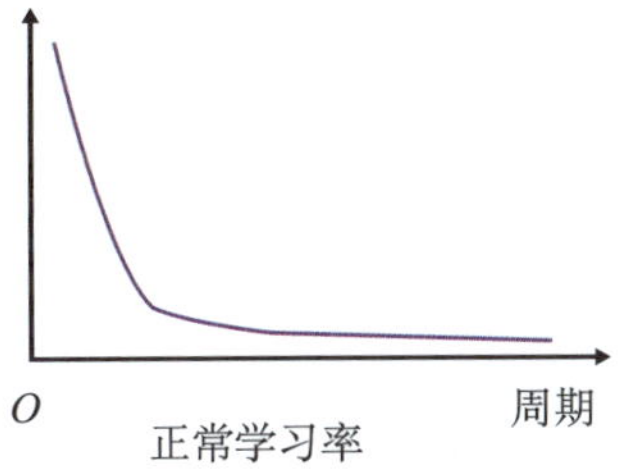

图 5-7　正常学习率

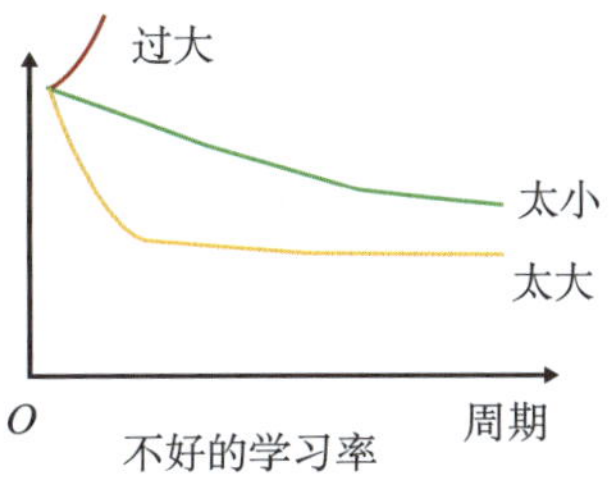

图 5-8　不好的学习率

6. 梯度下降算法的种类

1）Batch Gradient Descent（Batch）

在这种方法中，所有样本参与计算梯度，所有参数同时更新，计算效率高，内存需求大，有可能不能到达最优解，如图 5-9 所示。

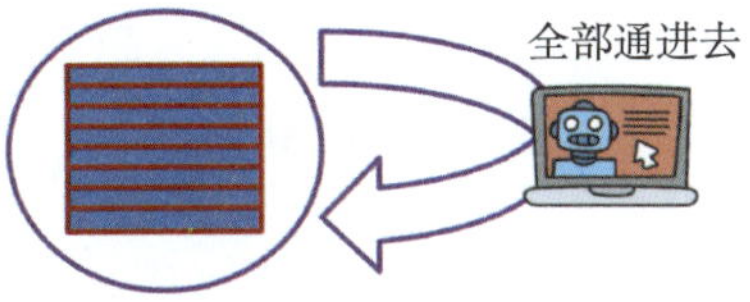

图 5-9　Batch Gradient Descent

2）Stochastic Gradient Descent（SGD）

在这种方法中，样本一个一个地参与计算梯度，计算资源消耗大，计算不是很稳定，如图 5-10 所示。

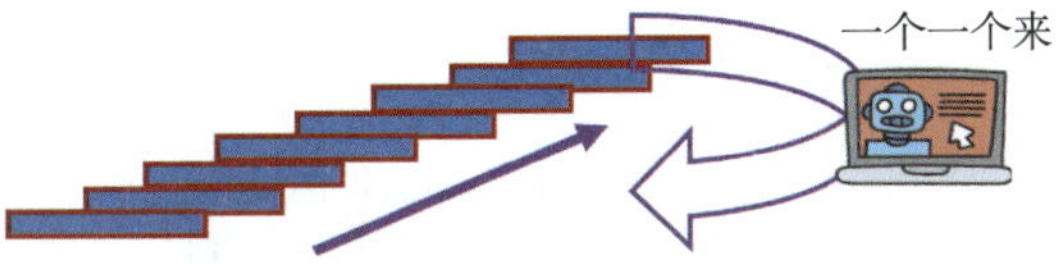

图 5-10　Stochastic Gradient Descent

3）Mini-batch Gradient Descent（Mini batch）

这种方法结合了上面两种算法的特点，样本分成若干份，一份一份地参与梯度计算，从而达到稳定与快速的优点相结合，如图 5-11 所示。

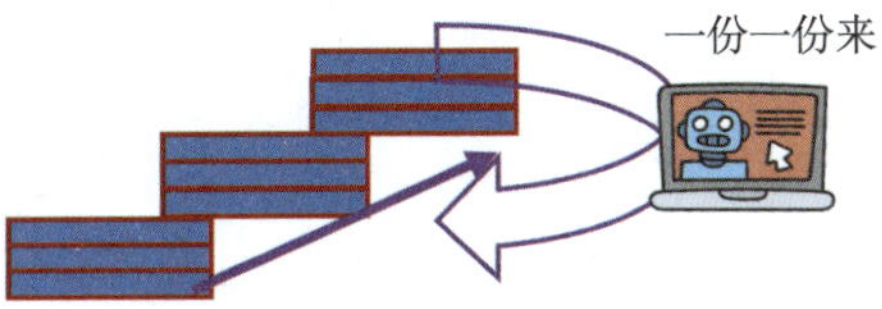

图 5-11　Mini-batch Gradient Descent

如果比较这几种算法，可以发现它们的运行路径十分不同，如图 5-12 所示，一环一环的圆圈可以看成是等高线，最终目的就是找到由等高线围起来的中心点。Batch Gradient Descent（Batch）的所有参数同时参与运算，所以总体来说梯度朝着固定的方向变换，曲线平滑。从图上看最明显的标志就是曲线前进的路径与等高线垂直。而 SGD 算法因为样本要一个一个地参与计算梯度，所以不能保证每次运算都能够减小梯度，从而导致曲线乱撞。

Mini-batch Gradient Descent（Mini batch）则综合两种方法，所以虽然也抖动，但是朝着一个方向前进的趋势更加明显。从图上可以看出，Mini-batch Gradient Descent 的表现介于 Batch Gradient Descent 和 SGD 之间。

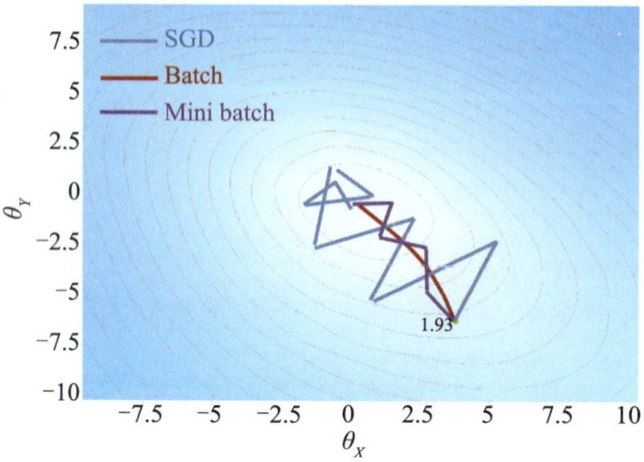

图 5-12　算法比较

5.1.2　使用 KNIME 优化模型

仍然使用泰坦尼克号的例子，使用前面讲过的算法知识优化模型。

1. 设置梯度下降算法

这里主要设置“Logistic Regression Learner”节点。双击该节点打开设置界面，如图 5-13 所示，“Select solver”可以选择不同的算法，我们一般使用“Stochastic average gradient”选项，这个算法简单来说就是一种更稳定快速的 SGD。

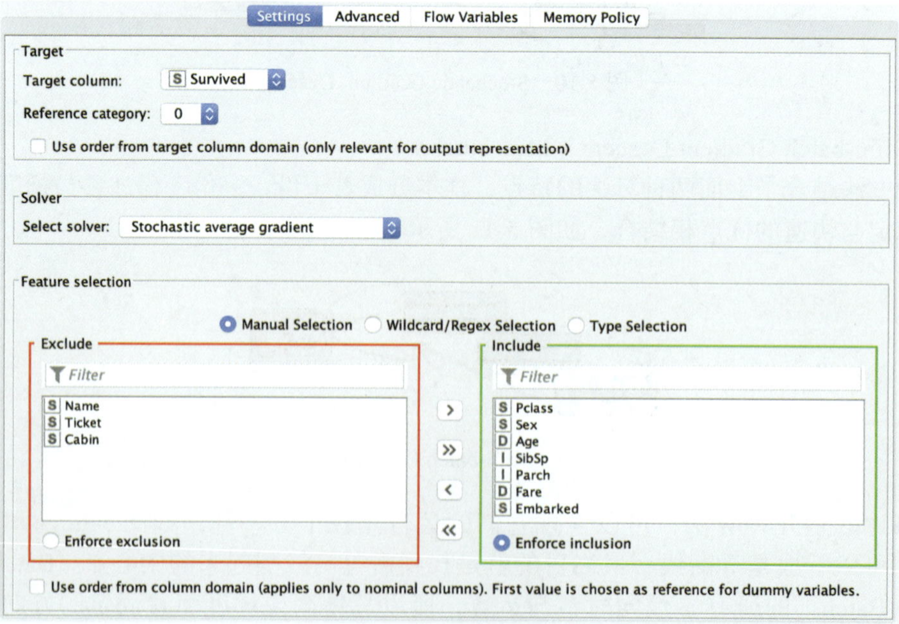

图 5-13　选择优化算法

2. 设置结束标准

然后打开设置界面的“Advanced”标签，如图 5-14 所示，分别设置“Maximal number of epochs”为 1000、10000、100000，即运行周期数最大为 1000、10000、100000。“Epsilon”保持默认数值。可以从“ROC Curve”和“Scorer”观察不同周期数对结果的影响。我们可以发现，随着周期数的增加，模型的最后“ROC Curve”和“Scorer”节点给出的结果变化好像没有什么规律。例如三次 ROC 结果分别为 0.78、0.64、0.73。这是为什么呢？不是应该训练周期越多，梯度下降得越快吗？有可能出现梯度不下降的情况吗？

观察图 5-8，有没有发现什么线索？会不会是学习率的问题呢？

图 5-14 设置算法细节

3. 设置学习率

仍然在“Advanced”标签中，默认设置“Learning rate strategy”为“Fixed”，学习率（Step size）为“0.1”。可以试试设置不同的学习率，看看有什么影响。

因为上一步我们发现梯度没有严格下降，所以猜想可能是学习率设得太大了，如图 5-15 所示，我们降低学习率为 0.01、0.001 和 0.0001 再试试。

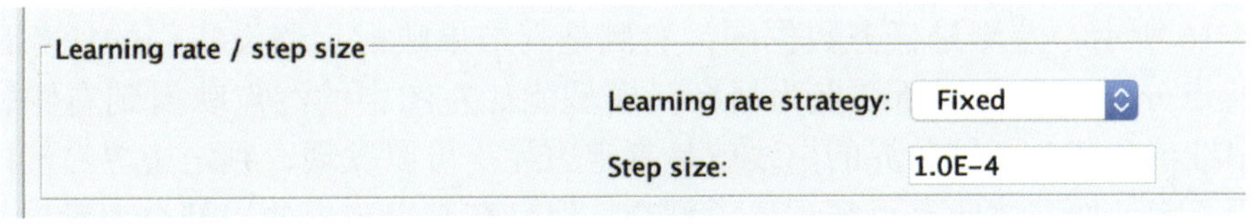

图 5-15 降低学习率

可以发现，除了最小的 0.0001，其他几个学习率都会产生 ROC 不升高的问题，所以初步判定学习率应设为 0.0001。这时，对应的 ROC 分别为 0.84、0.85 和 0.85。到最后其实已经稳定了。

其他参数保持默认值即可，有兴趣的读者可以自己查一查其他参数的含义。

5.2 正则化

正则化是防止模型过拟合的一种重要方法，这部分介绍一下正则化为什么有用以及如何使用正则化技术。

5.2.1 准确性和健壮性

前面已经介绍过如何判断模型的准确性，而健壮性又是什么呢？健壮性（Robust）旧的翻译是鲁棒性，它是指一个计算机系统在执行过程中处理错误、异常等情况时继续正常运行的能力。

5.2.2 复杂的模型

我们已经知道，线性回归的问题可以理解为 $\hat{y}=b+w_1x_1+\cdots+w_nx_n$ 的问题，逻辑回归可以理解为 $\hat{y}=\sigma(z)=\sigma(b+w_1x_1+\cdots+w_nx_n)$ 的问题。但是这两个模型都可以为了进一步提高预测能力，进行复杂化处理。下面仅仅以逻辑回归为例加以说明。

$\sigma(b+w_1x_1+\cdots+w_nx_n)$ 可以进一步提高方程阶数，比如提高成 $\sigma(b+w_1x_1+\cdots+w_nx_n+w_{11}{x_1}^2+\cdots+w_{nn}{x_n}^2)$，甚至进一步复杂化变成 $\sigma(b+w_1x_1+\cdots+w_nx_n+w_1{x_1}^2+\cdots+w_n{x_n}^2+w_{12}x_1x_2+\cdots+w_{1n}x_1x_n+\cdots w_{23}x_2x_3+\cdots+w_{2n}x_2x_n)$。到这里，可能很多读者已经被这么一长串公式吓坏了，没关系，你只要知道这个方程很复杂就可以了。当然这个方程还可以更复杂，复杂度越高越好吗？相信被吓坏的同学心中已经有了疑虑，看不懂的东西能信吗？

研究证明，简单的模型容易欠拟合，复杂的模型容易过拟合。

5.2.3 欠拟合和过拟合

前面介绍过，过拟合就是模型完美地或者很好地拟合了数据集的某一部分，但是此模型很可能并不能用来预测数据集的其他部分。欠拟合恰好相反，模型拟合程度不高，数据距离拟合曲线较远，不能够很好地拟合数据。

1. 欠拟合的表现

如图 5-16 所示，左侧是任务数据图，右侧是其结果映射。假设我们的任务是将左图中的红点和蓝点分开，正确判断红点为目标，模型能让左图中的红点映射到右侧靶心是最好的。左图中红色和蓝色区域分界的白线就是判定边界。可以发现，判定边界右侧的所有点都映射在了靶心中，而左侧所有点都远离了靶心。但是在判定边界两边都有大量误判的点，对于我们关心的红点来说，左侧大量的红点偏离中心，导致模型具有比较高的偏差。在这个例子中，训练数据的预测结果偏差很大，所以欠拟合，也叫高偏差（High Bias）。

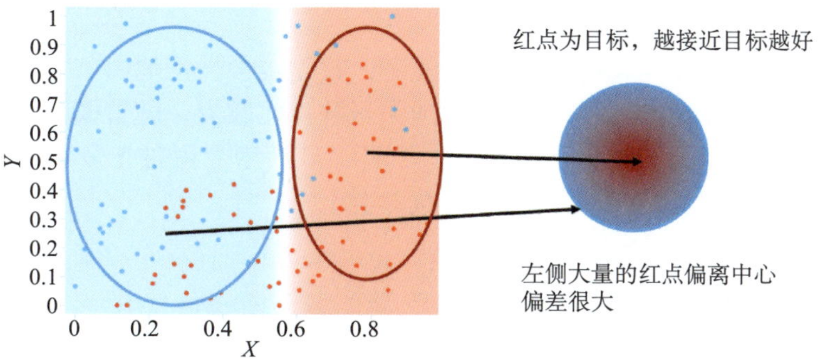

图 5-16　欠拟合

同时可以注意到，这个例子中左图的点在相当大的范围内变化，都不会改变它在右边结果图中的映射位置，这说明模型对数据变化不敏感，比较健壮。

2. 过拟合的表现

目标和上面的欠拟合的例子一样，从图 5-17 中我们可以看到，判定边界变得十分复杂。对应在右侧图上来看，左侧绿色圆圈内的点可能会对应到右侧映射区域的很大范围，结果导致数据的微小变化，引起模型预测结果巨大的不同，模型不够健壮。这说明数据的方差很大，所以过拟合，也叫高方差。

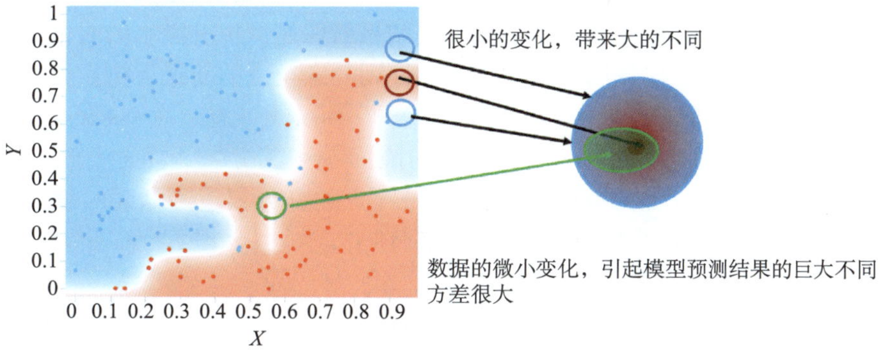

图 5-17　过拟合

3. 从损失函数上看欠拟合和过拟合

从图 5-18 所示的损失函数上可以很容易看出来，欠拟合就是模型太简单或者训练不足，训练数据的损失函数没有下降到足够小。过拟合就是模型太复杂或者训练过分了，虽然训练数据的损失函数很小，但其他数据的损失函数却升高了。

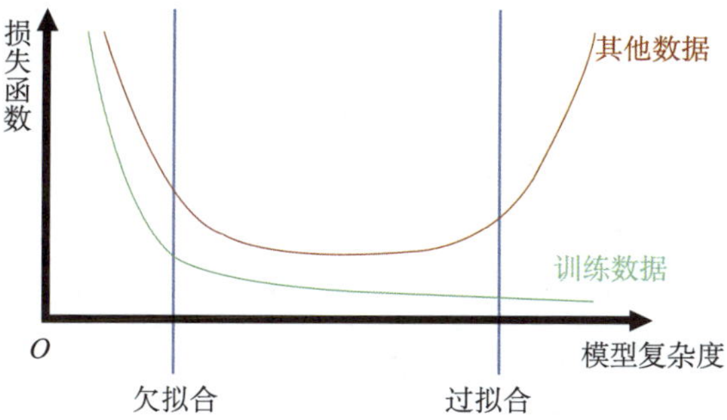

图 5-18　损失函数上看过拟合和欠拟合

4. 欠拟合、过拟合与模型复杂度

随着模型参数的增大，模型变得越来越复杂，模型也会慢慢地由欠拟合变为合适，进一步变为过拟合。模型较简单时，各类数据的损失函数都比较大，随着模型变大变复杂，各类数据的损失函数都会下降，如图 5-19 所示。但是一旦模型变得过于复杂，虽然训练数据的损失函数还会下降，但是其他数据的损失函数却会上升。

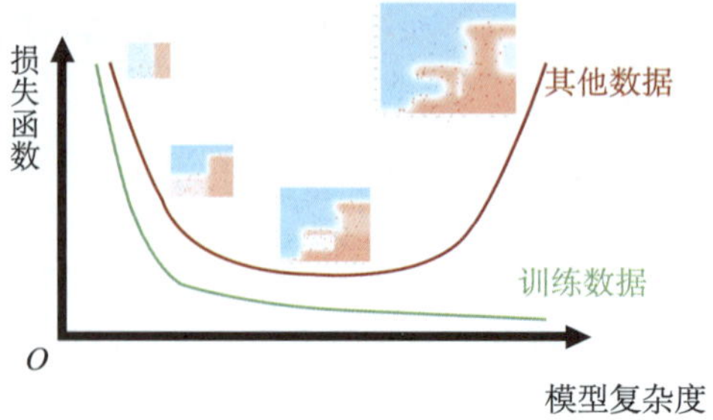

图 5-19　欠拟合、过拟合与模型复杂度

5.2.4　正则化防止过拟合

模型的复杂度上升会让模型能力更强，这是我们所希望的。但是其副作用就是会导致过拟合。如果为了防止过拟合就放弃复杂模型，其结果就像是倒掉洗澡水的时候把婴儿一起倒掉了。那怎么办呢？我们可以使用正则化技术在使用复杂模型的前提下防止过拟合。

再回过头来看下这个吓人的公式：$\sigma(b+w_1x_1+\cdots+w_nx_n+w_1x_1^{\ 2}+\cdots+w_nx_n^{\ 2}+w_{12}x_1x_2+\cdots+w_{1n}x_1x_n+\cdots w_{23}x_2x_3+\cdots+w_{2n}x_2x_n)$，相信公式的前面一小部分$b+w_1x_1+\cdots+w_nx_n$并不可怕，只是后面的部分比较可怕。这样的话，能不能把吓人的部分权重降低呢？就像把狼驯化为狗，那我们可以使用什么办法驯化这个吓人的部分吗？

正则化方法可以帮助我们完成这个任务。

逻辑回归的损失函数为$L=-[y\log\hat{y}+(1-y)\log(1-\hat{y})]$，如果将损失函数改写为：

$$L=-[y\log\hat{y}+(1-y)\log(1-\hat{y})]+\lambda\sum w^2$$

其中 λ 是正则化参数。因为模型优化的目标是降低损失函数，如果 λ 很大的话，为了尽可能地降低损失函数，就会尽可能地降低 w。这样一来，因为系数降低了，所以每一个特征（包括低阶和高阶）的影响都降低了，相当于把不受约束的力量加了锁，将狼驯化为了狗。

5.2.5　使用 KNIME 设置正则化

在图 5-20 中，观察“Regularization”设置，当前设置是“Uniform”，也就是没有正则化设置。其他两个（Gauss 和 Laplace）是高斯和拉普拉斯正则化。这两个正则化具体如何工作我们不需要知道，不过基本思想就是前面介绍过的思想。在现在这个模型中，因为我们并没有加入什么高阶参数，所以可以放心地选择“Uniform”，也就是不需要设置正则化参数。

不过，是否使用正则化及正则化参数的设置问题，涉及大量经验和尝试，所以这里建议大家试试其他两种正则化方法，看看能不能带来更好的结果。在我们的尝试中，发现使用这两种正则化方法都会使模型效果略微提高。

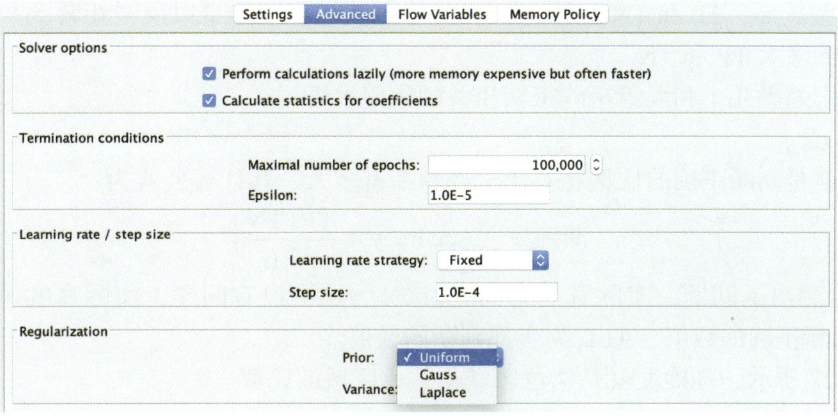

图 5-20　正则化参数设置

5.3　模型评价

5.3.1　混淆矩阵

首先要熟悉以下这几个问题：

- TP = True Positive = 真阳性
- FP = False Positive = 假阳性
- FN = False Negative = 假阴性
- TN = True Negative = 真阴性

混淆矩阵（confusion matrix）就像图 5-21 所示这样，列方向是预测值，行方向是真实值。预测值为 1 的话，就是阳性（Positive），预测值为 0 的话，就是阴性（Negative）。如果预测与真实值相同就是真（True），不同就是假（False）。举例来说，真阳性就是预测为真，而且实际也为真。假阳性就是虽然预测为真，但是实际为假。

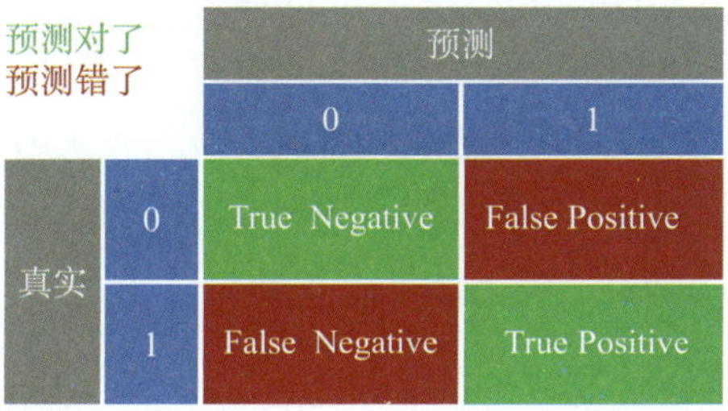

图 5-21　混淆矩阵

下面以产品检测为例，设置产品有问题为阳性 Positive，则：

- TP = 检测出了问题，实际真的有问题，真的要整改了。
- FP = 检测出了问题，实际没有问题，虚惊一场。
- FN = 检测没有问题，实际有问题，潜伏风险。
- TN = 检测没有问题，实际真的没有问题，皆大欢喜。

如果模型越好，TP 和 TN 应该越大，其他应该越小。如果以混淆矩阵为目标的话，那么就应该尽量增大 TP 和 TN。

接着我们熟悉几个和混淆矩阵密切相关的常用术语。

1. 准确度

准确度就是判断正确的比例相对于全部判断有多大，其计算公式为：

$$准确度（Accuracy）=\frac{TP+TN}{ALL}$$

TP 为检测出了问题，实际真的有问题；TN 为检测没有问题，实际真的没有问题；则 TP+TN 为判断正确的数值，ALL 为全部判断的数值。

如图 5-22 所示，准确度就是紫色区域与黄色区域的比值。

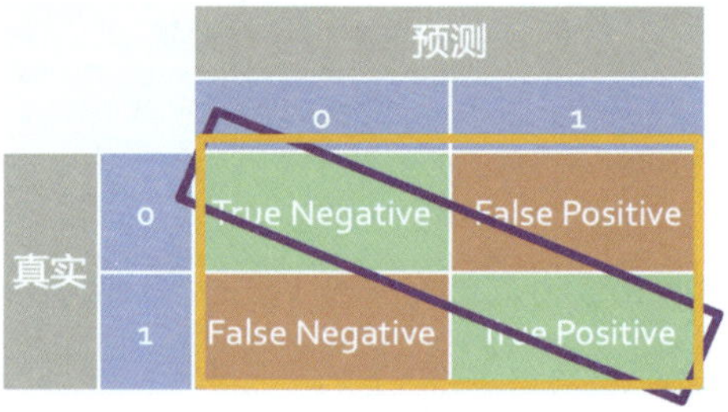

图 5-22 准确度

2. 精度

精度的计算公式为：

$$精度（Precision）=\frac{TP}{TP+FP}$$

精度要解决的问题是，所有被认为有问题的产品，有多少比例是真的有问题。

如图 5-23 所示，精度就是紫色区域与黄色区域的比值。

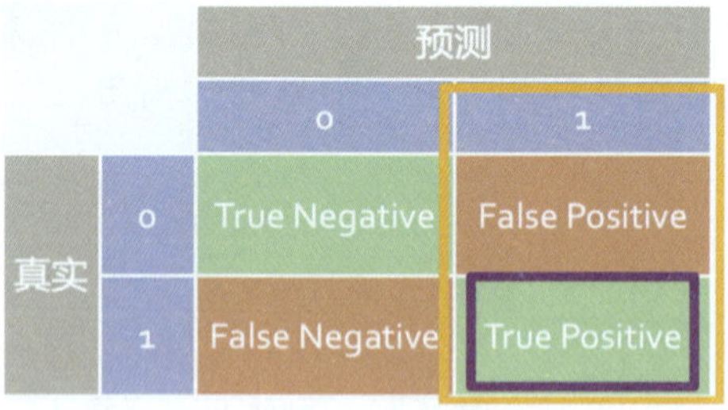

图 5-23 精度

3. 召回

召回的计算公式为：

$$召回（Recall）=\frac{TP}{TP+FN}$$

召回就是真阳性率，就是那些出了问题的产品，有多少比例能够真的被召回，返厂维修。

如图 5-24 所示，召回就是紫色区域与黄色区域的比值。

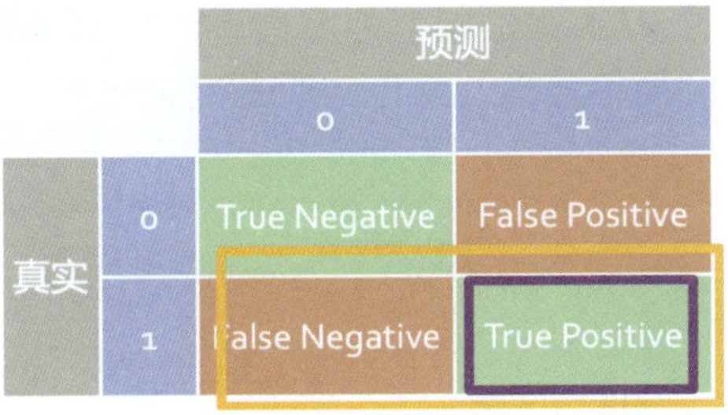

图 5-24 召回

4. 特异度

特异度的计算公式为：

$$特异度（Specificity）=\frac{TN}{TN+FP}$$

特异度就是真阴性率，就是那些真的没有问题的产品，有多少比例被认为也没有问题。

如图 5-25所示，特异度就是紫色区域与黄色区域的比值。

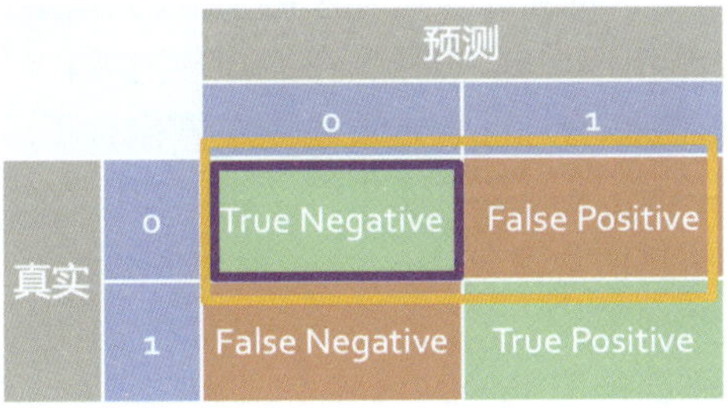

图 5-25 特异度

5. 假阳性率

假阳性率的计算公式为：

$$假阳性率（FPR）=\frac{FP}{TN+FP}$$

假阳性率就是那些真的没有问题的产品，有多少比例被认为有问题。

如图 5-26 所示，假阳性率就是紫色区域与黄色区域的比值。

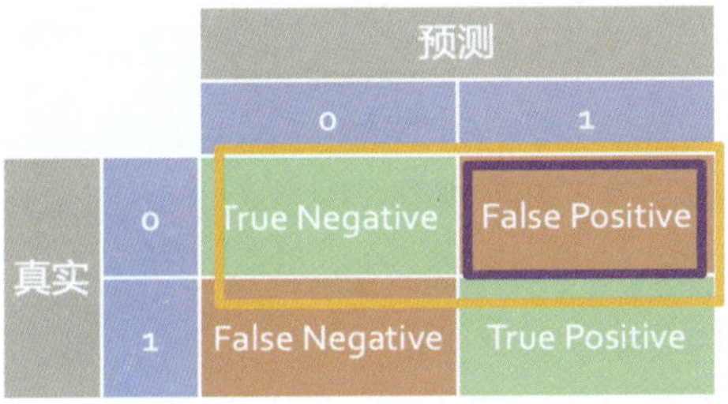

图 5-26 假阳性率

5.3.2 F1

我们往往想要同时提高精度和召回，但是这样很难，一般需要进行权衡。

先来看看怎样调整。一个方法就是调整判定边界的位置来调整精度和召回。如图 5-27 所示的是对泰坦尼克号问题的简单处理，紫色斜线是判定边界，边界右边表示预测死亡，左边表示预测生存。

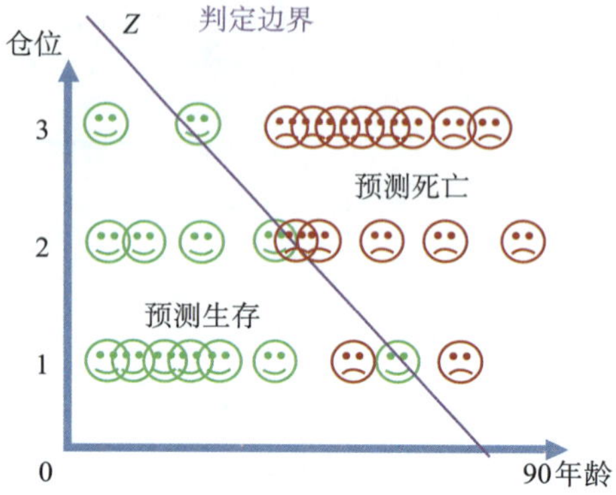

图 5-27　调整判定边界

设想将判定边界向左侧移动，将会导致边界左侧预测的和实际的都是生存例子，显然提高了精度。但是这会导致边界右侧出现大量实际生存，却预测死亡的例子，显然降低了召回。类似情况，设想将判定边界向右侧移动，将会导致边界左侧包含了所有实际生存的人，显然提高了召回。但是这会导致边界左侧出现大量实际死亡，却预测生存的例子，显然降低了精度。

这里的精度表示所有被预测活下来的人，有多少比例真的活下来了。召回表示所有活下来的人，有多少比例真的被发现了。

那我们应该怎样更客观地评价模型的好坏呢？

这个时候我们就要引入指标 F1，它是精度和召回的调和平均值：

$$\frac{1}{F1}=\frac{1}{2}\left(\frac{1}{Precision}+\frac{1}{Recall}\right)$$

在进行模型训练与比较时，可以采用 F1 作为判断模型好坏的一个标准。

可以参考图 5-28 来理解 F1 评分。可以将召回和精度想象成两个电阻，接着将这两个电阻并联，F1 评分就是这个并联电阻阻值的两倍。

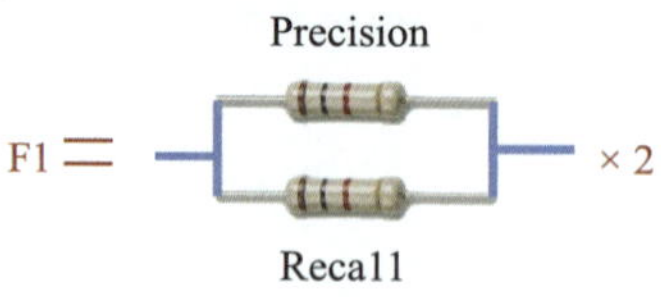

图 5-28　F1 评分

5.3.3　ROC 曲线和 AUC

还有一套评价标准为 ROC 曲线。ROC 曲线（Receiver Operating Characteristics，接收者操作特征曲线）是一种显示分类模型在所有分类阈值下的效果的图表，如图 5-29 所示。其比较可以通过计算曲线下的面积来完成。曲线下的面积（AUC，Area Under The Curve）表示“ROC 曲线下面积”。

ROC 曲线首先是由二战中的电子工程师和雷达工程师发明的，用来侦测战场上的敌军载具

（飞机、船舰）。之后很快引入了心理学来进行信号的知觉检测。数十年来，ROC 分析被用于医学、无线电、生物学、犯罪心理学领域中，而且最近在机器学习领域也得到了很好的发展。

“二战”时，技术人员要分辨雷达上的那个点是真的敌机还是仅仅是一个噪音点，如图 5-30 所示。

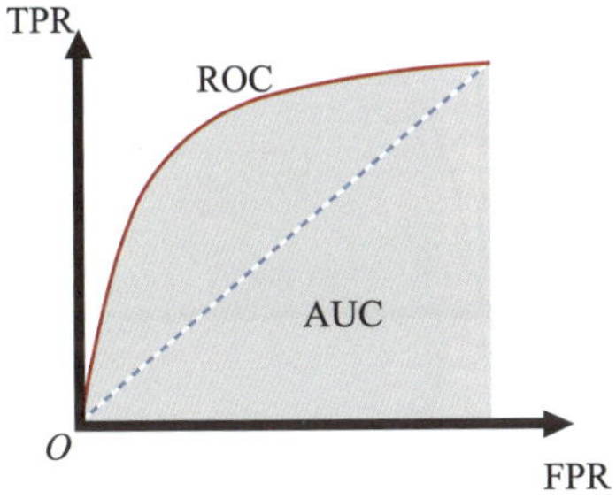

图 5-29　ROC 曲线

图 5-30　雷达

假设模型预测数据的概率密度分布（曲线下面积之和为 1），如图 5-31 所示。

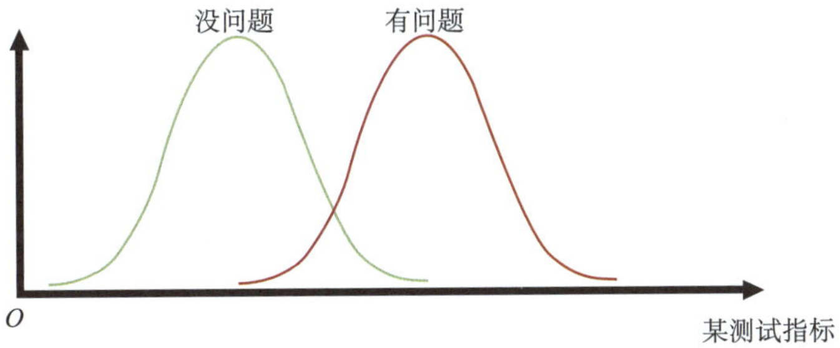

图 5-31　预测数据的概率密度分布

为了分辨到底有没有问题，需要按图 5-32 所示划出一条分界线作为阈值，其左侧认为没问题，右侧认为有问题。从图上可以看出 TN、FN、TP、FP 的范围。之前在产品检验例子中，我们将 TP 叫做召回（在雷达分析中，显然叫做敏感度（Sensitivity）更合适）。

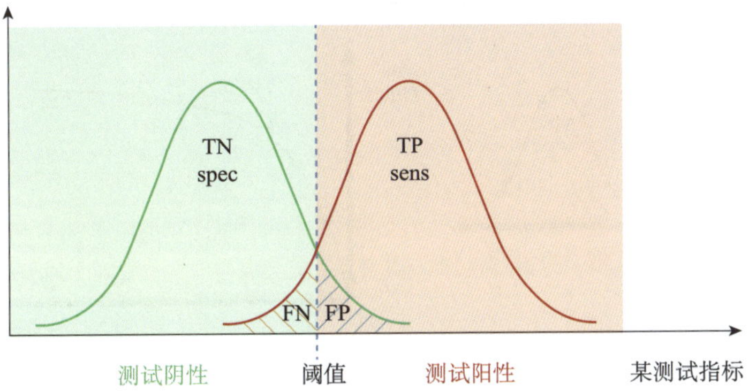

图 5-32　阈值与测试

现在尝试将阈值线左移，将导致区域 TP（sens）增大，区域 TN（spec）减小。右移的话将导致区域 TP（sens）减小，区域 TN（spec）增大。也就是说，sens 和 spec 两者一个增大，另一个就会减小，如图 5-33 所示。

如图 5-34 所示，将图 5-33 变换一个表现形式，就成了常见的 ROC 曲线。

如图 5-35 所示，ROC 下的面积 AUC 越接近 1，模型越好。AUC 大于 0.9 的话，说明 TP 和 TN 分得很开，这就是一个很好的分类器。如果完全没办法分开，那么就只能靠猜了，这个时候 AUC 就是 0.5。

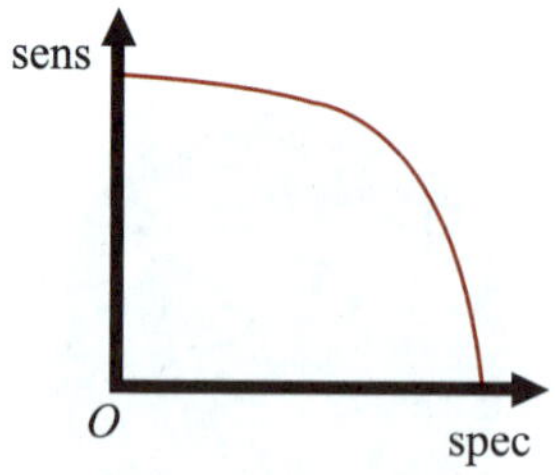

图 5-33 sens 和 spec 两者关系

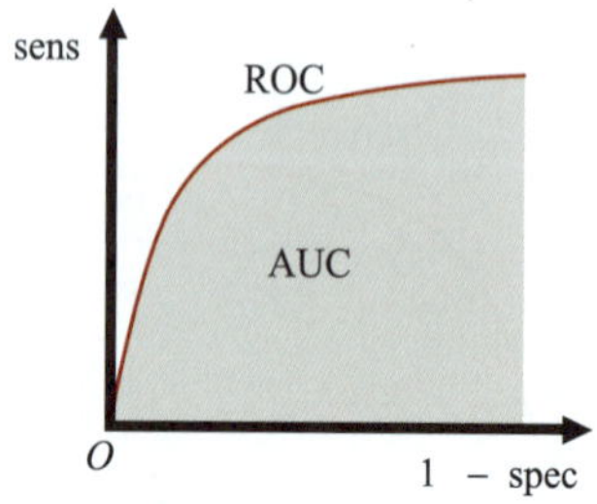

图 5-34 ROC

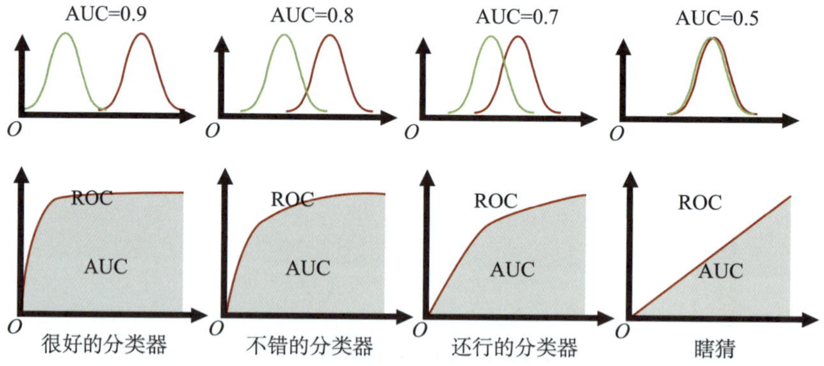

图 5-35 判断 ROC 好坏

例如，如图 5-36 所示，人体的血液蛋白浓度是呈正态分布的连续变数，病人的血液蛋白浓度分布是红色的曲线，平均值为 A (g/dL)，健康人的血液蛋白浓度分布是蓝色的曲线，平均值是 C (g/dL)。健康检查时会测量血液样本中的某种蛋白浓度，达到或大于某个值（阈值，Threshold）诊断为有疾病征兆。研究者可以调整阈值的高低（将图中的 B 垂直线往左或往右移动），便会得出不同的假阳性率与真阳性率，总之即得出不同的预测准确率。

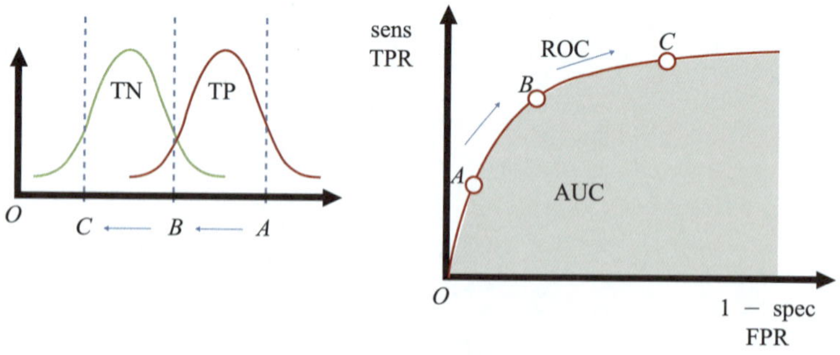

图 5-36 血液测试

5.4 课后练习

1. 简述学习率的作用。
2. 欠拟合和过拟合相比哪个更容易发生？为什么？

第6章 支持向量机

所以我称其（支持向量机）为最宽马路法。

——帕特里克·温斯顿

知识点

- 支持向量机概念
- 核
- 模型调参
- 独热编码

我们现在不仅已经熟悉了机器学习项目的一般过程，而且掌握了 KNIME 的基本使用方法。在前面知识和技能基础上，这一章我们了解一下支持向量机，并掌握如何使用 KNIME 进行支持向量机的项目。

6.1 支持向量机基本概念

6.1.1 支持向量机是什么

支持向量机（Support Vector Machine，SVM）是分类与回归分析中的一种算法。给定一组训练样本，每个训练样本被标记为属于两个类别中的一个或另一个，支持向量机创建一个将新的样本分配给两个类别之一的模型，使其成为非概率二元线性分类器。除了进行线性分类，支持向量机还可以使用“核”技巧有效地进行非线性分类，将其输入隐式地映射到高维特征空间中。

对于支持向量机来说，数据点被视为 n 维向量，而我们想知道是否可以用 $n-1$ 维超平面来分开这些点。这就是所谓的线性分类器。在三维空间中，$n=3$，则 $n-1=2$，所谓的超平面就是我们熟知的平面。类似在二维空间中，超平面其实是一条线。

分类的时候，很多情况下不只有一种方法可以将数据分类，如图 6-1(a) 所示，几条直线都可以将不同数据分类。支持向量机就会找到一个最佳超平面，如图 6-1(b) 所示，使其将数据分类，并且两类数据之间的距离尽可能得大。或者更通俗地说，找一条马路作为分界线，马路越宽越好。

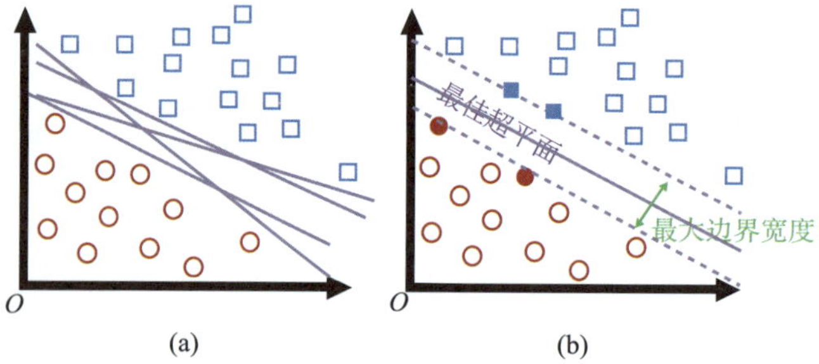

图 6-1　支持向量机分类示意图

6.1.2　支持向量是什么

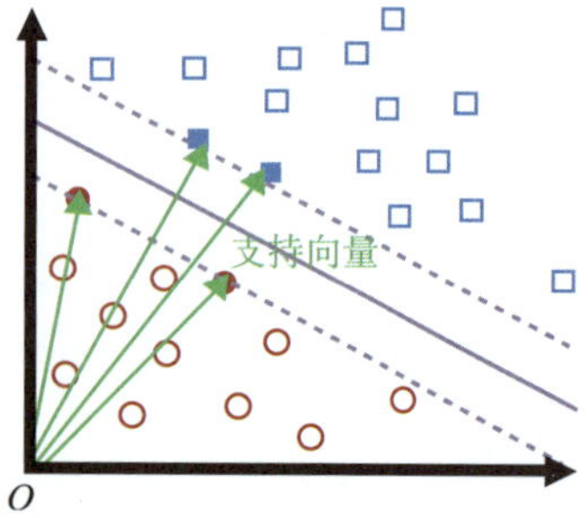

图 6-2　什么是支持向量

支持向量是接近超平面并影响超平面的位置和方向的数据点。但是点怎么就成了向量呢？如图 6-2 所示，因为每个点都可以看做是从原点出发指向此点的一个向量。支持向量机算法使用这些支持向量作为支撑点，使边界尽可能宽。

6.1.3　逻辑回归与支持向量机的比较

我们首先仅从两者的损失函数角度了解两者对数据的敏感程度的区别。其中，支持向量机使用 Hinge loss，而逻辑回归使用 Logistic loss，如图 6-3 所示。

这里没有考虑正则化影响。关于正则化的相关知识见后面分析。

观察两者的损失函数，我们可以注意到以下 4 点：

- Hinge loss 没有 Logistic loss 上升得快。也就是说，Logistic loss 对于异常值会有更大的惩罚，导致逻辑回归对异常点的容忍程度相对较低。
- 不管哪个损失函数，即使分类对了，在边界附近的值也会受到惩罚，这导致二者都会要求能够更好地分类，从而使各个值能够尽可能地远离边界。
- 即使一个值被确信地分类了，也就是它离边界很远，Logistic loss 也不会变为零。这导致逻辑回归要求所有点都能够进一步远离边界。

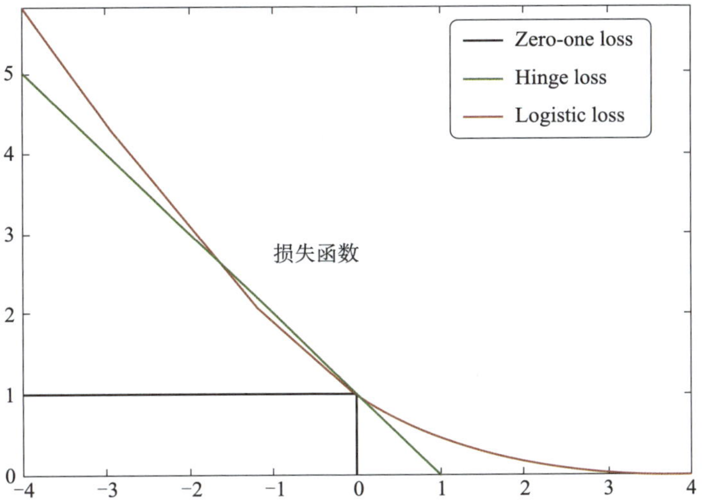

图 6-3　不同损失函数

● 如果一个值被比较好地分类了，也就是它离边界比较远，Hinge loss 立即变为 0。这导致支持向量机并不在乎较远的点到底在哪，它只在意边界附近的点（支持向量）。在意附近的点是因为根据第二点，即使支持向量划分正确，Hinge loss 也不为 0。导致支持向量机想要将支持向量推离边界，直到 Hinge loss 为 0。

这里的异常值（Outlier）是指一组测定值中与平均值的偏差超过两倍标准差的测定值，与平均值的偏差超过三倍标准差的测定值，称为高度异常的异常值。

基于以上 4 点，两者的分类结果会出现以下两种显著的区别：

● 逻辑回归尽可能提高所有点分类正确的概率，而支持向量机尝试最大化由支持向量确定的边界距离。换句话说，逻辑回归尝试将所有点都远离边界；而支持向量机尝试将支持向量推得更开。观察图 6-4，蓝点主要分布于右上角，红点主要分布于左下角。因为“逻辑回归尽可能提高所有点分类正确的概率”，所以逻辑回归其实更看重将这两部分区域分开。由图可见逻辑回归的判定边界大致是“捺（ ）”方向。而因为“支持向量机尝试最大化由支持向量确定的边界距离”，所以它并不关心双方大量的点聚集在哪里，它只想把边界推得更宽。由图可见支持向量机的判定边界大致是“撇（ ）”方向。

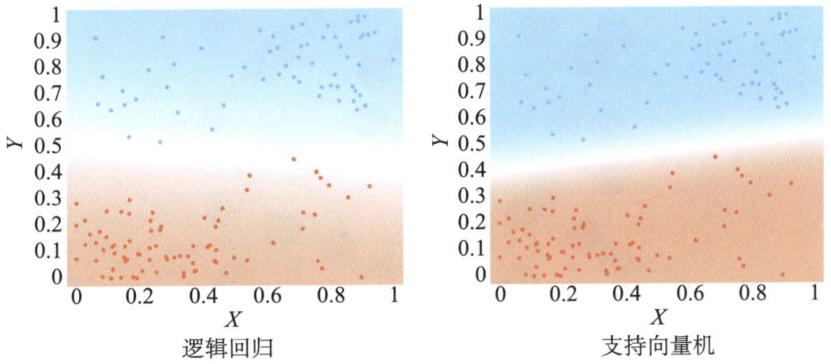

图 6-4　对正确分类的处理比较

● 逻辑回归对错误的承受能力更低，它会尽可能地要求所有值都正确分类。支持向量机对错误承受能力相对较高，它的目的是将边界拓宽。换句话说，逻辑回归想要的是将不同种类能分开就全部分开，就算中间只有一张纸距离也算分开了；而支持向量机想要的是不同种类离得越远越好，最好是隔着一堵厚实的墙，即使牺牲一些己类分到对方也无所谓。观察图 6-5，有两个蓝点位于右侧中部，这里主要是红点的区域。如果是利用逻辑回归来找判定边界，因为它想要“尽可能地要求所有值都正确分类”，所以它会尽力将这两个点也划分正确，导致判定边界变得比较窄，大量点位于边界附近。而支持向量机“对错误承受能力相对较高，它的目的是将边界更可能多地拓宽”，所以它牺牲了右侧中间这两个蓝点，选择更宽的边界。

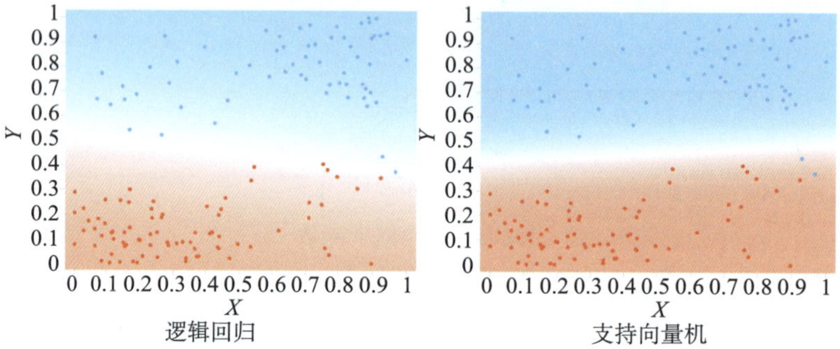

图 6-5 对错误分类的处理比较

最后需要说明的是：支持向量机给出的结果就是 1 或 0，逻辑回归给出的是概率值。换句话说，逻辑回归没有给出绝对的预测，它没有帮你做决定，你需要根据概率自己去决定结果应该是 1 还是 0。而支持向量机明显帮我们做出了决定。

6.1.4 核

1. 为什么使用核

在前面的例子中，我们通过一条直线就可以进行比较好的分类，但是如果要分类的问题是如图 6-6 所示的呢？

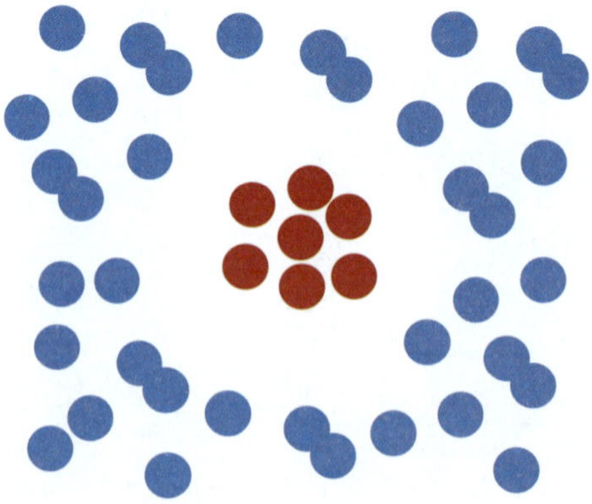

图 6-6 非线性问题怎么划分

我们没办法用一条直线将两者进行分类。遇到这种情况怎么办呢？如图 6-7 所示，如果能将中间的红点提起来，是不是就可以使用一个平面作为分界面来分类了呢？答案显然是可以的。

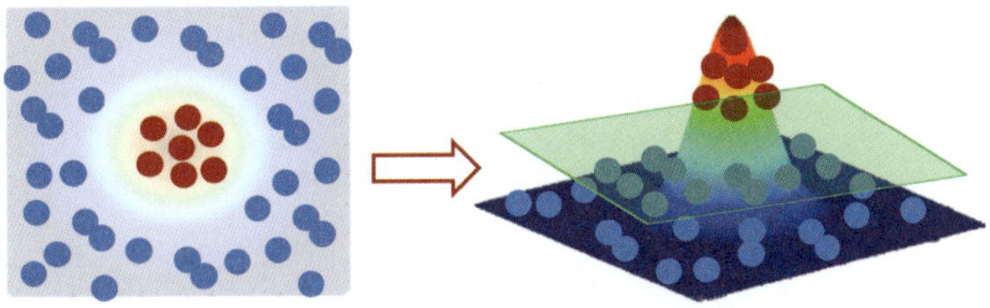

图 6-7　将低维平面映射到高维空间

但是怎么提起来这些点呢？这个时候就需要“核”了。最常用的是利用高斯函数作为核（Radial Basis Function kernel，RBF kernal），如图 6-8 所示。

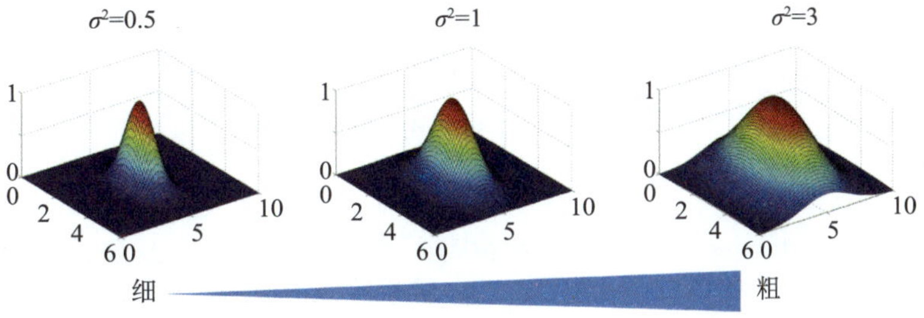

图 6-8　高斯核

2. 什么是核

简单来说，使用核将数据转换为另一个维度，该维度使数据类之间具有更明确的划分边界。其实就是将在 n−1 空间中不能线性分离的数据在 n 维空间中线性分离。

使用核函数（比如这里的高斯函数）将原始二维数据变换到三维空间，就能将原始数据中想要的部分提起来，从而使用平面（准确地说是超平面）将数据线性分类。

图 6-8 中的 σ^2 代表高斯函数的方差，方差越大，高斯函数越“胖”。可以想象，高斯函数越瘦，提起来的点越少，但是能更精确地控制提起来的那些点。高斯函数越“胖”，提起来的点越多，但是却只能更模糊地确定提起来哪些点。

前面叙述的没有使用核技巧的支持向量机，也经常叫做线性核。

6.1.5　线性核模型调参

支持向量机的模型出现了更多的超参数需要我们自己调节。为了调试出更好的模型，我们需要更深入地理解支持向量机的原理。

首先从最简单的线性核的线性分类入手。

以二维平面为例，利用一条直线就能将数据分为两类。比如一个线性分类器为：

$$f(x) = wx + b$$

如图 6-9 所示，判定边界为 $f(x)=0$，将两边数据可以很好地分类。将数据归一化，然后规定 $f(x) \geqslant 1$ 为一类，$f(x) \leqslant -1$ 为另一类。两条平行线 $f(x)=1$ 与 $f(x)=-1$ 之间的距离为支持向量机的边界宽度：

$$\text{Margin} = \frac{2}{\|w\|}$$

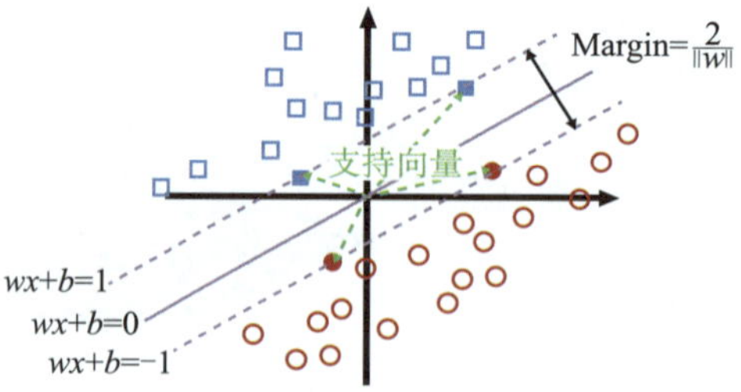

图 6-9　边界宽度

支持向量机想要让边界尽量宽，也就是要$\text{Margin}=\frac{2}{\|w\|}$尽量大，或者说是要使$\|w\|$尽量小。但是也要求不要有什么错误发生，也就是分类尽量要做对，即 Hinge Loss 尽量小。结合这两个要求，支持向量机正则化的损失函数可以写成：

$$\|w\|^2+C(\text{Hinge Loss})$$

其中，C是一个正则化参数且$C\geqslant 0$。支持向量机就是要最小化这个损失函数。其中$\|w\|^2$表示奖励宽的边界，越宽越好。而C（Hinge Loss）表示惩罚错误，错误越少越好。但是可以想象，边界越宽，必然带来的错误也越多，这个矛盾怎么解决呢？我们一般通过设置C来权衡利弊：

- C值小的话，损失函数受到 Hinge Loss 的影响小，也就是对错误的惩罚小，或者说对错误的容忍大，模型不那么严厉，从而使边界可以更宽。C如果等于 0，那 Hinge Loss 就完全没有影响了，对错误无惩罚。
- C值大的话，损失函数受到 Hinge Loss 的影响大，也就是对错误的惩罚大，或者说对错误的容忍小，模型更加严厉，从而要求边界更窄。C如果等于$+\infty$，损失函数就无穷大，对错误零容忍。

从结果上来看，可能会看到如图 6-10 所示的情况，C越大边界越窄，因为C大之后会更严厉地惩罚错误从而减少错误的可能性。

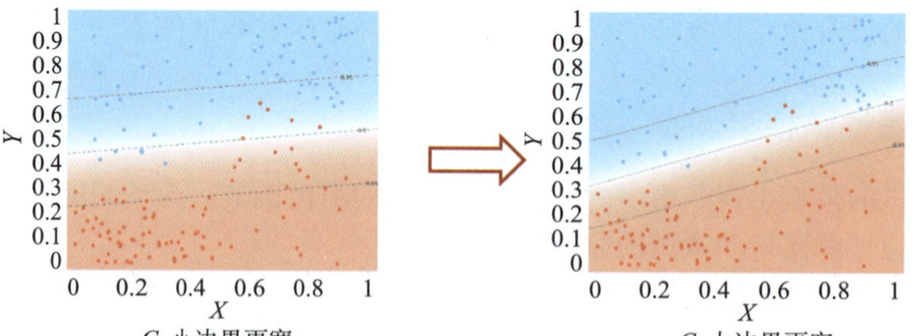

图 6-10　线性核 C 的影响

从图 6-10 可以看出，蓝点主要分布在右上角，红点主要分布在左下角。因为模型是由这些数据训练出来的，可以认为这些数据就是训练数据。C大导致分类错误较少，但是却让蓝点和红点的主体部分更接近边界。一般来说，其他非训练数据分布规律应该与训练数据分布规律相同或者相似，这样的话新的数据更可能会出现在点密度大的地方。如果C过大，更容易导致新的数据点判断出错，但是如果C太小也会导致现有训练数据分类错误过多的问题，所以需要找到一个大小合适的 C 来保证模型工作在理想的状态。C 可以理解为模型的训练严厉程度。

6.1.6　非线性核模型调参

1. 模型的严厉程度

下面再看看在非线性情况下，也就是使用核技巧时，模型的严厉程度会有什么表现。

首先需要明确，不管有没有核，损失函数总体上均采用如下形式，即想让边界更宽而错误更少：

$$\|w\|^2 + C(\text{Hinge Loss})$$

下面仅仅以 RBF 为例加以说明。C 的作用和线性模型时一样，从结果上来看，可能会看到如图 6-11 所示的情况。

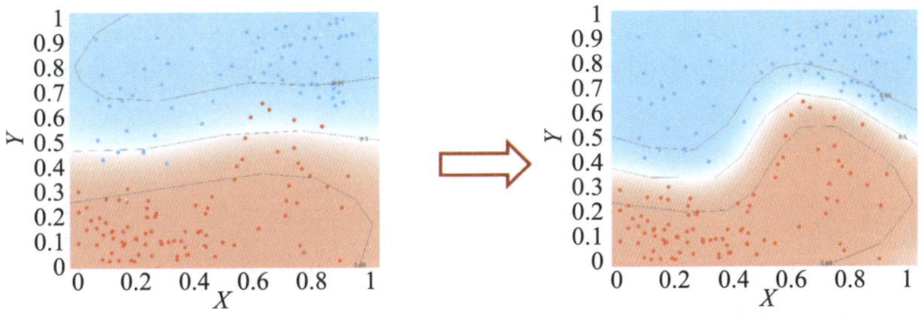

图 6-11　非线性核 C 的影响

C 数值太大导致训练过于严厉，为了少出错导致边界线弯弯曲曲的，容易产生过拟合。但是 C 数值太小也会导致训练数据分类存在错误过多的问题，所以需要找到一个合适的 C 来保证模型工作在理想的状态。

2. 数据的胆怯程度

再看看在使用核技巧的情况下，支持向量机的数据有多“胆怯”，也就是远离边界的点会不会“不敢”参与到分类中。

结合高斯函数的图形，我们可以发现方差越大，高斯函数越“胖”，峰顶的点影响范围越大。方差越小，高斯函数越“瘦”，峰顶的点影响范围越小。如果以山脚为判定边界，那就是说方差越大，离判定边界越远的点影响越大。这个影响范围，我们通过一个参数 gamma 或者 γ 来表示。对于高斯函数来说，γ 反比于其方差。我们可以通过设置 γ 来权衡单个数据的影响范围：

- γ 小的话，山峰更平坦，离判定边界远的点也会有影响，会更加积极地扩大势力范围。在这种情况下，就要综合考虑近的和远的点的影响，因为它们都想离边界远一些，而近的点是否划分正确并不是考虑的首要因素。
- γ 大的话，山峰更尖，只有离判定边界近的点有影响，远处的点不具有影响力，远处的点更加“胆怯”而不愿意参与到划分中。在这种情况下，就要尽可能使边界附近的点划分正确，而不太考虑远处的点的影响，从而导致边界更加弯弯曲曲。

从结果上来看，可能会看到类似图 6-12 所示的情况。从图上可以看出，当 γ 较小时，每一个点都不那么“胆怯”，都会积极扩张范围，它们的势力范围都很大，当遇到争端时，哪一边人多势众哪一边赢。当 γ 较大时，每一个点都比较“胆怯”，不敢扩张范围，当遇到争端时，离谁近谁就赢。

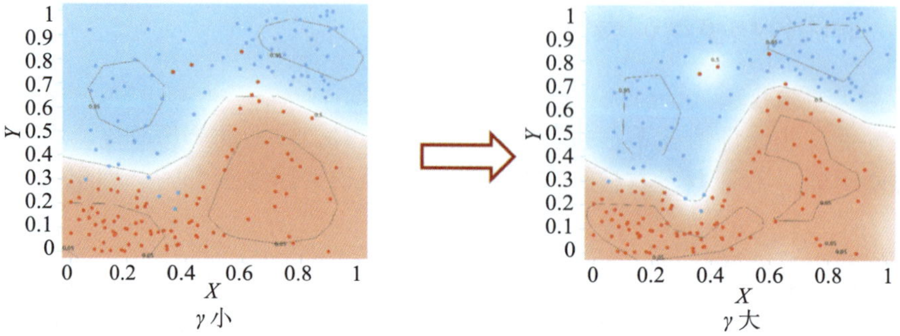

图 6-12　γ 的影响

γ 较大会导致边界线弯弯曲曲，容易产生过拟合。但是 γ 太小也会导致训练数据分类存在错误过多的问题，所以需要我们找到一个合适的 γ 来保证模型工作在理想的状态。γ 可以理解为数据的胆怯程度。

6.1.7　C 与 γ

从表现上看，两者较小都会导致边界“更直”，较大都会导致边界“弯曲”，但是其背后的原因是不同的。举个例子，想象每个数据都是一个人，模型是一种规矩，C 表示规矩严厉程度，γ 表示每个人有多胆怯，则判定边界就是根据规矩来判断是否犯错的准则。

6.2　SVM 初战

进入 Kaggle 乳腺癌诊断项目（https://www.kaggle.com/uciml/breast-cancer-wisconsin-data/home），下载数据，使用已经具备的 KNIME 知识，挑战一下自己。

6.2.1　问题说明

这个数据集使用了细胞核数字化图像的特征，包括半径、纹理等信息。其目的是诊断肿瘤性质（M = 恶性，B = 良性）。

6.2.2　建立工作流

首先根据已有知识建立如图 6-13 所示的工作流。这个工作流其实还是按照线性回归和逻辑回归的工作流思路建立的，首先使用“CSV Reader”节点读取数据，然后使用数据观察节点查看数据，划分数据集，接着进行模型训练、测试，最后查看模型结果评分。

下面我们简要看一看每一步的工作。

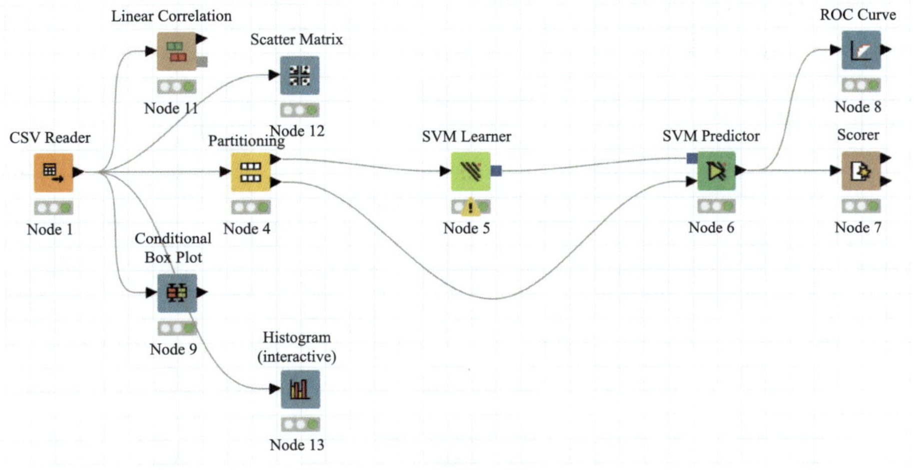

图 6-13 KNIME 工作流

6.2.3 数据观察

1. 散点图

首先通过散点图矩阵大致看下各个数据的关系。右击“Scatter Matrix”节点，在弹出的快捷菜单中选择“View：Scatter Matrix”命令，在打开的界面中观察各个特征之间的关系，如图 6-14 所示。再选择更多其他特征，看看能发现什么吗？

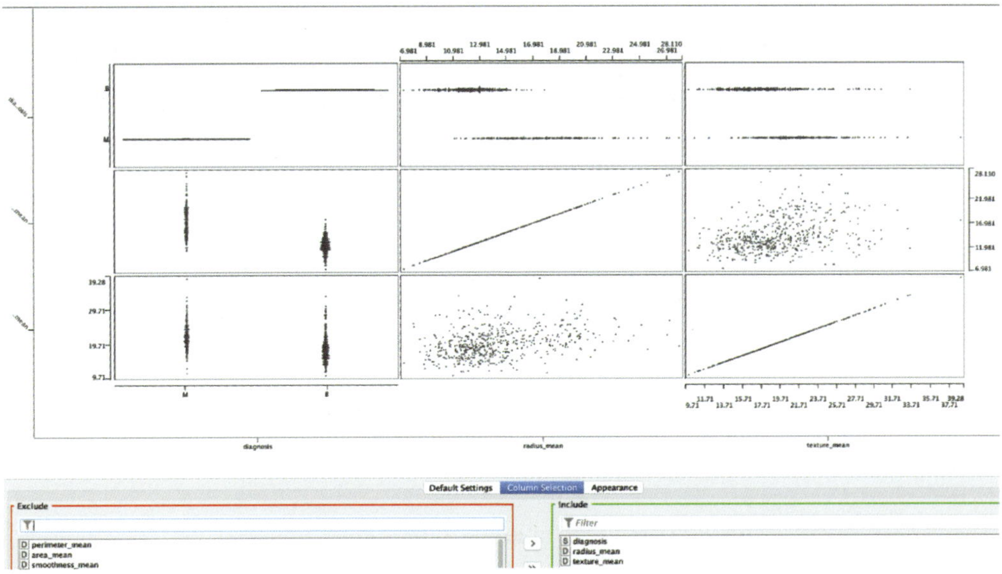

图 6-14 散点图矩阵

2. 线性相关性

右击“Linear Correlation”节点，在弹出的快捷菜单中选择“View：Correlation Matrix”命令，在打开的界面中观察相关性矩阵，如图 6-15 所示。这里需要注意的是，因为目标“diagnosis”是用字母 B 和 M 表示的，所以 KNIME 无法知道它和特征的关系，导致没有相关性数值。

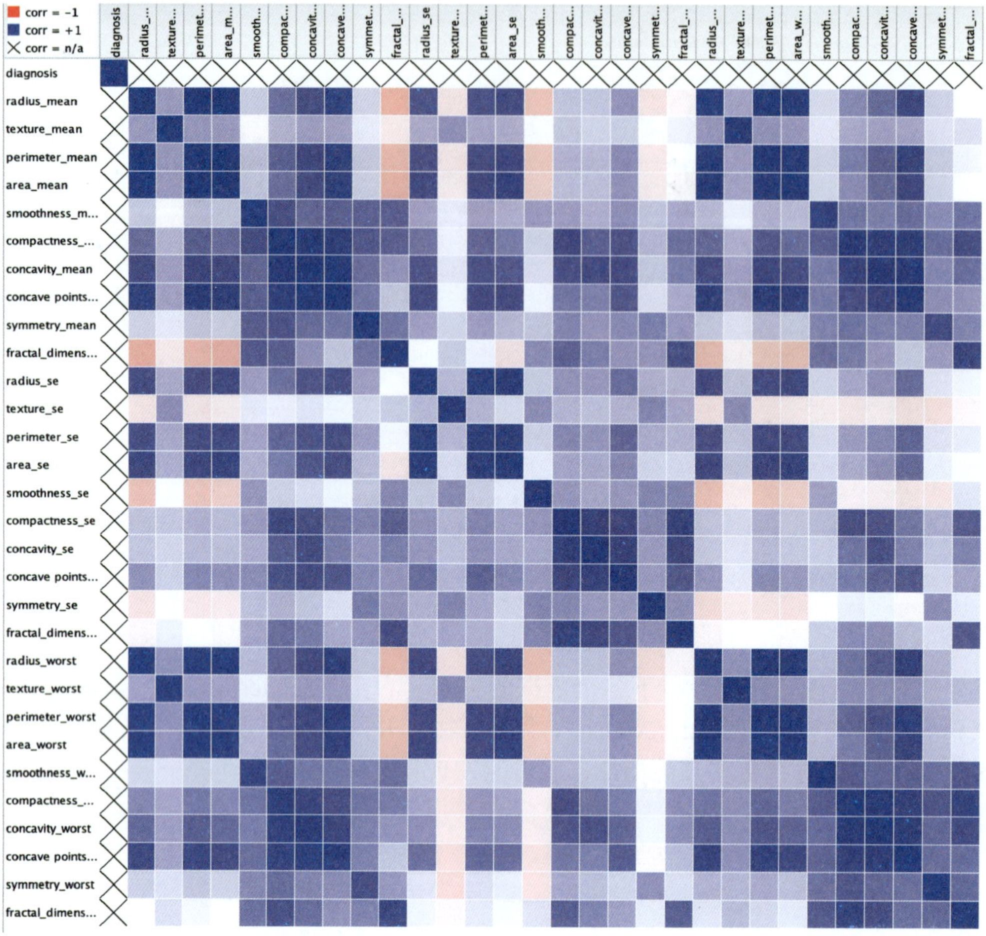

图 6-15　相关性矩阵

3. 条件箱线图

双击“Conditional Box Plot”节点，按图 6-16 所示设置“Nominal column”为目标“diagnosis”，这样将会以目标为条件划分数据，用来画图。可以在“Numeric column”中选择一个自己想要观察的特征。

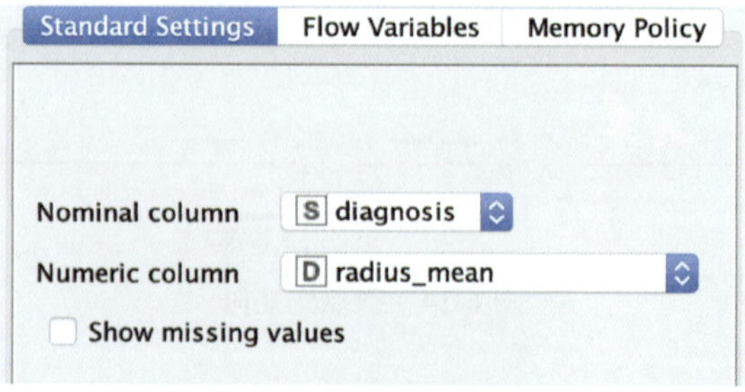

图 6-16　设置条件箱线图

右击此节点，在弹出的快捷菜单中选择“View：Conditional Box Plot”命令，观察结果。在图 6-17 中可以发现，此特征在不同肿瘤情况下数据分布有较大不同。

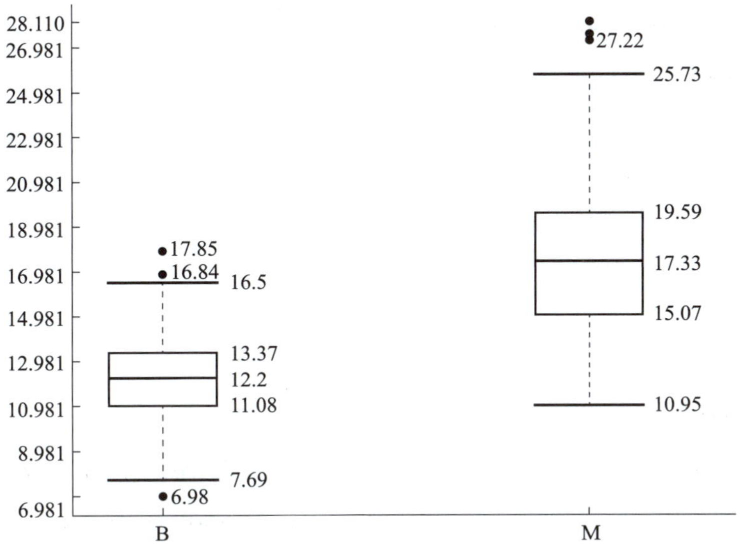

图 6-17　条件箱线图

4. 直方图

右击“Histogram（interactive）”节点，在弹出的快捷菜单中选择“View：Interactive Histogram View”命令，可以观察数据的直方图，如图 6-18 所示。

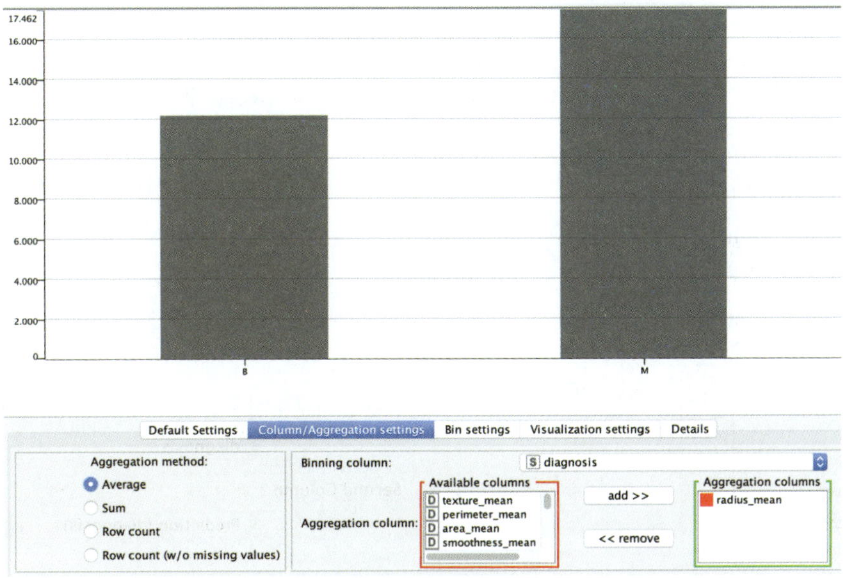

图 6-18　直方图

6.2.4　模型训练与测试

双击“SVM Learner”节点，这里按图 6-19 所示直接选择默认设置即可。

接着双击“SVM Predictor”节点，在打开的界面中勾选“Append columns with normalized class distribution”选项（见图 6-20）即可。

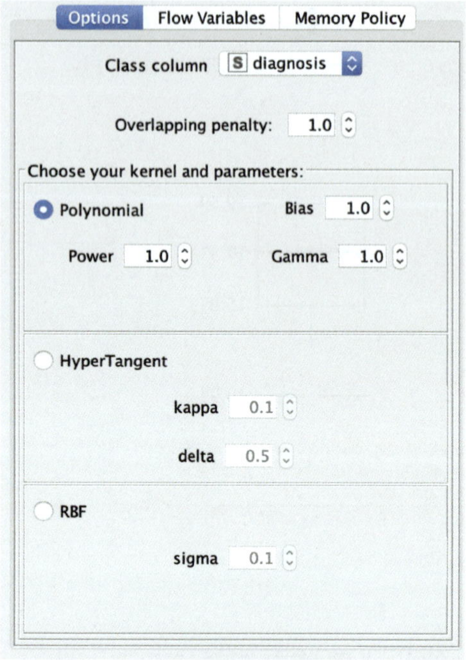

图 6-19　模型设置

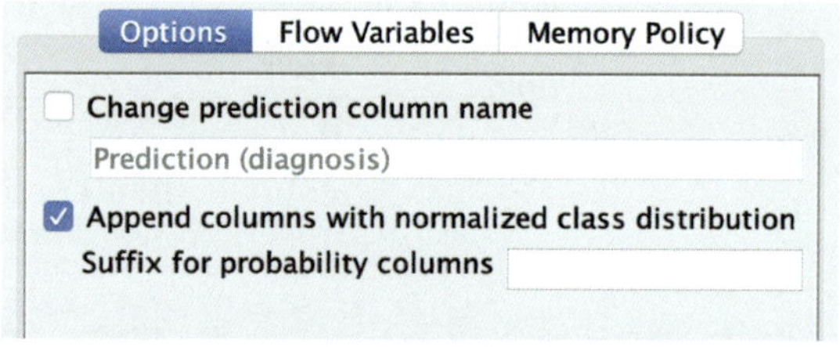

图 6-20　“SVM Predictor”节点设置

6.2.5　观察结果

我们可以通过“ROC Curve”节点和“Scorer”节点观察结果，节点设置如图 6-21 及图 6-22 所示。

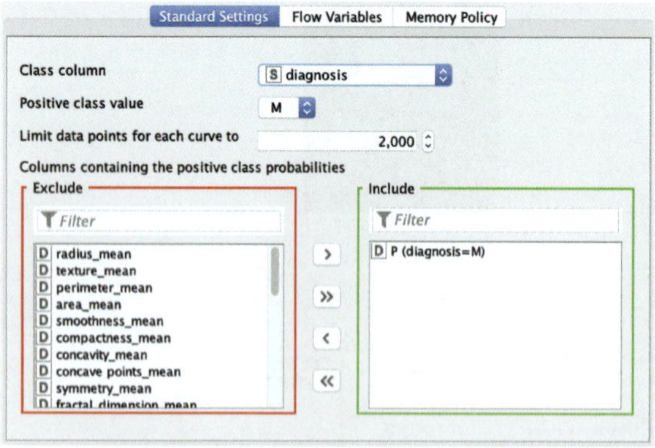

图 6-21　“ROC Curve”节点设置

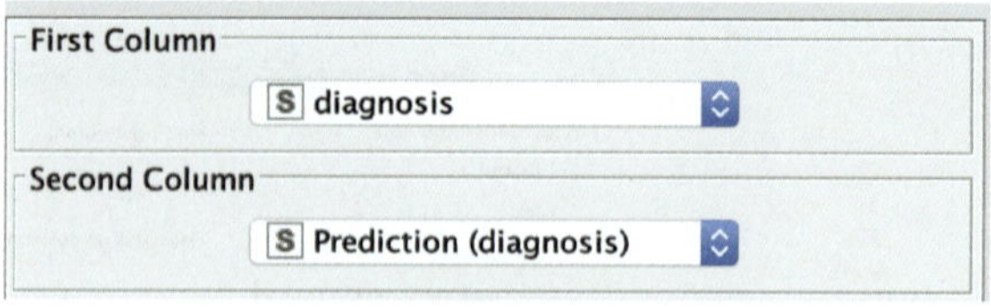

图 6-22　“Scorer”节点设置

如图 6-23 和图 6-24 所示，分别从 ROC 曲线及混淆矩阵结果看，我们的模型相当不错。

这部分中，我们简单地使用线性回归和逻辑回归的知识与技巧，就完成了一个支持向量机的问题。

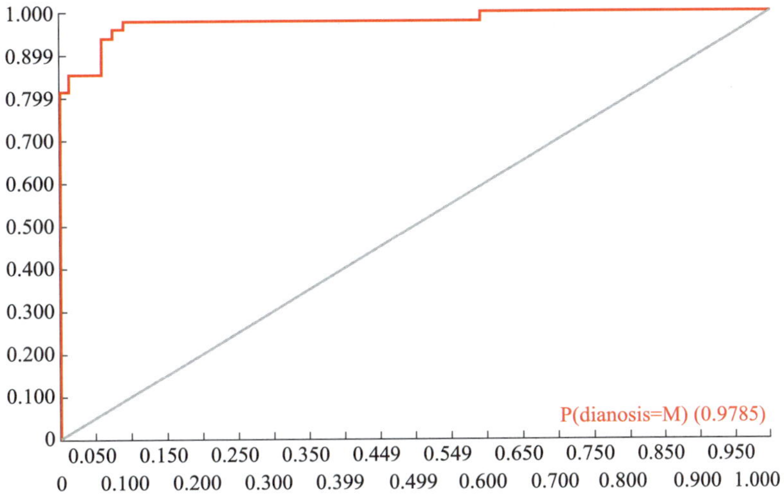

图 6-23　ROC 结果

diagnosis ...	M	B
M	44	4
B	4	62

图 6-24　混淆矩阵结果

6.3　支持向量机解决泰坦尼克号问题

6.3.1　归一化

归一化对于支持向量机至关重要。由前面所述可见，支持向量机是基于数据的几何分布而分类的。以二维平面为例，如图 6-25 所示，如果 X 方向可变范围可以很大，而 Y 方向可变范围很小，将会导致边界距离主要由 X 分量决定，Y 分量不起太大作用。因为 Y 的微小变化就相当于 X 很大范围的变化，模型对 Y 极为敏感。这就需要使用第 3 章介绍过的归一化技术了。

归一化后，如图 6-26 所示，X 和 Y 大小相近。一般来说，归一化提高了梯度下降算法寻找最优解的速度。

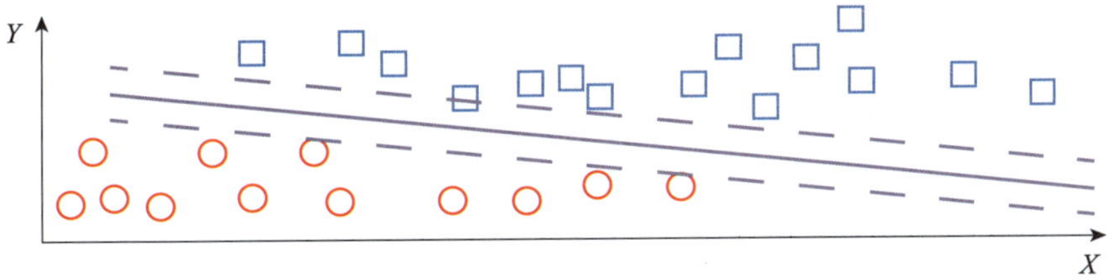

图 6-25　X 与 Y 大太多

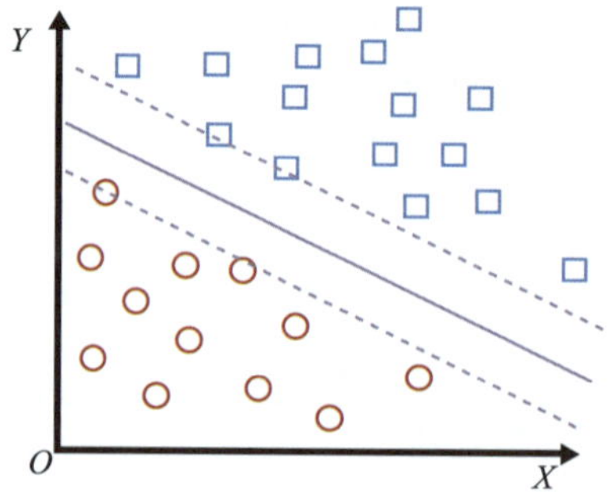

图 6-26 归一化后 X 与 Y 大小相近

6.3.2 核函数

从应用角度来看核函数，注意以下几点。

- 支持向量机有不同的核函数可以选择，一般来说可以先尝试使用线性核，因为它计算速度更快。
- 如果线性核不能满足要求，那么可以考虑使用非线性核：高斯核给出的结果不会比线性核差；如果特征很多，那就没有太大必要采用非线性核，它不一定能给出更好的效果。

6.3.3 新建工作流

使用前面学习过的KNIME知识，建立一个使用支持向量机的工作流应该不是什么难事，其工作流如图 6-27 所示。

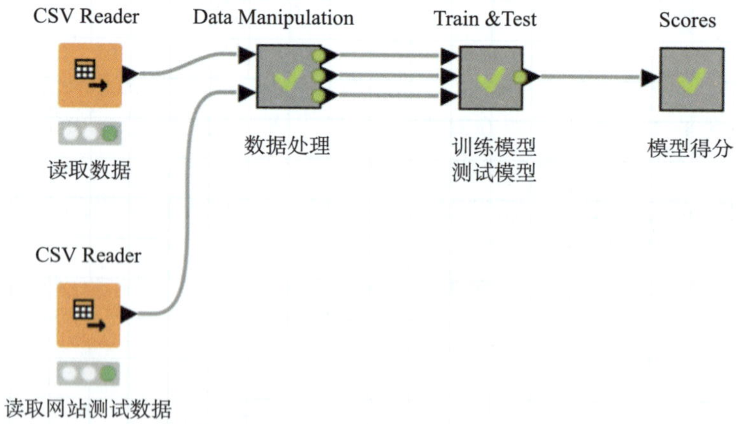

图 6-27 建立工作流

1. 数据处理

模型训练之前首先要做一下数据处理。类似于逻辑回归的工作流，如图 6-28 所示这部分工作流输入数据上路为 Kaggle 的训练数据，下路为 Kaggle 的测试数据。这两路数据经过同样的数据处理过程，输出结果提供下一步工作流。输出结果分为三部分，由上到下分别为训练数据、测试数据和 Kaggle 测试数据。

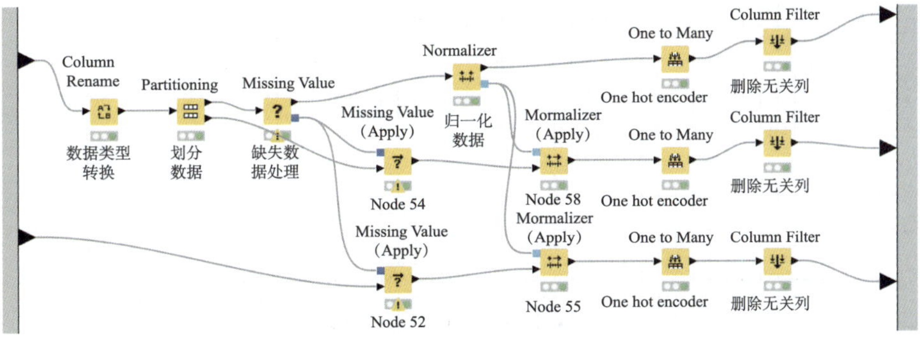

图 6-28　数据处理

这部分的大量内容前面都已经有过介绍，相同或相似的部分将会仅做简要说明。

1）数据类型转换

如逻辑回归中讲述，首先需要将是否生存（Survived）数据转换为分类数据，在KNIME中就是将其转换为 StringValue。这一步操作通过“Column Rename”节点完成。

2）数据缺失处理

如逻辑回归中讲述，这部分的工作一样，由“Missing Value”节点完成。这部分在逻辑回归中留下了一个严重的小问题，当时留为作业希望大家处理，这里我们就直接给出答案。这里主要应用了“Missing Value”和“Missing Value (Apply)”节点。为什么不能仅仅使用“Missing Value”呢？其原因在于不可以使训练数据的任何信息泄露给测试数据。如果在分离训练数据和测试数据前使用“Missing Value”，相当于所有数据参与到了数据填充中，这样的话就是同时使用了未来的训练数据和测试数据，必然导致训练数据信息泄露到测试数据。所以我们必须仅仅在训练数据中采用“Missing Value”节点，然后将这个仅仅由训练数据得到的填充方法应用于其他数据，也就是使用 Missing Value (Apply)”节点。

3）数据归一化

这部分内容前面已经介绍过，这里需要着重指出的是，“Normalizer”节点一定要使用训练数据，然后将“Normalizer (Apply)”节点应用于其他节点。

4）独热编码（One Hot Encoder）

在逻辑回归中，我们使用了哑变量来处理分类数据，那个时候这个过程是 KNIME 自动帮助我们完成的，其实这个处理就是进行了独热编码。在 KNIME 的支持向量机模型中，模型不能自动生成哑变量，我们需要自己通过独热编码来生成哑变量。

独热编码简单来说就是有多少个状态就有多少比特，而且只有一个比特为1，其他全为0，通常用它来处理分类数据。比如性别的划分，有男人和女人，就可以分别编码为 01 和 10。

现在来看看使用 KNIME 该怎么处理。双击“One to Many”节点，按图 6-29 所示进行设置。

这里选择“Sex”和“Embarked”进行转换，其他分类变量不处理，因为我们会将其他列过滤掉。而且需要选中“Remove included columns from output”选项，将转换前的数据列删除。观察转换后的结果，如图 6-30 所示，可见新的数据表。

可以发现，数据表中添加了几列：male、female 和 S、C、Q。而且观察每组数据中 1 的数目，是不是满足独热编码的要求？

看到这里，你是否觉得这个结果很像前面介绍的哑变量？

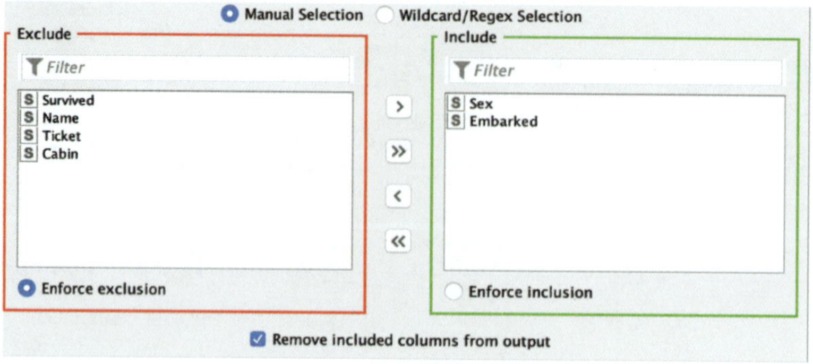

图 6-29　独热编码设置

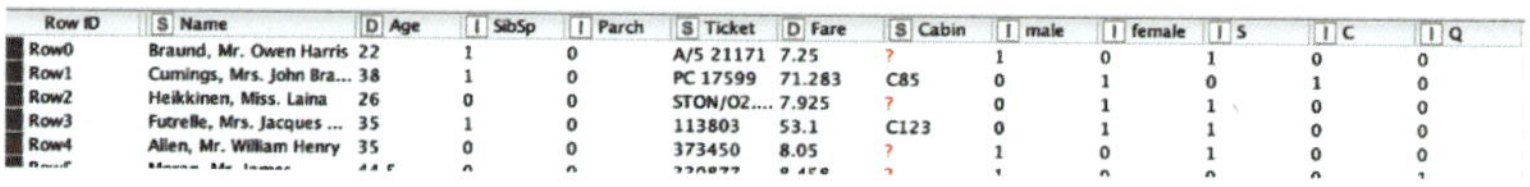

Row ID	Name	Age	SibSp	Parch	Ticket	Fare	Cabin	male	female	S	C	Q
Row0	Braund, Mr. Owen Harris	22	1	0	A/5 21171	7.25	?	1	0	1	0	0
Row1	Cumings, Mrs. John Bra...	38	1	0	PC 17599	71.283	C85	0	1	0	1	0
Row2	Heikkinen, Miss. Laina	26	0	0	STON/O2....	7.925	?	0	1	1	0	0
Row3	Futrelle, Mrs. Jacques ...	35	1	0	113803	53.1	C123	0	1	1	0	0
Row4	Allen, Mr. William Henry	35	0	0	373450	8.05	?	1	0	1	0	0

图 6-30　编码后的数据

在处理分类数据，比如职业、性别等信息时，并不能够定量处理，需要采取一定方法将其量化。这种“量化”通常是通过引入“哑变量”（Dummy Variable）来完成的。根据这些因素的属性类型，构造只取“0”或“1”的人工变量。

5）过滤数据

数据处理的最后一步，就是将不需要的数据列过滤掉。双击“Column Filter”节点再进行设置。

注意哑变量要求，如果某个特征转换可能取值个数为 n，此特征对应的哑变量个数则为 $n-1$。所以这里的性别只能选择一个，登船地点也要删除一个。

2. 训练与测试

这部分的工作流如图 6-31 所示。

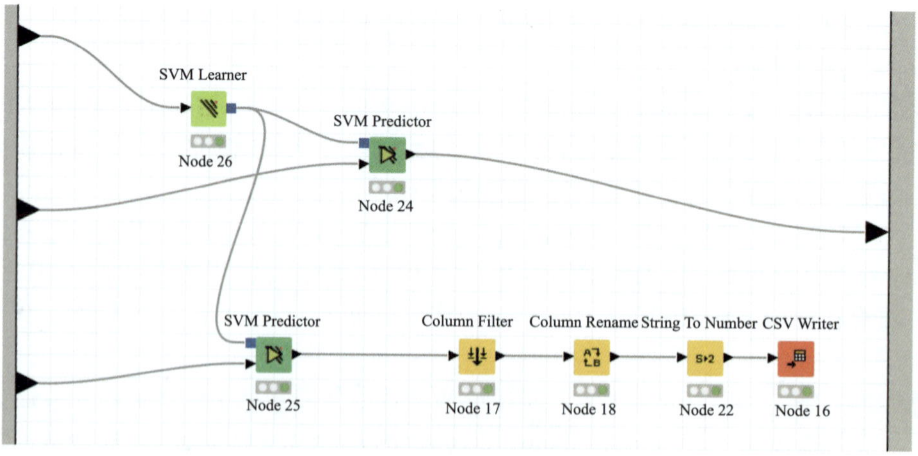

图 6-31　模型的训练与测试

可以发现这个工作流与之前逻辑回归的工作流有一点不同，即学习器从“Logistics Regression Learner”变成了“SVM Learner”。这个不同是容易理解的。

6.3.4　*C* 参数

接下来最重要的就是调参了，打开支持向量机节点的设置，可见如图 6-32 所示的界面。

KNIME 的 *C* 参数使用的是 “Overlapping penalty”，它代表模型的严厉程度，越大越严厉，导致边界窄且容易过拟合。这里我们将其设置为了 1.5，另外我们也可以尝试 0.1、0.5、1、1.5 和 2，看看对结果有什么影响。从结果可以查看，精确度都是 0.7989。这里变更 *C* 而结果没有什么变化，这个情况说明在使用线性核的情况下，模型很难通过改变边界宽度来改善，我们需要考虑使用更复杂的核。

1. 多项式核

如图 6-33 所示，当幂（Power）大于 1 时采用的就是多项式核。

在 “Polynomial” 中设置：

- Power = 1 使用线性核，Power > 1 则表示使用非线性高阶多项式核。
- Bias 表示偏置。如果数据不是相对于 0 对称的话，使用偏置将其对称。比如 [0，2] 使用偏置 -1，将其调整到 [-1，1]。
- Gamma 如前所述，就是数据的 “胆怯” 程度，其值越大表示越 “胆怯”，导致数据势力范围越小而且容易过拟合。

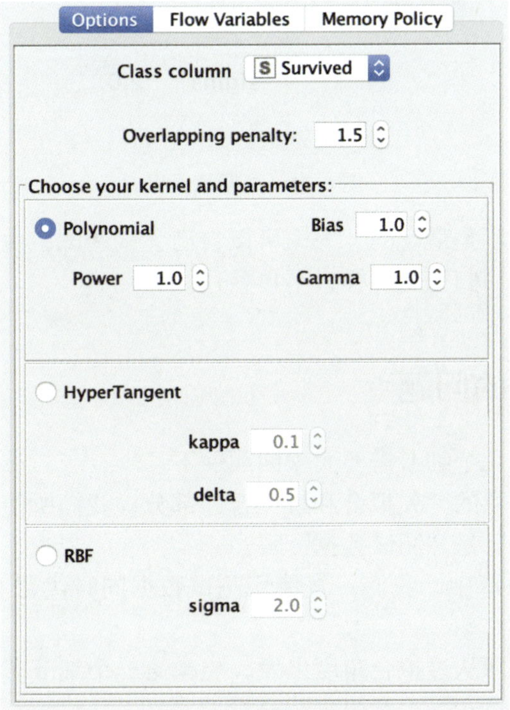

图 6-32　模型设置界面

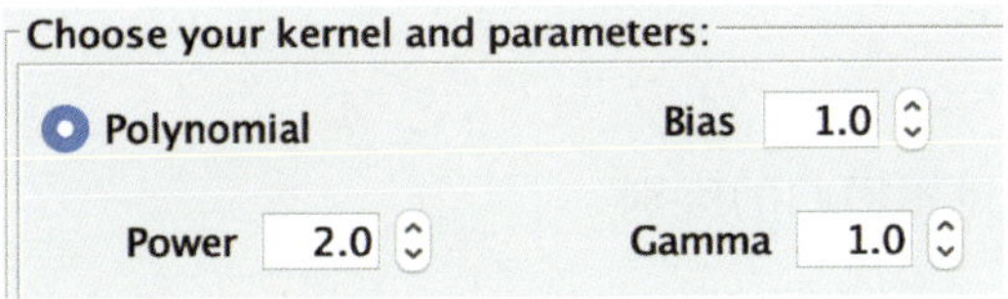

图 6-33　设置多项式核

如图 6-33 所示，这里尝试 C 值保持 1.5，“Power”设为 2，通过查看结果可知精确度变为 0.7933。为了防止过拟合的发生，这里暂时保持“Power”为 2，接着再调整 C 试试。尝试 C 为 0.1、0.5、1、1.5、2、5，观察结果会有什么不同。通过运行几种模型，可以发现准确率分别为 0.80447、0.80006、0.79888、0.79333、0.79333。数据这个趋势可以发现，随着 C 值的增大，模型对训练数据要求过于严格，更容易导致过拟合。

下一步保持 C 值为 0.1，Power 为 2，试着将“Gamma”分别设为 0.1、0.5、1、1.5、2、3，则准确率分别为 0.79888、0.79888、0.80447、0.81006、0.81564、81006，随着 Gamma 的增大，模型的准确率从低到高，又从高到低，说明模型从欠拟合慢慢变得合适，接着又变得过拟合了。这里最终选择对应的精确度最高的 Gamma，即 Gamma=2。

类似方法可以调整 Bias，最后选择 Bias 为 1。

通过这个过程的超参数调节，我们慢慢地可以建立起对模型的理解。接下来根据上面的分析思路和方法，继续优化一下高斯核。

2. 高斯核

高斯核即 RBF，设置参数只有“sigma”，而“sigma”其实反比于“Gamma”，如图 6-34 所示。这里不再赘述。此处选择 RBF，“sigma”设置为几个不同的值试试，看看对模型有什么影响。

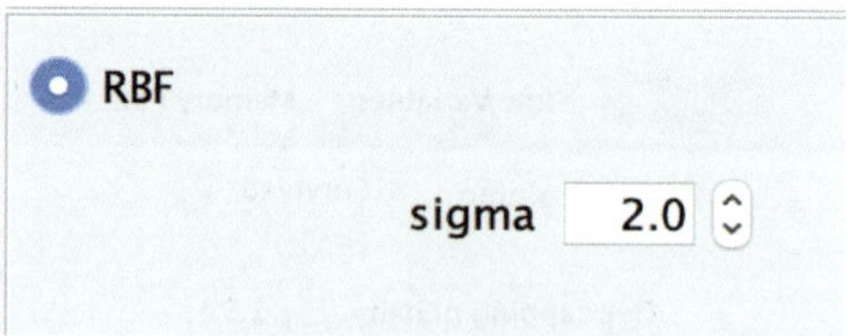

图 6-34　高斯核设置

这里设置的参数肯定不是最优的，大家可以自己尝试调试，挑战一下 Kaggle 的成绩。

模型评价部分与逻辑回归完全一样，不再赘述。

6.4　一个重要的问题

问题分析到这里，有几个细节需要大家回顾一下。

第一个细节，在第 5 章的“欠拟合和过拟合”部分，我们所使用的“训练数据”和“其他数据”中的“其他数据”是“测试数据”吗？

另一个细节，在这一章中，我们一直使用测试数据同时优化 C、Gamma 等参数和模型中其他参数，这样做好吗？

从第一个细节出发，即从过拟合角度出发，想象第二个细节有没有问题。

思考这个问题，我们将在下一章中进行分析。

6.5　课后练习

1. 简述支持向量机和逻辑回归的区别。
2. 简述核的作用。
3. 举一个独热编码的例子。

第7章 决策树

三个臭皮匠顶个诸葛亮。

——民间谚语

知识点

- 决策树概念
- 提前结束
- 组合算法

7.1 决策树简介

决策树也称为分类树或回归树。叶子节点给出分类，内部节点代表某个特征，分支代表某个决策规则。构建决策树时通常采用自上而下的方法，在每一步选择一个最好的属性来分裂。“最好”的定义是使得子节点中的训练集尽量得“纯”。不同的算法使用不同的指标来定义“最好”。

7.1.1 决策树的优点

与其他的数据挖掘算法相比，决策树有许多优点：

- 易于理解和解释。
- 数据不需要归一化等处理。

- 易于可视化。

以我们熟悉的泰坦尼克号生存问题为例，其决策树可能如图 7-1 所示。

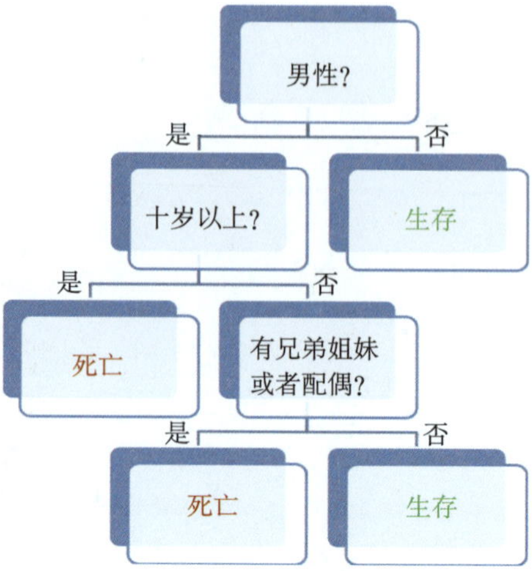

图 7-1　决策树

相信没有任何决策树知识的读者也能看出来这张图的意思吧！我们可以轻易地读出来：如果此人不是男性，则生存；是男性的话，如果十岁以上判断为死亡，否则……一图胜千言，这张图已经充分说明了以上三个优点了。

7.1.2　决策树的缺点

决策树的缺点有：

- 容易过拟合。
- 如果某些类别占据主导地位，则学习器构建的决策树会有偏差。因此推荐的做法是在数据集与决策树拟合之前先使数据集保持均衡。

7.1.3　防止过拟合

决策树算法的关键问题之一是最终树的最佳大小到底是多大。

- 树太小可能无法捕获有关样本空间的重要结构信息。比如熟知的泰坦尼克号生存问题，最简单地我们可以认为只要是男性就是死亡，否则就是存活。这棵树就只有两个树枝，不能更简单了，但是这棵树没有使用更多的特征来做预测，很难有足够的准确性。这个情况就会导致欠拟合。
- 树太大会考虑过多的细节，就像在支持向量机中的 C 参数设置太大，模型对训练数据的准确性要求过于严厉，却导致很难推广到新的样本，导致过拟合。

下面主要讨论过拟合问题及如何解决这个问题。

7.1.4　问题解析

假设我们要对如图 7-2 所示的数据做分类。

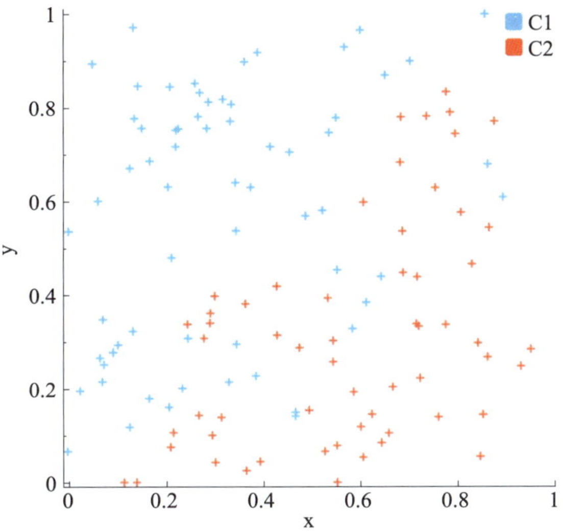

图 7-2　数据分布

其分类树的一种可能构造，如图 7-3 所示。

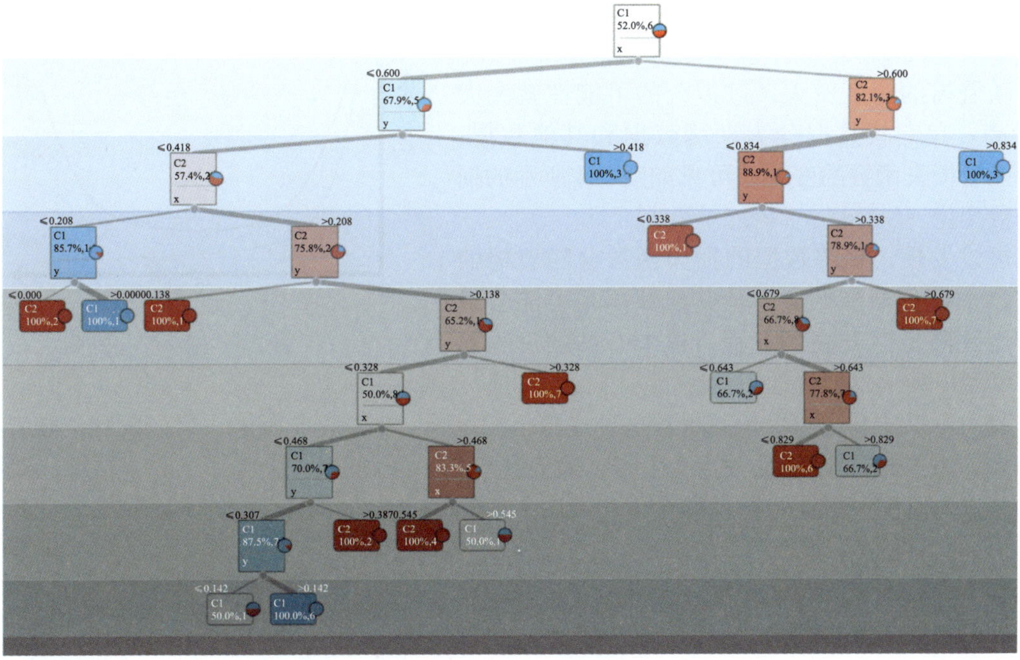

图 7-3　决策树结构

观察这棵树，可以问自己三个问题：

- 需要这么“深”的树吗？
- 随着节点深度的增大，错误率下降得够快吗？
- 某些节点的样本数目会不会太少了？

这三个问题就带给我们两种解决办法：

- 出现问题之前预防问题的发生。
- 出现问题之后解决掉问题。

这两种解决办法为：提前结束、剪枝。

7.1.5 奥卡姆剃刀

这两种方法的共同特点是减少树的大小，其哲学基础都可以看作奥卡姆剃刀。它是由 14 世纪英格兰的逻辑学家、圣方济各会修士奥卡姆的威廉（William of Occam，约 1285 年至 1349 年）提出的。这个原理称为“如无必要，勿增实体”，即“简单有效原理”。

7.1.6 提前结束

首先来看看提前结束，顾名思义，就是不要把树构建到最后一层，而提前结束构建。提前结束有以下三种方法：

- 限制树的深度。
- 根据错误率决定是否结束。
- 节点中的数据过少。

1. 限制树的深度

随着树的深度变大，过拟合的可能性就会大大提高。我们将数据分为训练数据和其他数据，观察两者损失函数的变化，可见如图 7-4 所示的损失函数变化。

可以发现，训练数据的损失函数会随着树的深度增加而逐渐降低，但是其他数据很可能会经历一个先降低后升高的过程。这个升高的过程就说明模型出现了过拟合的问题。

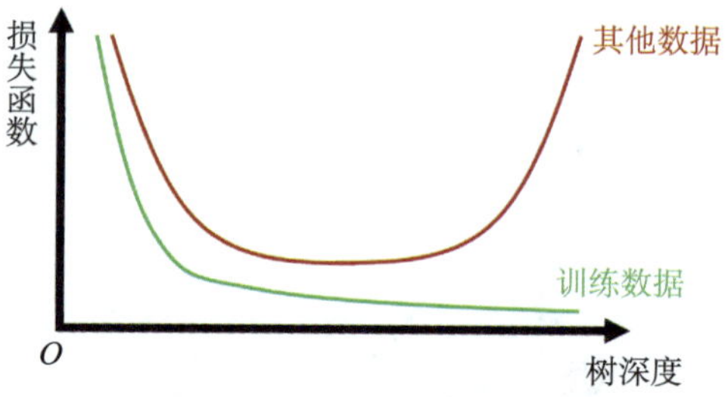

图 7-4 树深度与模型

我们可以从判定边界角度看看这种过拟合的风险。如图 7-5 所示，可以发现，随着深度的增加，边界越来越复杂。当 d=1 时，边界仅仅是一条线。但是当 d=7 时，情况已经相当复杂，这个时候很可能已经过拟合了。

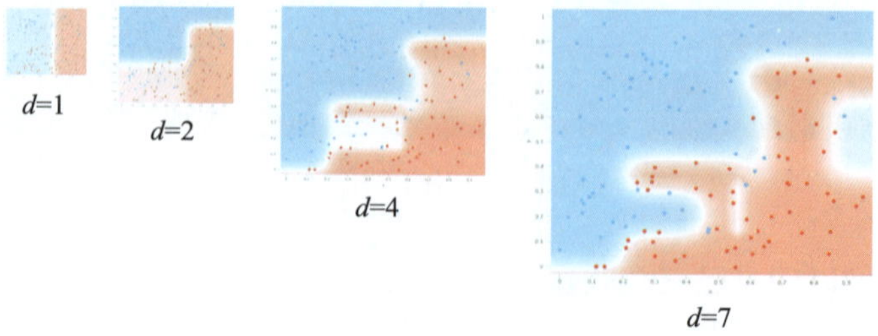

图 7-5 判定边界与模型复杂度

将数据分类的判定边界图与损失函数变化图画在一起，其关系近似如图 7-6 所示。

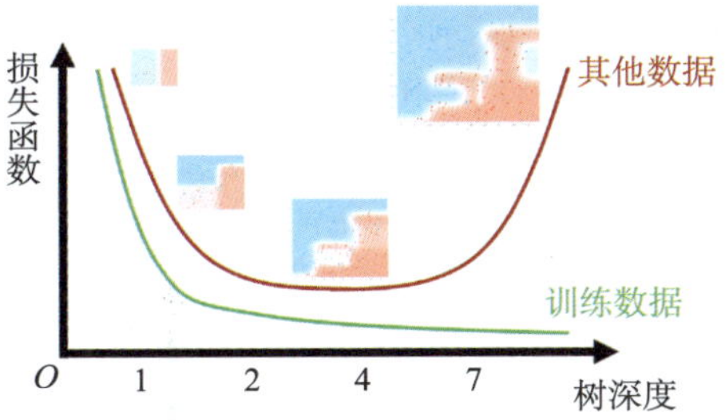

图 7-6　判定边界与损失函数

为了降低过拟合的风险，我们可以选择在合适的深度位置停止树的生长，最好的位置当然就是选在其他数据的损失函数最小的位置了，在图 7-6 中，对应深度为 4 的情况。

2. 超参数

类似树深度这种不能通过训练由模型学习到的参数叫做超参数（Hyper Parameter）。这类参数主要根据我们自己的经验来选择，而不是通过模型学习来的。比如前面介绍过的学习率、支持向量机的 C 等，都是我们试出来的，不是靠数据代入模型学习出来的。

在第 6 章的结尾，问了大家一个问题：可以使用测试数据同时优化超参数和模型参数吗？

回顾测试数据的要求：绝对禁止使用测试数据进行训练！测试数据要对模型的整个训练学习过程保持完全的彻底的“无知”！而在这里，我们如果使用测试数据来选择最佳深度，那就是将训练内容偷偷地告诉了测试数据，我们作弊了！所以我们绝对不能使用测试数据！

这个时候就产生了一个严峻的问题，不能用训练数据，还不能用测试数据，那怎么办呢？答案是我们需要验证数据集。比如说，可以将整个数据集分为：60% 的测试集，20% 的验证集和 20% 的测试集（见图 7-7）。训练集用来训练模型，验证集用来寻找好的超参数，测试集用来测试模型。

图 7-7　数据集划分

这样，模型训练就变成了如下步骤：

- 将数据集划分为训练集、验证集、测试集。
- 使用训练集调试超参数，训练模型。
- 使用验证集验证某组超参数能够达到满意的模型评价，确保不会对验证集出现过拟合。
- 使用测试集测试模型，确保不会出现过拟合等问题。

3. 错误率阈值

限制树的深度可能有一个问题，有的分支可能深一些更好，有的分支可能浅一些好，而深度限制操作却简单粗暴地只给了一个深度限制。所以另外一个方法就是根据分类的错误率决定是否结束。如果错误率降低到小于阈值那就停止。

如图 7-8 所示，随着错误率的升高，模型的复杂度降低（如树的深度会降低），所以错误率阈值很低的时候，很容易出现过拟合，也就是虽然训练集错误率很低但是验证集的错误率过高。当验证集的错误率最低时，可以认为模型的超参数应该处于这个范围内。当错误率阈值过高时，模型复杂度过低，容易导致欠拟合。

4. 样本数阈值

另一个极其重要的提前结束的方法是样本数阈值。数据分类到一定时候，数据量已经很少，不具备足够的代表性了，这个时候就结束树的生长。这个方法建议强制应用，而且也是很多机器学习工具默认使用的。比如样本数已经小于 5 了，这个时候这 5 个样本表现出来的区别有多大代表性呢？其实很值得怀疑。如图 7-9 所示，随着样本数阈值从低到高，模型从过拟合渐渐过渡到欠拟合。

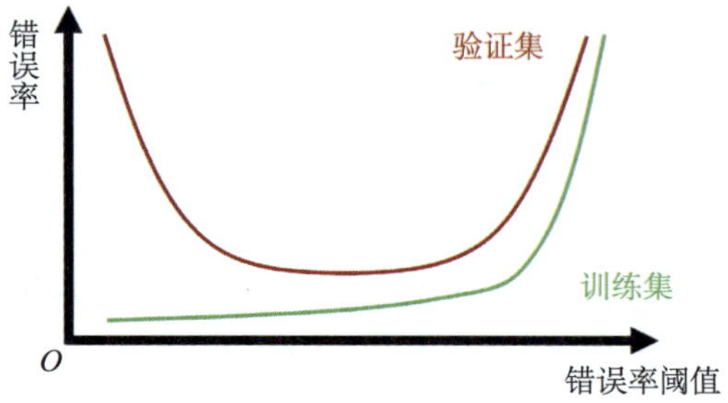

图 7-8　错误率阈值

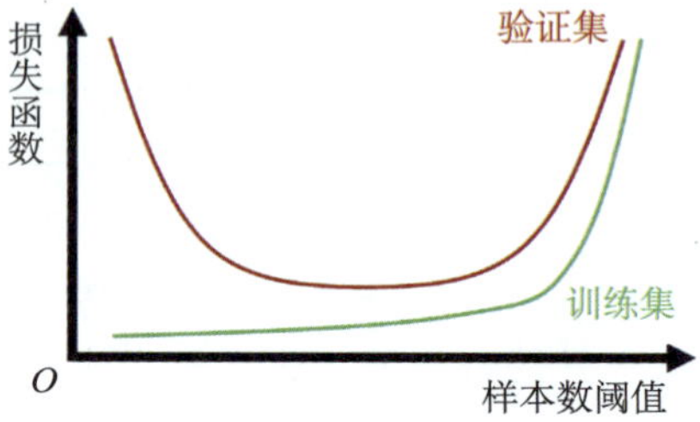

图 7-9　样本数阈值

5. 提前结束的优缺点

提前结束树的训练优点很明显，就是不需要完全展开所有数据，训练速度快。但是缺点也很明显，我们不知道什么时候应该结束，可能结束太早，导致欠拟合（过拟合的反面）。

你可能会想，怎么可能结束得太早呢？从前面的图中可以很清楚看出啊，但是前面展示的图太理想了，真实的情况可能比图 7-10 所示还糟糕。

为了防止过于提前结束，我们可以用剪枝的方式解决欠拟合问题。实际上，提前结束也叫预剪枝，这里说的剪枝也叫后剪枝。

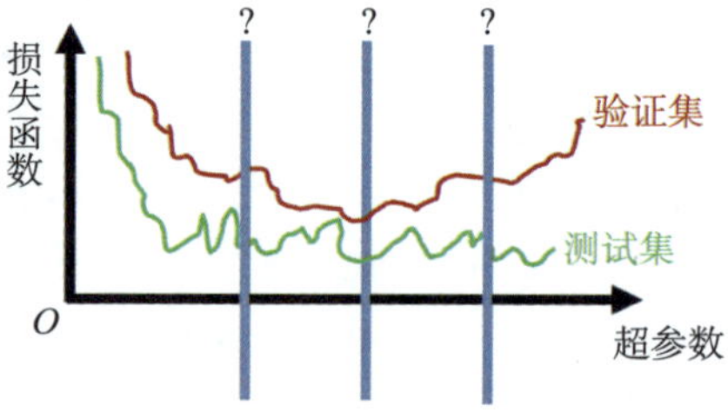

图 7-10　比真实损失函数还要好得多的情况

7.1.7　剪枝

剪枝（Pruning），顾名思义就是把细枝末节剪掉，防止模型陷入细节。最基本的方法就是先将整个树长出来，然后根据错误率修剪掉不需要的枝叶，如图 7-11 所示。

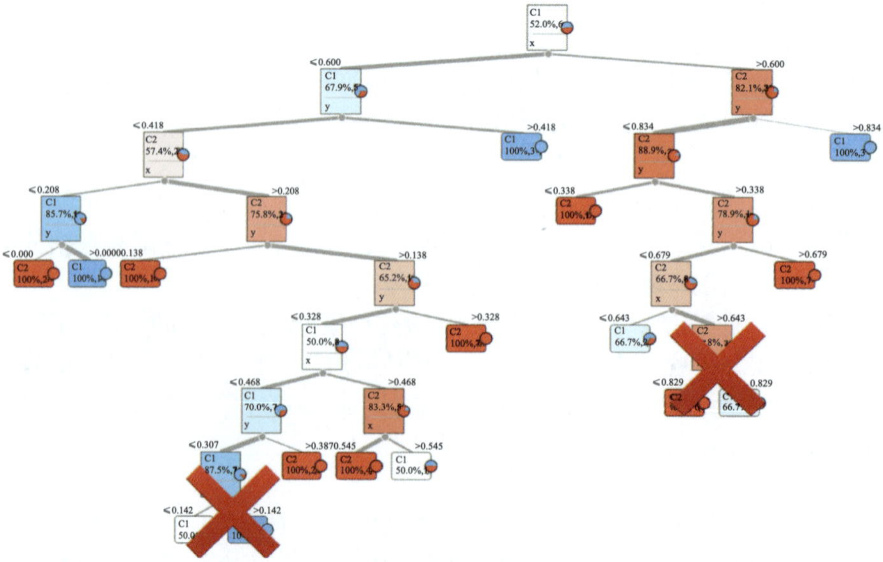

图 7-11　剪枝

剪枝删除树的细枝末节以减小决策树的大小，从而降低最终分类器的复杂性，因此可通过减少过拟合来提高预测精度。

这里介绍一种后剪枝技术。如果父节点错误率比子节点少就剪掉子节点，也就是子节点不能降低错误率那就不要子节点了。

如图 7-12 所示，其中，节点中红色数字代表此节点的错误率，蓝色节点代表如果此节点继续分叉，子节点的平均错误率是多少。先看根节点，它的错误率是 0.4，其子节点平均错误率为 0.3，而且此节点错误率大于分叉后的错误率，所以可以继续分叉。接着观察右侧旁支，其错误率也大于子节点平均错误率，所以可以继续分叉。再来看看左侧旁支，这个节点分叉后，导致错误率上升，从本节点的 0.6 上升到了 0.8，所以这种情况下就不需要再分叉了，需要将此节点的两个分支删除，也就是对其剪枝。

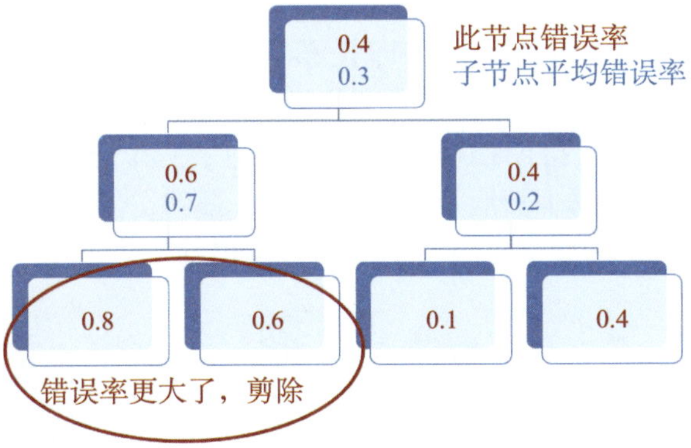

图 7-12　根据错误率判断

通过剪枝，可以有效防止过拟合问题，所以建议在模型训练时做剪枝操作。

7.1.8　组合算法

如果模型不能很好地分类，就是一个弱分类器，否则就是强分类器。模型简单了不准，复杂了也不准，怎么办？模型可以做到“三个臭皮匠赛过诸葛亮”吗？弱分类器可以组合成强分类器吗？

组合算法（Ensemble）使用若干个弱分类器组成一个强分类器，试图达到“三个臭皮匠赛过诸葛亮”的效果。它可以提高模型的准确率和健壮性，主要有三种方法：

- 袋装（Bagging）。
- 随机森林（Random Forest）。
- 提升（Boosting）。

1. 自助抽样

在理解上述三种算法前，我们先了解一下什么是自助抽样（Bootstrap）。自助抽样就是随机有放回的抽样。比如一个袋子里面放了不同颜色的球，从里面随机拿出来一个球记录一下颜色又放回去，接着再从袋子里随机拿一个出来记录后再放回去，如此反复。例如图 7-13 所示的果篮，从中取出一个水果，记录一下是什么水果但是没吃掉又放回去了，然后再取出一个水果再记录，完成三碗水果的抽样。

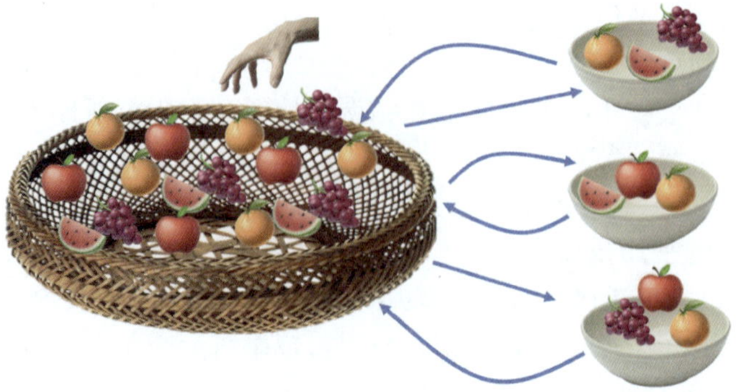

图 7-13　自助抽样

2. 袋装

这里介绍一种最简单的袋装方法，即投票方法。从训练集中自助抽样出 n 个样本集，建立 n 个决策树模型，然后这几个模型投票决定结果，如图 7-14 所示。比如说泰坦尼克号模型，假设进行了三次自助抽样，对应地使用了三个分类器，分别对一个数据给出"生""生""死"的预测。根据少数服从多数的原则，最终分类结果为"生"。由于是投票决定的，为了防止平局，最好采取奇数次的抽样。

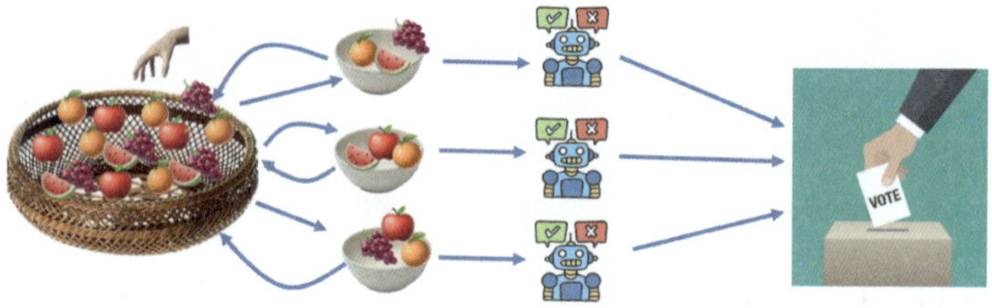

图 7-14　袋装使用投票方法

通过对几个模型的综合作用，可以在降低偏离的情况下同时降低方差，也就是准确性和健壮性都提高了。如图 7-15 所示，同样的数据和模型，在不同抽样情况下，某一个位置的判断可能是不同的。假设每一个结果都给出了一个可能的取值及其概率，最后袋装的结果就是将这些结果综合考虑，判断到底哪个取值的概率更大。

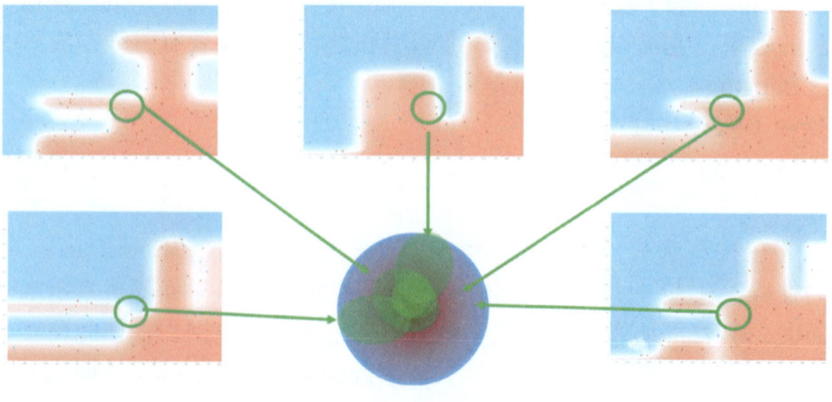

图 7-15　袋装方法

3. 随机森林

随机森林，类似袋装进行自助抽样，而且对特征也进行抽样，每次抽 m 个特征（m 一般为所有特征数的平方根）。对特征抽样是为了防止特征之间的相关性对模型的影响。

4. 提升 Boosting

与袋装类似，它们的基本思想、方法都是把多个弱分类器集成为强分类器。不过与袋装不同，袋装的每一步都是独立抽样的，而提升中每一次迭代则是基于前一次的数据进行修正的，提高前一次模型中分错样本在下次抽样中的概率。打个比方，就像一个学生将每次练习和考试的错题组合成了一个错题本，然后针对这个错题本进行学习。做了一次错题本之后，可能又根据错误总结出一个错题本，接着再用新的错题本进行学习，不断提高成绩。

如图 7-16 所示，假如想要找到最爱吃的水果，第一次随机选了几种水果，感觉一般，给出平均 0 分的差评。接着根据第一次的经验，重点选几个第一次感觉还不错的，尽量不选感觉不好的，再进行一次挑选，第二次的选择在第一次的基础上好了一些，给出了 1 分的评价。然后继续在第二次的基础上，继续挑选好吃的，尽量不选不好吃的，最终选出了 10 分好评的美味水果。

图 7-16　提升算法

7.1.9 Adaboosting

提升算法是数据分析中十分热门的算法，在 Kaggle 竞赛中有大量选手使用提升算法得出好成绩。这里介绍一下提升算法中较基础的一个算法 Adaboosting（Adaptive Boosting）即自适应提升，其自适应在于：前一个分类器分错的样本会被用来训练下一个分类器。我们通过图解来了解一下这个过程。假设对图 7-17 所示的两种颜色的点进行分类。

这个时候每一个数据的权重都一样，模型 f1 简单地按图 7-18 所示做了分类。

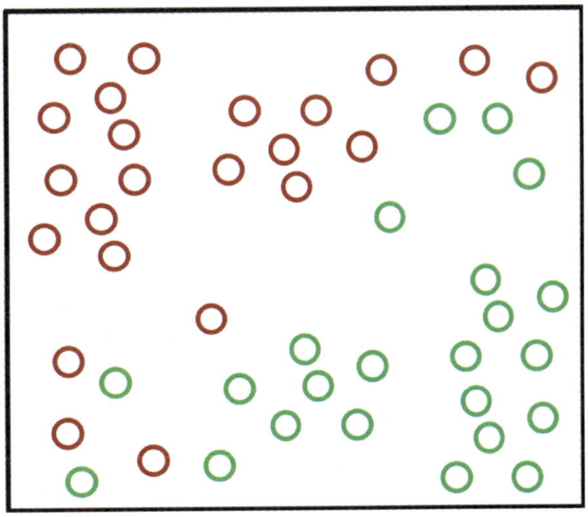
图 7-17　对两种颜色点分类

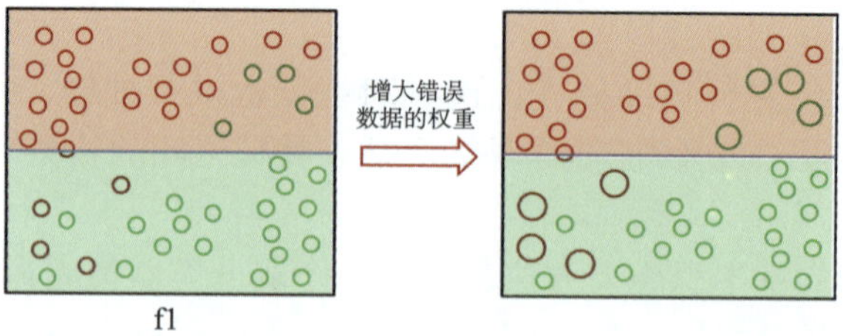

图 7-18　增大错误分类的权重

可以发现，这个简单的划分存在大量的错误，这个时候算法增大了错误数据的权重，图 7-18 右图显示的就是增大了点的大小。由于模型 f1 错误的数据权重增大了，所以模型 f2 会更注重将 f1 分错的点分对，如图 7-19 所示。

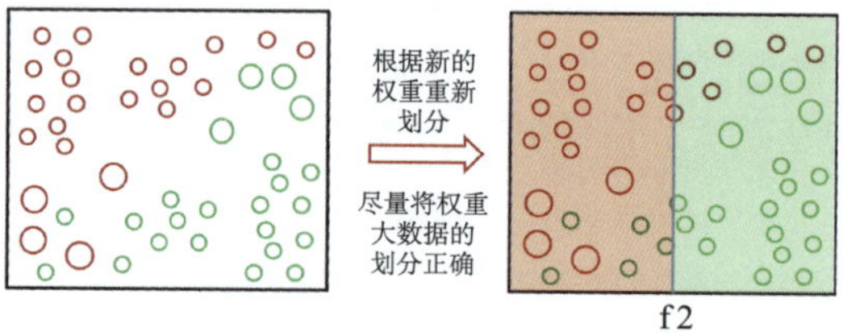

图 7-19　权重大的数据尽量划分对

根据模型的错误率给模型赋予权重，错误率低权重就高，错误率高权重就低，也就是算法更看重分类效果好的模型的预测结果。然后将模型的预测结果加权相加，就是最后 Adaboosting 的结果。如图 7-20 所示，模型 f1 有一个对应的权重 w1，模型 f2 有一个对应的权重 w2，最终模型 f 可以理解为 w1 * f1+w2 * f2。这里，两个模型预测一样的区域认为是肯定没问题的，其他位置被认为是不确定的，可能需要继续提升。

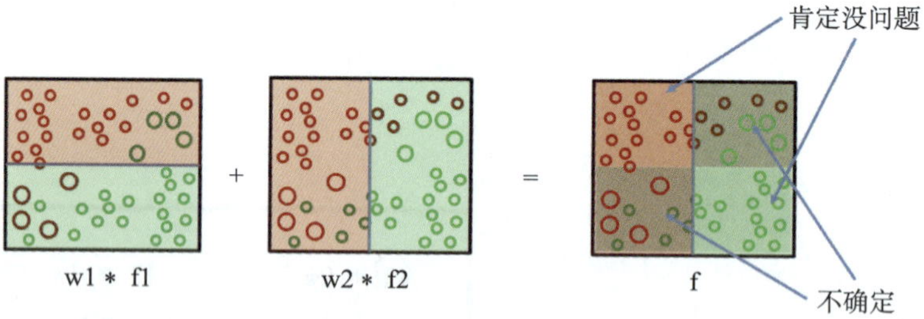

图 7-20　模型结果

通过增多弱分类器的数目，就可以提高最终模型的准确率了。如图 7-21 所示，更多的模型一起努力，得出一个强分类器。

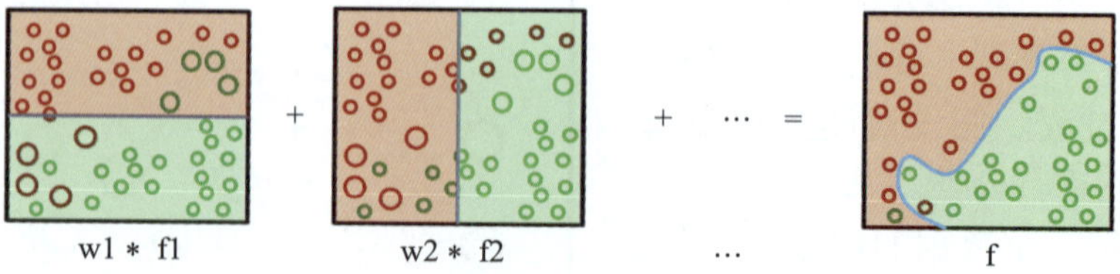

图 7-21　更多的模型得出更好的结果

7.2　使用决策树解决泰坦尼克号生存问题

大家自己试试使用决策树解决泰坦尼克号生存问题，唯一一个需要注意的问题是验证集怎么使用 KNIME 来做。这里给出一个提示，如图 7-22 所示。

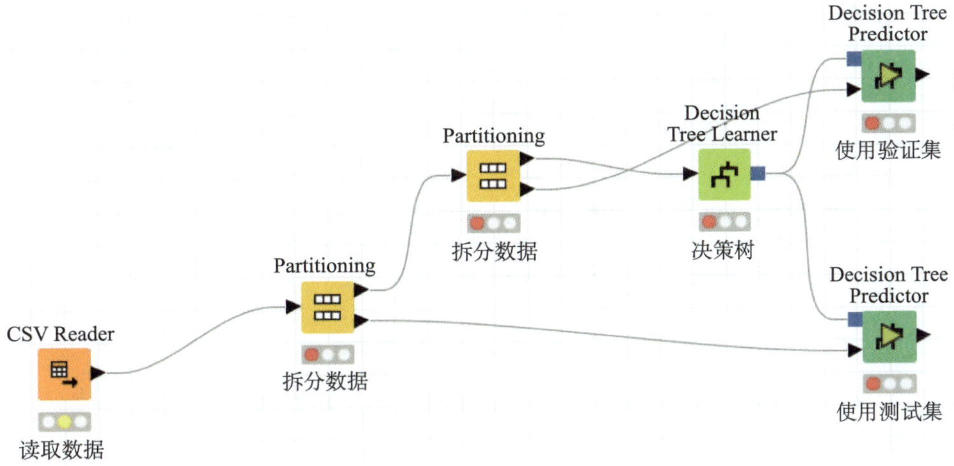

图 7-22　如何设置训练集，验证集和测试集

先不要看下面的内容，自己思考一下怎么建立整个工作流。

思考结束后，我们开始简单介绍一下这个工作流。一如既往地，我们的工作流还是如图 7-23 所示的这样。不管什么问题，这个工作流都是不会变的，我们需要变的只有里面的具体内容而已。

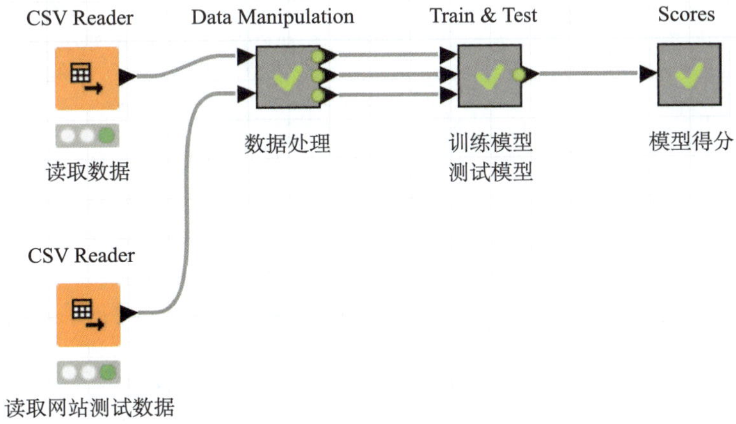

图 7-23　KNIME 工作流

首先，这个工作流不需要处理分类数据，因为决策树模型可以直接使用数值数据也可以直接使用分类数据，所以这里不需要使用“One to Many”节点，模型也没有转换哑变量。因此，数据处理 Metanode 内部如图 7-24 所示，其实它就是逻辑回归模型使用的数据处理 Metanode。

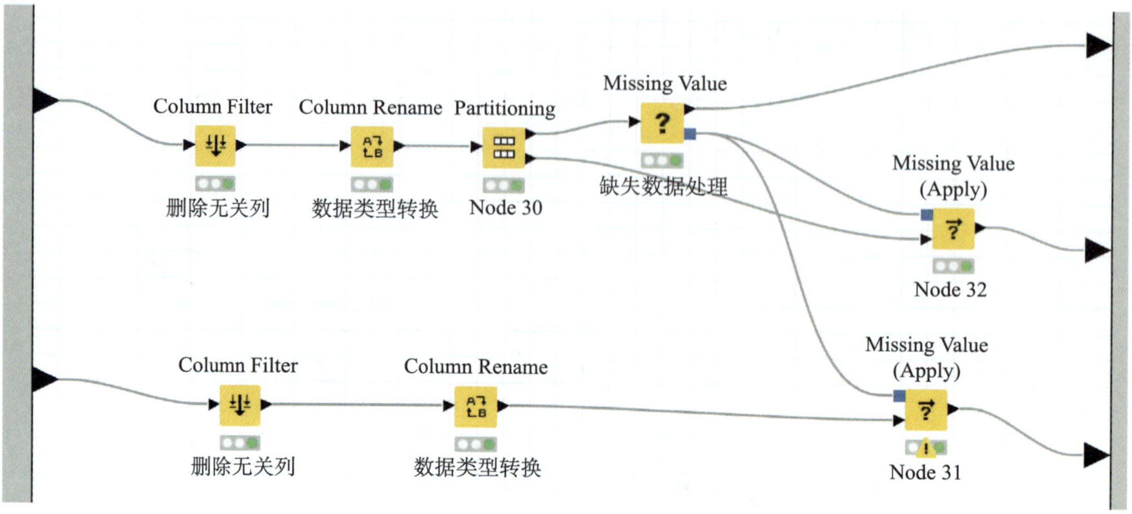

图 7-24 数据处理 Metanode

其次，“Train & Test”这个 Metanode 除了使用的模型其他都没有变化，这部分工作流如图 7-25 所示。

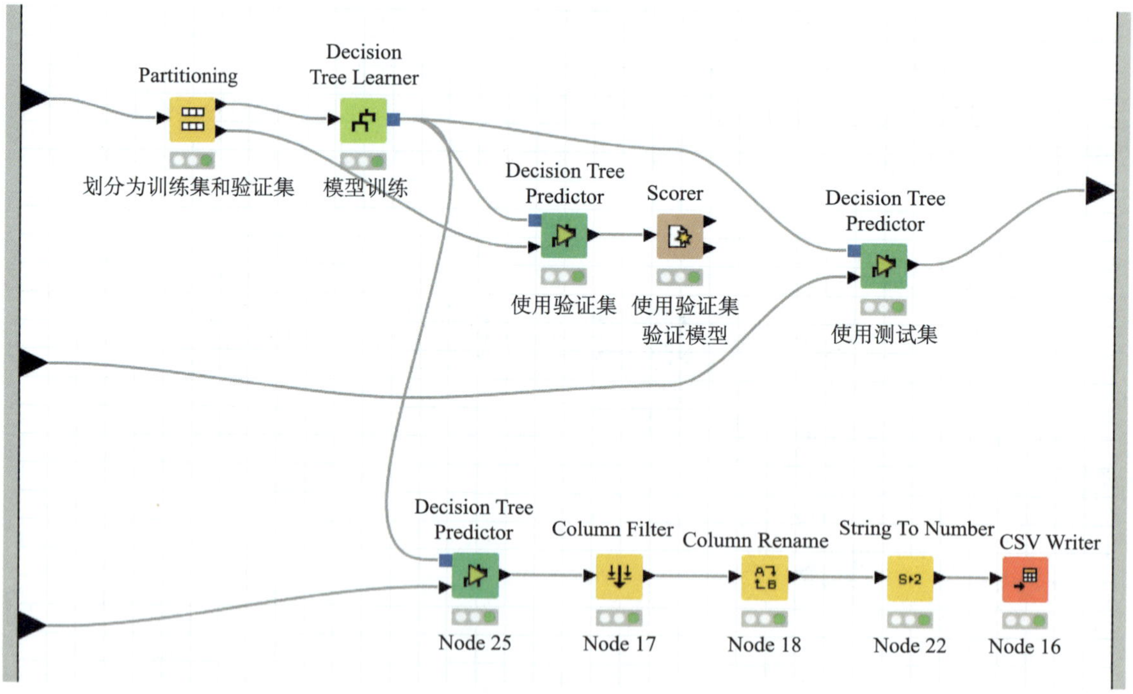

图 7-25 “Train & Test”部分工作流

注意：这里我们将数据划分为训练集、验证集和测试集。首先将数据分为其他数据和测试集，接着将其他数据划分为训练集和验证集。其中训练数据通入模型进行模型训练，接着将这个训练后的模型与验证集数据通入一个决策树预测器进行预测，然后由评价器给出模型评价，如果出现过拟合，则需要调整超参数。确定没有对验证集过拟合之后，再使用测试集测试模型，确保模型不出现诸如过拟合等问题。

7.3　决策树高级应用实战——特征工程

这是一个 Kaggle 中的一家银行客户分类问题竞赛。你将获得包含大量匿名数字变量的数据集。“TARGET”列表示要预测的变量。对于不满意的客户，它等于 1，对满意的客户，它等于 0。我们的任务是预测每个客户是不满意客户的概率。这个项目的数据直接从网站下载即可（网站：https://www.kaggle.com/c/santander-customer-satisfaction）。

这个问题的难点在于不满意的人数相对其他人群很少，数据特征不知道其意义，另外还有大量的 0 数据和大量相关特征，所以解决这个问题需要大量的特征工程。

对于我们初学者来说，我们还是采取简单粗暴的方法：

只有零或者相同数值？删除！线性相关列？删除！几乎没有变化的列？删除！

最后我们使用介绍过的决策树技巧分别解决这个问题。

这个项目的工作流，如图 7-26 所示。在这个工作流中，因为特征工程工作量巨大，因此将特征工程单独建立一个 Metanode。数据划分后，分别输入决策树、随机森林、提升和袋装 4 个模块进行训练、测试和评价。

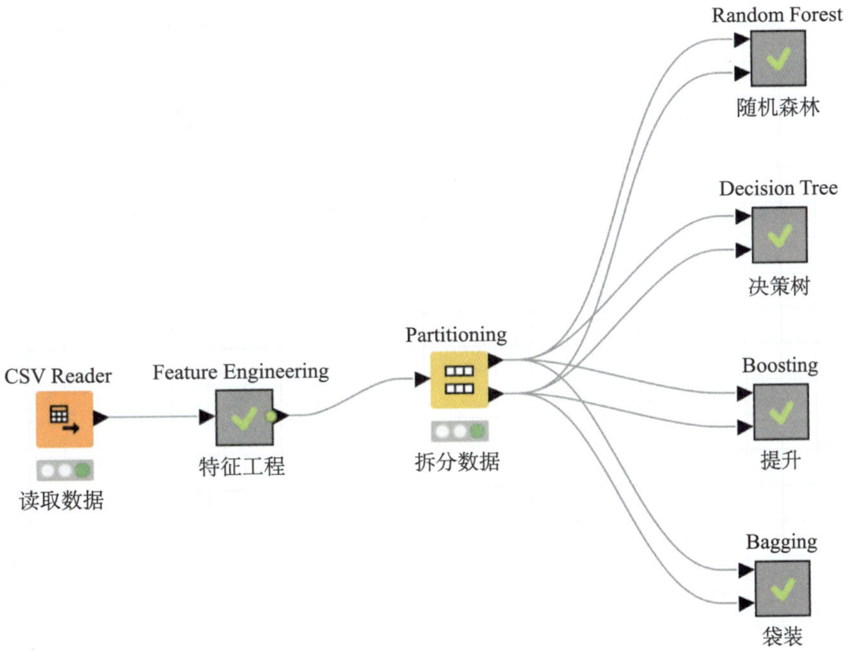

图 7-26　决策时工作流

7.3.1　数据探寻

数据集由 76020 个样本，370 个特征加上 1 个二进制目标组成。这个数据集存在很大的不平衡，大约有 96.04% 的数据为 0，意味着客户没有不满意的，3.96% 的数据为 1，表示客户不满意。这个比例应该符合一家成功银行客户满意度的预期。整个数据集中没有缺失值，但是不能排除数据提供方已经将缺失数据编码。

数据集是半匿名的，因此不清楚每个特征到底代表什么。我们唯一的线索就是一个标题，这个标题虽然不是随机的，但是也“半遮半掩”，需要我们猜测它到底是什么。比如前几个数据列的标题是：ID、var3、var15 和 imp_ent_var16_ult1。除了可以肯定 ID 列是 ID，其他都不敢肯定。

1. 特征组

在分析单个特征之前，我们先看看这些特征有没有什么共同特点，如表 7-1 所示，所有特征的标题都是以表中的一个子字符串开头的。

表 7–1　字符串特点

子字符串	举例
delta	delta_imp_amort_var18_1y3
imp	imp_aport_var17_hace3
ind	ind_var1
num	num_var12
saldo	saldo_var28
var	var15

从我们比较好猜的开始。“delta” 和 “num” 应该是最简单的，因为我们一般用这两个分别代表差值和数值。首先看下 “num”，在主工作流中加入一个统计量节点 “Statistics”，查看 “num” 的统计数据，可以发现这一类数据相当大的部分都是 0，而且集中在 0，如图 7-27 所示。

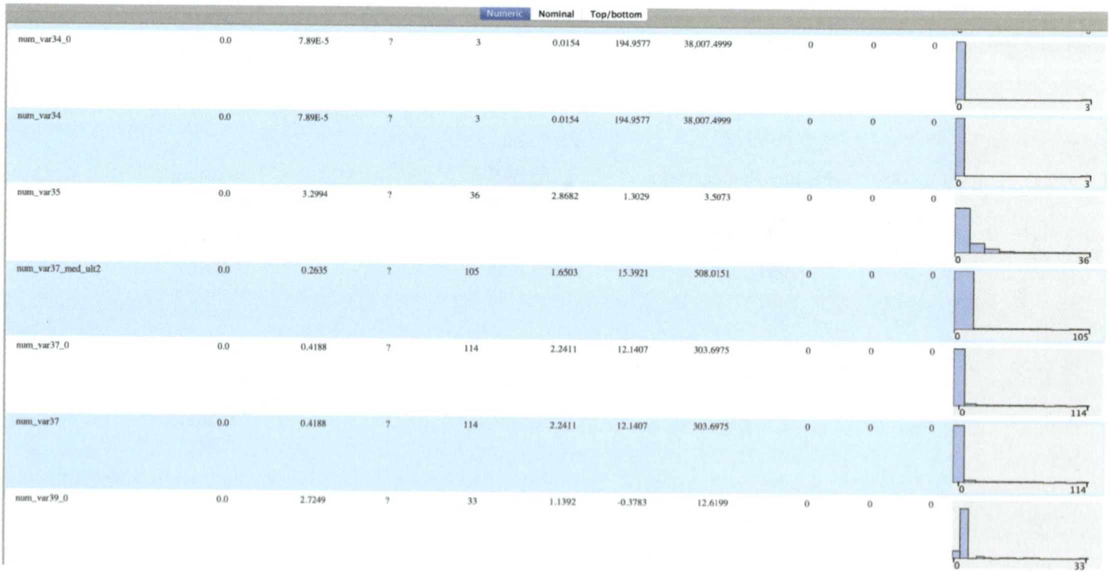

图 7-27　“num” 数据的分布

从此数据各个数值的数据量排名来看（见图 7-28），可以定量看出 0 占了相当大的比重。这类数据以整数形式存在，很有可能是某种分类数据。

再来看 “delta”，类似方法可以发现它们也是集中在某一个数值上，猜想可能是什么数据间的差值。

接着看下 “imp”，如图 7-29 所示，它也存在大量的 0，不过数据量很大。有人说 “imp”

对应西班牙语中的"数量"，所以这部分数据可能和钱的多少或者其他数量有关系。

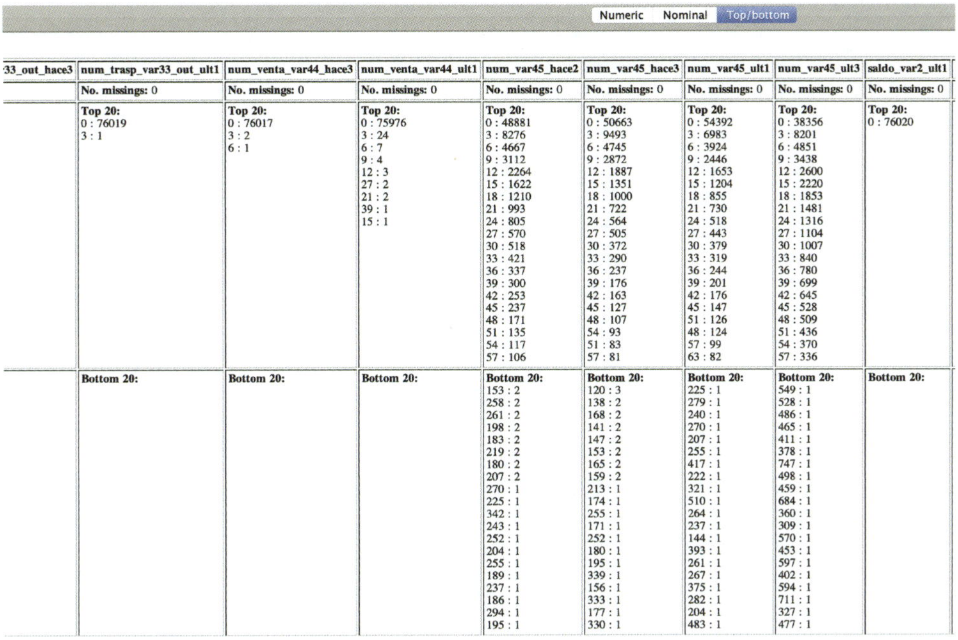

Numeric　Nominal　Top/bottom

33_out_hace3	num_trasp_var33_out_ult1	num_venta_var44_hace3	num_venta_var44_ult1	num_var45_hace2	num_var45_hace3	num_var45_ult1	num_var45_ult3	saldo_var2_ult1
	No. missings: 0	**No. missings:** 0	**No. missings:** 0	**No. missings:** 0	**No. missings:** 0	**No. missings:** 0	**No. missings:** 0	**No. missings:** 0
	Top 20: 0 : 76019 3 : 1	**Top 20:** 0 : 76017 3 : 2 6 : 1	**Top 20:** 0 : 75976 3 : 24 6 : 7 9 : 4 12 : 3 27 : 2 21 : 2 39 : 1 15 : 1	**Top 20:** 0 : 48881 3 : 8276 6 : 4667 9 : 3112 12 : 2264 15 : 1622 18 : 1210 21 : 993 24 : 805 27 : 570 30 : 518 33 : 421 36 : 337 39 : 300 42 : 253 45 : 237 48 : 171 51 : 135 54 : 117 57 : 106	**Top 20:** 0 : 50663 3 : 9493 6 : 4745 9 : 2872 12 : 1887 15 : 1351 18 : 1000 21 : 722 24 : 564 27 : 505 30 : 372 33 : 290 36 : 237 39 : 176 42 : 163 45 : 127 48 : 107 54 : 93 51 : 83 57 : 81	**Top 20:** 0 : 54392 3 : 6983 6 : 3924 9 : 2446 12 : 1653 15 : 1204 18 : 855 21 : 730 24 : 518 27 : 443 30 : 379 33 : 319 36 : 244 39 : 201 42 : 176 45 : 147 51 : 126 48 : 124 57 : 99 63 : 82	**Top 20:** 0 : 38356 3 : 8201 6 : 4851 9 : 3438 12 : 2600 15 : 2220 18 : 1853 21 : 1481 24 : 1316 27 : 1104 30 : 1007 33 : 840 36 : 780 39 : 699 42 : 645 45 : 528 48 : 509 51 : 436 54 : 370 57 : 336	**Top 20:** 0 : 76020
	Bottom 20:	**Bottom 20:**	**Bottom 20:**	**Bottom 20:** 153 : 2 258 : 2 261 : 2 198 : 2 183 : 2 219 : 2 180 : 2 207 : 2 270 : 1 225 : 1 342 : 1 243 : 1 252 : 1 204 : 1 255 : 1 189 : 1 237 : 1 186 : 1 294 : 1 195 : 1	**Bottom 20:** 120 : 3 138 : 2 168 : 2 141 : 2 147 : 2 153 : 2 165 : 2 159 : 2 213 : 1 174 : 1 255 : 1 171 : 1 252 : 1 180 : 1 195 : 1 339 : 1 156 : 1 333 : 1 177 : 1 330 : 1	**Bottom 20:** 225 : 1 279 : 1 240 : 1 270 : 1 207 : 1 255 : 1 417 : 1 222 : 1 321 : 1 510 : 1 264 : 1 237 : 1 144 : 1 393 : 1 261 : 1 267 : 1 375 : 1 282 : 1 204 : 1 483 : 1	**Bottom 20:** 549 : 1 528 : 1 486 : 1 465 : 1 411 : 1 378 : 1 747 : 1 498 : 1 459 : 1 684 : 1 360 : 1 309 : 1 570 : 1 453 : 1 597 : 1 402 : 1 594 : 1 711 : 1 327 : 1 477 : 1	**Bottom 20:**

图 7-28　"num"数据的数据量排名

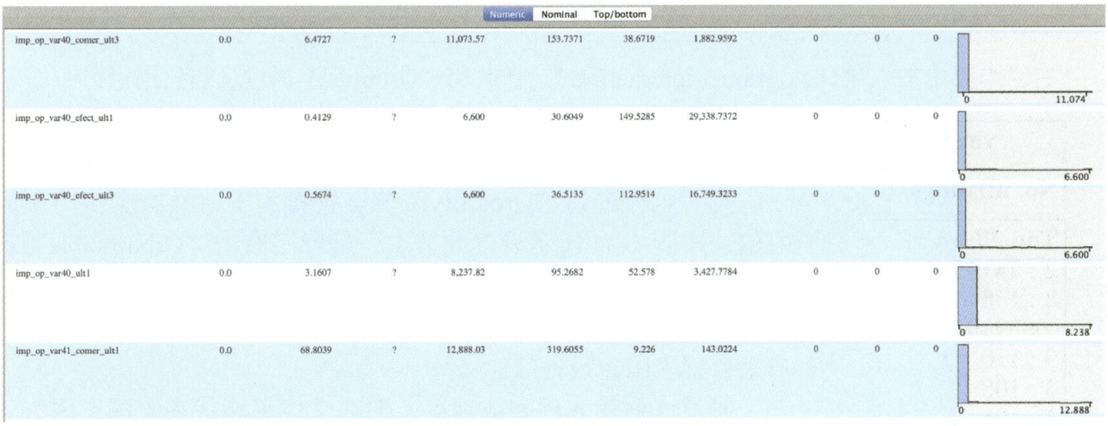

Numeric　Nominal　Top/bottom

imp_op_var40_comer_ult3	0.0	6.4727	?	11,073.57	153.7371	38.6719	1,882.9592	0	0	0	0 … 11.074
imp_op_var40_efect_ult1	0.0	0.4129	?	6,600	30.6049	149.5285	29,338.7372	0	0	0	0 … 6.600
imp_op_var40_efect_ult3	0.0	0.5674	?	6,600	36.5135	112.9514	16,749.3233	0	0	0	0 … 6.600
imp_op_var40_ult1	0.0	3.1607	?	8,237.82	95.2682	52.578	3,427.7784	0	0	0	0 … 8.238
imp_op_var41_comer_ult1	0.0	68.8039	?	12,888.03	319.6055	9.226	143.0224	0	0	0	0 … 12.888

图 7-29　"imp"数据分布

下一步再看下"ind"，它可能是英语"indicator"的缩写吗？观察此类数据的分布，发现其分布只有"0"和"1"两种，因此，可以判定它应该就是某个指标，即"indicator"，如图 7-30 所示。

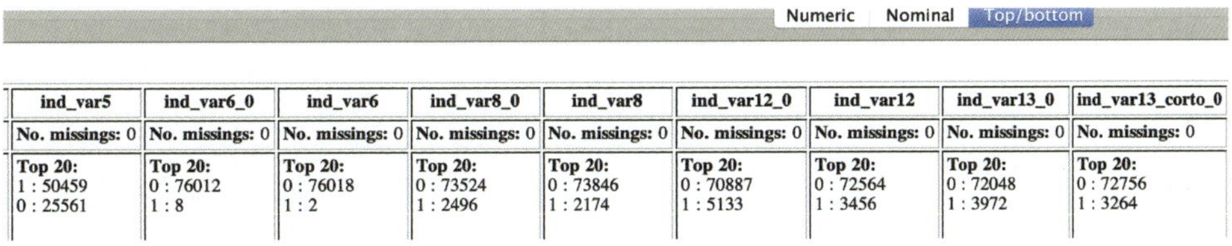

Numeric　Nominal　Top/bottom

ind_var5	ind_var6_0	ind_var6	ind_var8_0	ind_var8	ind_var12_0	ind_var12	ind_var13_0	ind_var13_corto_0
No. missings: 0	**No. missings:** 0	**No. missings:** 0	**No. missings:** 0	**No. missings:** 0	**No. missings:** 0	**No. missings:** 0	**No. missings:** 0	**No. missings:** 0
Top 20: 1 : 50459 0 : 25561	**Top 20:** 0 : 76012 1 : 8	**Top 20:** 0 : 76018 1 : 2	**Top 20:** 0 : 73524 1 : 2496	**Top 20:** 0 : 73846 1 : 2174	**Top 20:** 0 : 70887 1 : 5133	**Top 20:** 0 : 72564 1 : 3456	**Top 20:** 0 : 72048 1 : 3972	**Top 20:** 0 : 72756 1 : 3264

图 7-30　"ind"数据分布

再来看下"saldo"，此类数据有点类似"imp"，也存在有大量的 0，但是数据量远大于

“imp”，所以可以猜测此类数据应该也和某类钱的数值有关，而且量更大，如图 7-31 所示。

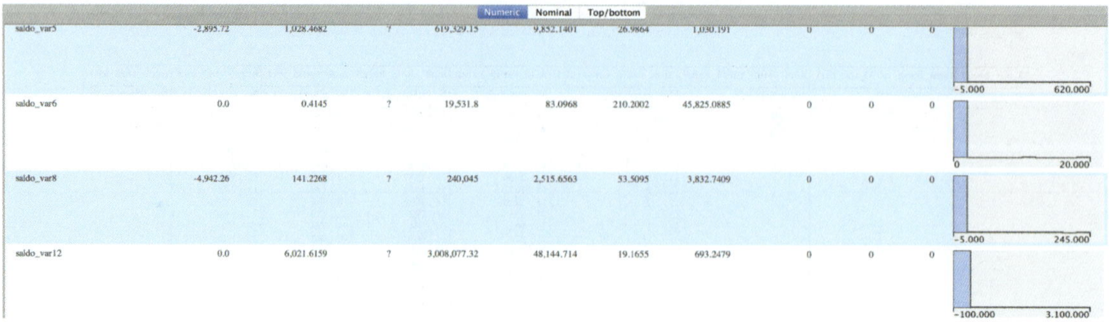

图 7-31 “saldo”数据分布

最后看下“var”，这类数据好像没有什么很明显的共同特征，如图 7-32 所示，所以接下来我们逐个看下这几个数据。

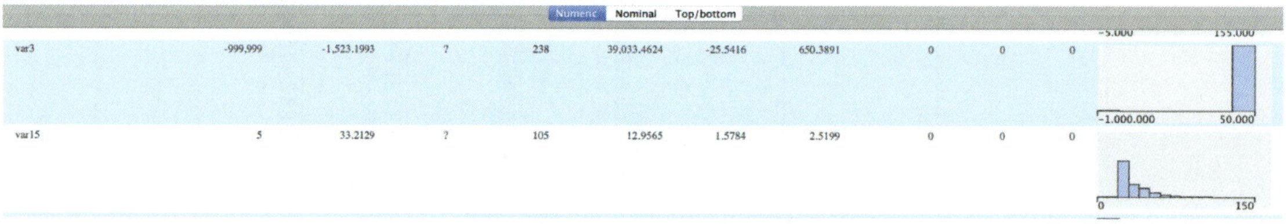

图 7-32 “var”数据分布

2. Var

主工作流中加入“Histogram（interactive）”节点和“GroupBy”节点以备使用。

var3
No. missings: 0
Top 20: 2 : 74165 8 : 138 -999999 : 116 9 : 110 3 : 108 1 : 105 13 : 98 7 : 97 4 : 86 12 : 85 6 : 82 0 : 75 10 : 72 11 : 66 5 : 63 14 : 61 15 : 34 18 : 10 16 : 9 17 : 7

图 7-33 “var3”数据量排名

首先观察“var3”，如图 7-33 所示，通过“Statistics”节点统计数据可见，基本上所有数据都是 2，其他数据相对而言很少。

我们可以通过“GroupBy”节点查看一下一共有多少个不同的值，按图 7-34 所示设置此节点，运行后右击“Group table”观察结果。如图 7-35 所示，一共有 208 个不同的值，这个数值接近世界上国家和地区的总数，所以分析认为这个数据很可能代表客户来自哪个国家或地区。

假设这列代表国家或地区，那么 2 很可能代表美国，因为其人数最多。还有一个数据是 −999999，这个数据不会是正常数据，所以我们猜测它可能代表的是缺失值。

接着分析一下“var15”，如图 7-36 所示，这列数据分布没有那么极端，暂时看不出来。接着我们绘制一下它的直方图。使用“Histogram（interactive）”节点，按如图 7-37 所示设置显示所有节点，得到如图 7-38 所示数据，可以发现从 18 开始，数据量突然上升到最大，然后缓慢下降，到 60 左右渐渐变得没有太多数据了。从 18 和 60 这两个数据，我们大胆猜测这列数据应该表示年龄，一个人 18 岁开始工作，60 岁退休，所以 18 岁开始工作的时候才能开始和银行有接触，之前没有什么可能性。到了退休年龄，慢慢地也减少了与银行的来往，所以假设此列数据表示年龄还是说得过去的。

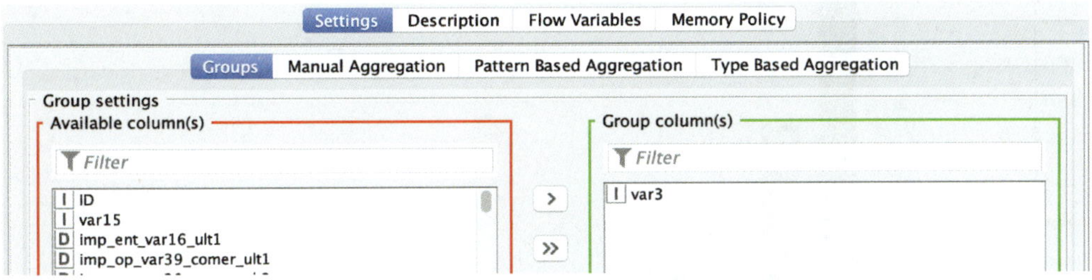

图 7-34　“GroupBy”节点设置查看“var3”

Table "default" - Rows: 208

Row ID	var3
Row198	218
Row199	219
Row200	220
Row201	223
Row202	225
Row203	228
Row204	229
Row205	231
Row206	235
Row207	238

图 7-35　不同值的个数

var15
No. missings: 0
Top 20: 23 : 20170 24 : 6232 25 : 4217 26 : 3270 27 : 2861 28 : 2173 31 : 1798 29 : 1727 30 : 1640 32 : 1592 36 : 1546 35 : 1536 34 : 1489 37 : 1401 38 : 1390 33 : 1377 39 : 1329 40 : 1310 41 : 1242 42 : 1199

图 7-36　“var15”数据量排名

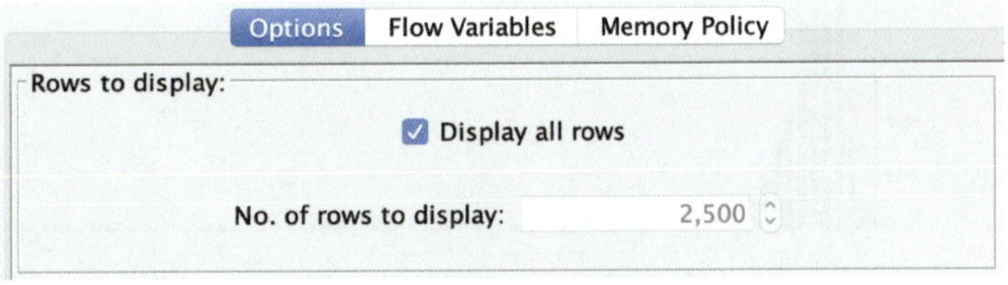

图 7-37　确保显示所有数据

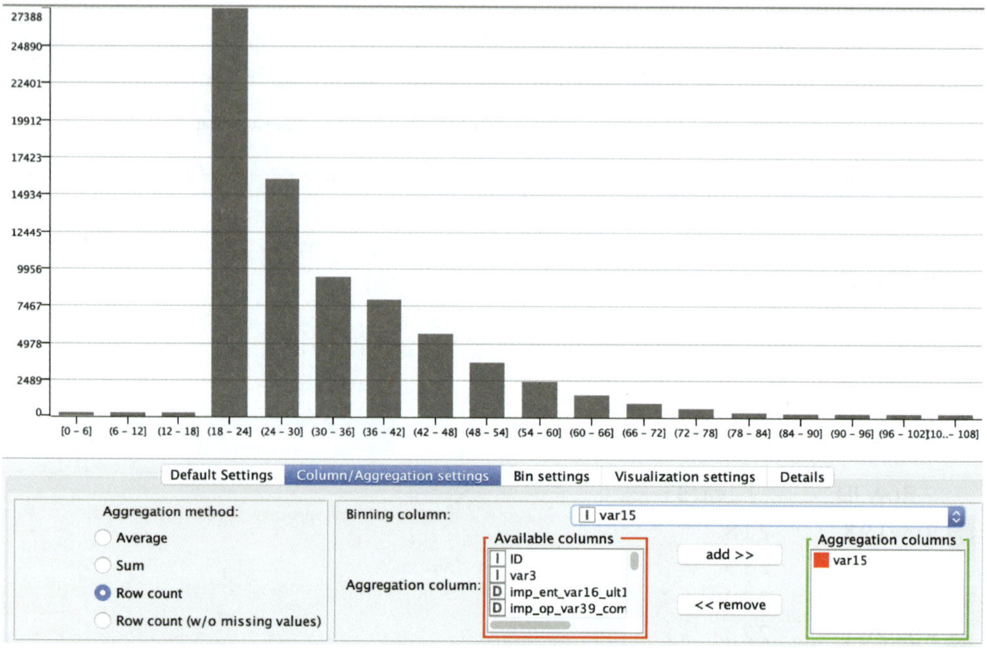

图 7-38　直方图观察

接下来看下“var21”和“var36”，通过类似观察，我们暂时不知道它们代表什么。

最后看下“var38”，利用类似于前面的方法，通过观察图 7-39，发现数值在较小区间即 10 万附近分布较多。而且发现一个异常的峰值，仔细观察数据统计表，如图 7-39 所示，可以发现此数据平均值为 117, 235.8094。而此值正好处于图 7-40 所示异常峰值区间。

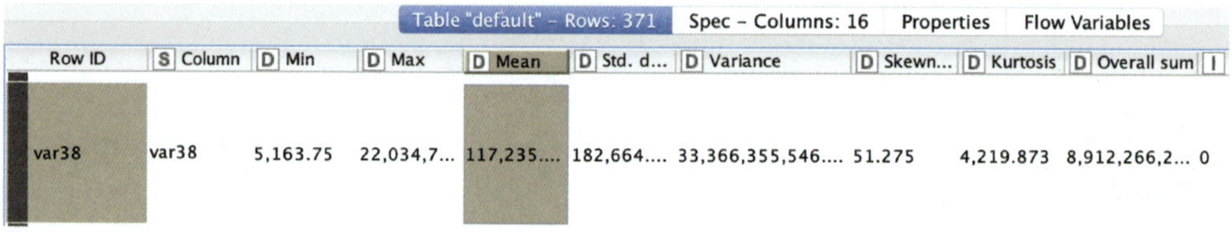
Table "default" - Rows: 371 | Spec - Columns: 16 | Properties | Flow Variables

Row ID	S Column	D Min	D Max	D Mean	D Std. d...	D Variance	D Skewn...	D Kurtosis	D Overall sum	I
var38	var38	5,163.75	22,034,7...	117,235....	182,664....	33,366,355,546....	51.275	4,219.873	8,912,266,2...	0

图 7-39　平均值

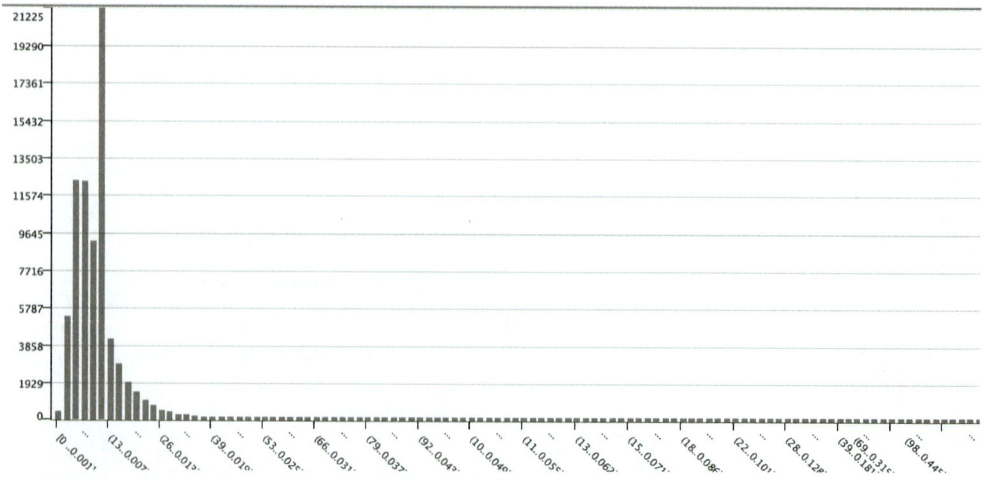

图 7-40　“var38”直方图

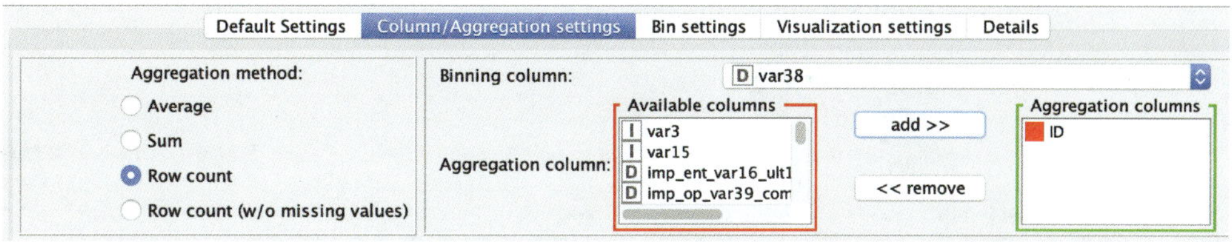

图 7-40　“var38”直方图（续）

为了更清楚地加以判断，在主工作流中加入“Value Counter”节点，再查看各个数值出现的次数，如图 7-41 所示，发现出现最多的数是 117310.979016494，而且此数值出现次数远远大于其他数值。所以这里猜测这些值应该是有问题的，在数据处理过程中将它替换成了数据的平均值。

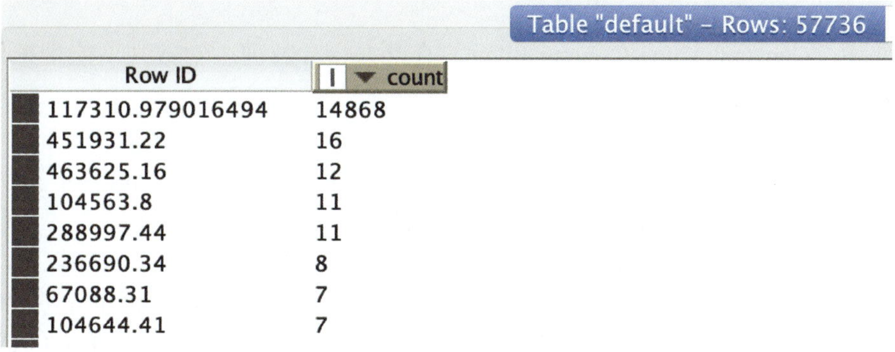

Row ID	count
117310.979016494	14868
451931.22	16
463625.16	12
104563.8	11
288997.44	11
236690.34	8
67088.31	7
104644.41	7

图 7-41　各个值出现的次数

3. 数据质量

在上面的一般性分析中我们发现部分数据存在问题，但是被巧妙地隐藏起来了。现在我们大致看下会有什么样的问题，以便为后面的分析做准备。

打开“Statistics”节点，如图 7-42 所示，很容易发现有些列（比如 ind_var2_0）所有数据都是 0，显然这样的数据是没有什么用的。

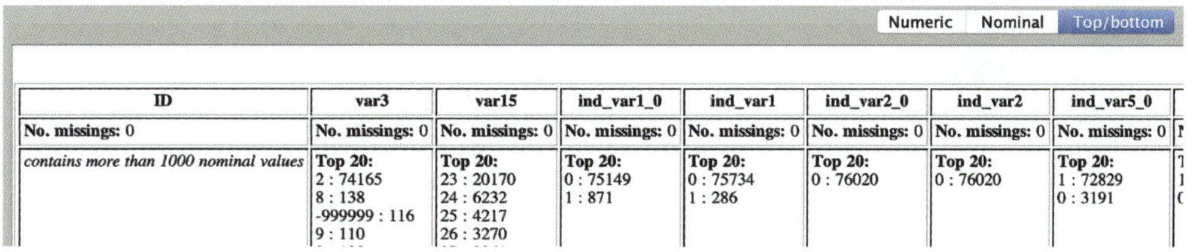

ID	var3	var15	ind_var1_0	ind_var1	ind_var2_0	ind_var2	ind_var5_0
No. missings: 0	No. missings: 0	No. missings: 0	No. missings: 0	No. missings: 0	No. missings: 0	No. missings: 0	No. missings: 0
contains more than 1000 nominal values	Top 20: 2 : 74165 8 : 138 -999999 : 116 9 : 110	Top 20: 23 : 20170 24 : 6232 25 : 4217 26 : 3270	Top 20: 0 : 75149 1 : 871	Top 20: 0 : 75734 1 : 286	Top 20: 0 : 76020	Top 20: 0 : 76020	Top 20: 1 : 72829 0 : 3191

图 7-42　进一步观察数据问题

继续观察数据，还可能发现更多问题，下面就通过特征工程来解决这些有问题的数据。

7.3.2　特征工程

首先来做特征工程，如图 7-43 所示，这个项目的特征工程出现了大量节点，而且很多都没有用过。不过做特征工程的总体思路和以前的特征工程思路一样，也是结合观察数据和操作数据来进行的。下面我们详细看下每步的工作。

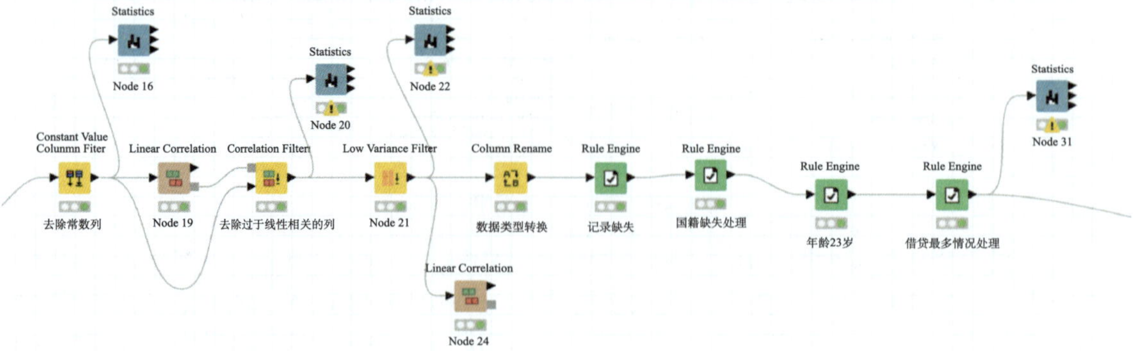

图 7-43 特征工程

1. 去除常数列

首先使用“Constant Value Column Filter”节点去除常数列。常数列不能带来任何信息，没有必要存在，所以直接删除就行了。

2. 根据相关性过滤

下一步根据数据的相关性过滤不需要的列。首先使用“Linear Correlation”节点计算各个列的相关性，然后使用“Correlation Filter”节点过滤过于相关的节点。

数据相关性矩阵形矩阵，如图 7-44 所示，可以发现有大量非常相关的特征。通过设置一个相关系数的阈值，可以决定留下哪些特征或去掉哪些特征。至于这个阈值是多少，那就只能根据不同问题具体分析了。使用“Correlation Filter”节点过滤相关性太高的特征，再观察图 7-43 可以发现，这个节点的输入分别是数据和相关性模型，这两个输入来自前面使用过的节点的输出。双击该节点，再按图 7-45 所示设置阈值为 0.9，这个阈值也是一个超参数，不过这里为了简单起见，没有通过验证集来选择超参数，而是简单设置了 0.9。

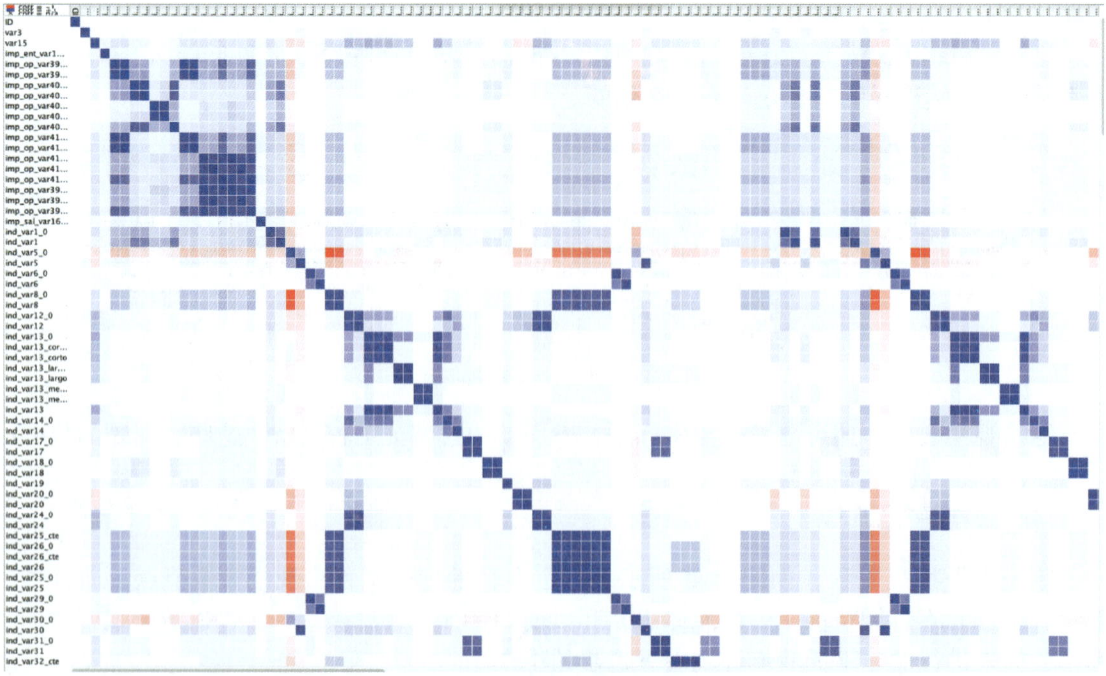

图 7-44 数据相关性图形矩阵

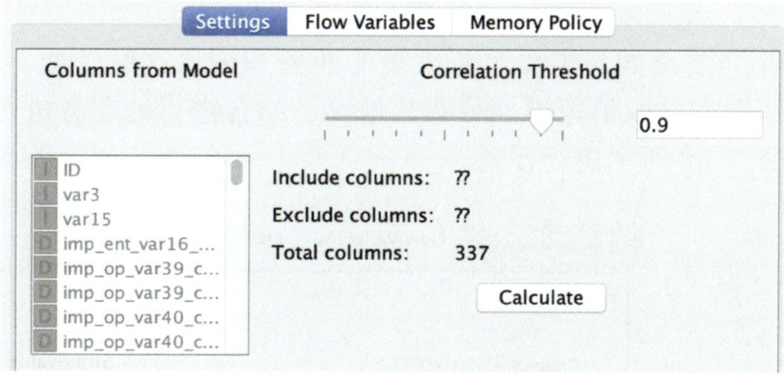

图 7-45 选择所有节点

右击此节点，在弹出的快捷菜单中选择“Filtered data from input”命令，结果如图 7-46 所示，可以发现过滤之后，特征数从 337 个减少到了 171 个。

Table "default" - Rows: 76020 | Spec - Columns: 171 | Properties | Flow Variables

Columns: 171	Column Type	Column In...	Color Han...	Size Han...	Shape Ha...	Filter Han...	Lower Bo...	Upper Bo...
ID	Number (integer)	0					1	151,838
var3	Number (integer)	1					-999,999	238
var15	Number (integer)	2					5	105
imp_ent_var16_ult1	Number (double)	3					0	210,000
imp_op_var39_comer_ult1	Number (double)	4					0	12,888.03
imp_op_var39_comer_ult3	Number (double)	5					0	21,024.81
imp_op_var40_comer_ult1	Number (double)	6					0	8,237.82
imp_op_var40_comer_ult3	Number (double)	7					0	11,073.57
imp_op_var40_efect_ult1	Number (double)	8					0	6,600
imp_op_var40_efect_ult3	Number (double)	9					0	6,600
imp_op_var40_ult1	Number (double)	10					0	8,237.82
imp_op_var41_efect_ult1	Number (double)	11					0	45,990
imp_op_var41_efect_ult3	Number (double)	12					0	131,100
imp_op_var41_ult1	Number (double)	13					0	47,598.09
imp_sal_var16_ult1	Number (double)	14					0	105,000

图 7-46 过滤之后的结果

3. 根据数据变化程度过滤

接下来使用一个不是很常用的节点——“Low Variance Filter”。在这个节点中可以设置一个阈值，如果方差小于阈值（即变化程度过小），就过滤掉。这里也比较简单粗暴地按图 7-47 所示使用 0.3 作为阈值。更仔细的调整还是需要使用验证集来进行的。这个过滤的原因和过滤常数特征类似，一般来说并不会带给模型太多好处。

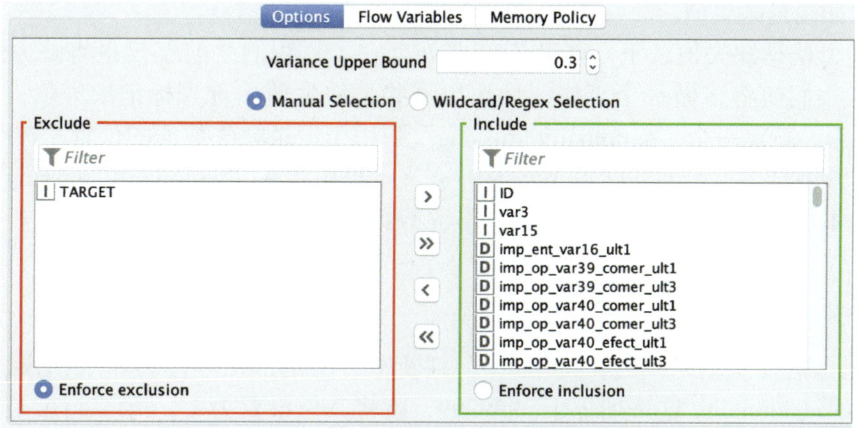

图 7-47 过滤掉变化很小的数据

4. 猜测特征

这一步将会是相当复杂的，需要具备大量的业务知识，这里仅做一个简单说明。总体来说，它是根据这些数据的取值范围、分布等情况，结合银行的业务进行猜测的。“Column Rename”节点按如图 7-48 所示进行设置。

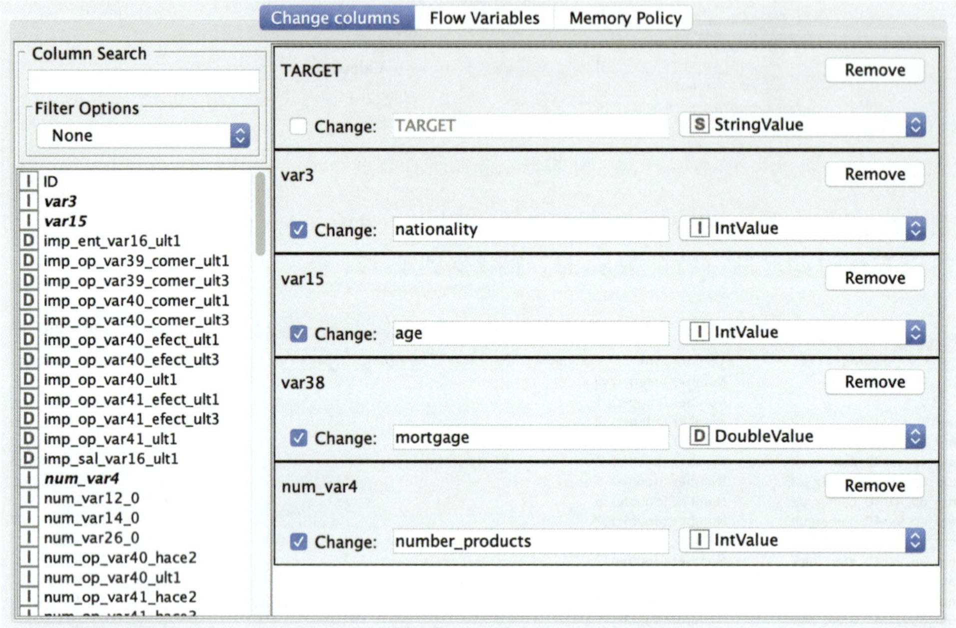

图 7-48 根据猜测给特征改名

7.3.3 异常数据处理

1. 国籍

首先看看以前的 var3 列，也就是现在的 nationality 这一个特征。通过前面分析发现，大部分数据是 2，其他主要则是小于 20 的非负整数。奇怪的地方就是有很大的一个负数 −999999。这个数字看起来和其他数字格格不入，很是奇怪，所以我们猜测它可能代表某种异常值，比如说是缺失值。

假定这个就是缺失值，下一步我们就要处理它了。我们之前仅仅是将缺失值更换为其他值，这里我们还将多做一个工作，标注出哪些是缺失值。首先标记缺失值，使用“Rule Engine”节点，新建一个“nationality_missing”列用于记录缺失数据的位置。按图 7-49 所示进行设置，注意选中“Append Column”，并在文本框中填入“nationality_missing”。

不过这里需要我们进行“编程”了。不过不要怕，这种编程较简单：

```
$nationality$ =-999999 => 1
NOT ($nationality$ =-999999)=> 0
```

其中的 $ 包含的变量就是列名，使用“=”判断左右项是否相等，“=>”表示赋值。第一行就是说“如果 nationality 这一列等于 -999999，就将其值设置为 1”，第二行就是“反之，设置为 0”。其中的“NOT”代表取反操作。

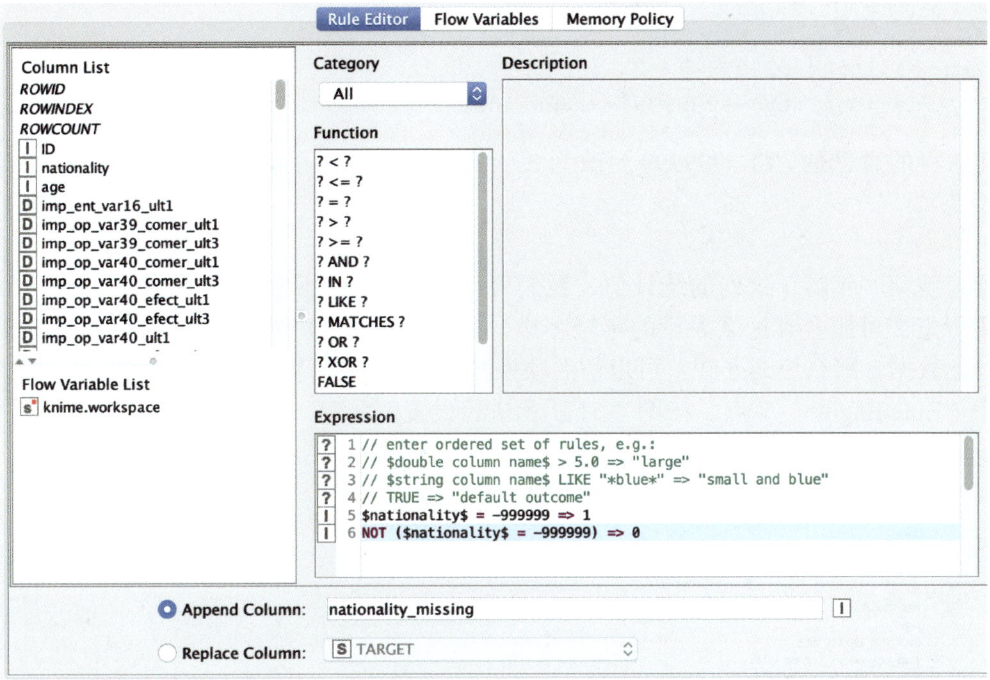

图 7-49　标记缺失值

接着，将 -999999 更改为 2，就是将缺失值填充为更有意义的数值。使用下一个“Rule Engine”节点，按图 7-50 所示设置。注意选中“Replace Column”，在文本框中填入要替换的列，即“nationality”。

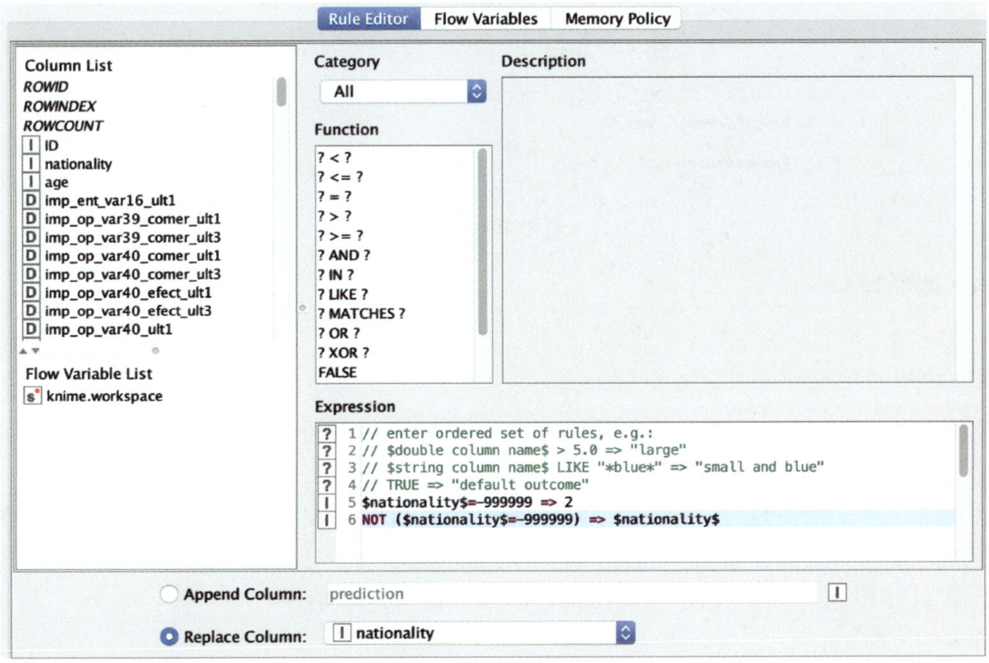

图 7-50　缺失处理

填入的脚本为：

```
$nationality$=-999999 => 2
NOT ($nationality$=-999999)=> $nationality$
```

第一行的意思是“将 -999999 更改为 2”，第二行的意思是“如果不是 -999999，则保持原值不变”。

2. 年龄

通过观察“年龄”这列的统计值，我们可以发现，有大量的客户年龄是 23 岁。可以想象，银行怎么可能会有这么大量的年轻客户，而且恰好是 23 岁呢？但是我们又不能轻易地修改原始数据，那么怎么办呢？可以仿照缺失数据处理，我们记录这个问题即可。接着再使用一个“Rule Engine”节点，按图 7-51 所示进行设置。

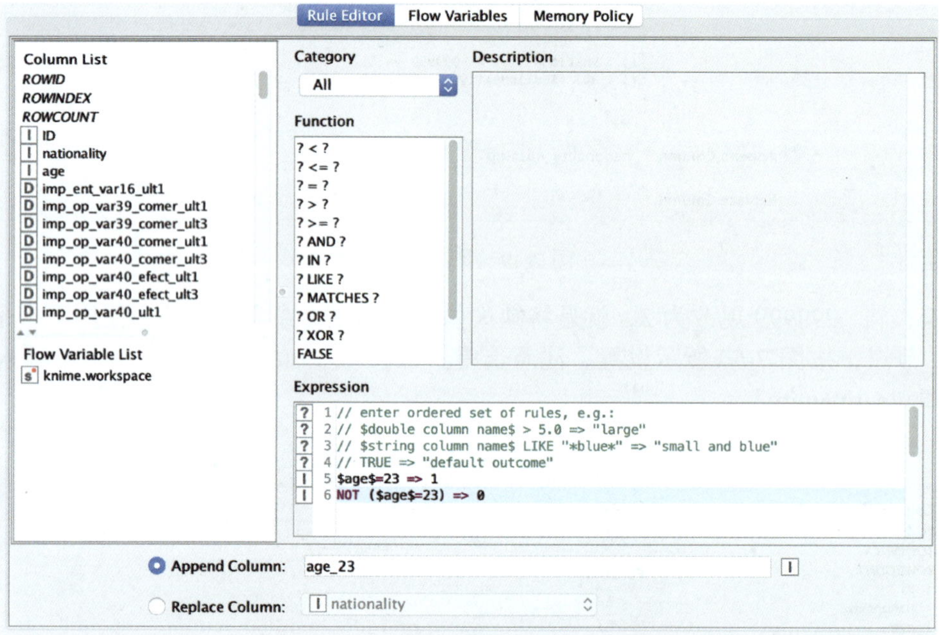

图 7-51　新增节点记录年龄问题

写入如下脚本：

```
$age$=23 => 1
NOT ($age$=23)=> 0
```

该脚本的意思是：“如果年龄等于 23 岁，新增的列数据设置为 1，否则设置为 0”。

3. 抵押

观察这一项，会发现 117310 这个数非常多！怎么可能大家都约定好抵押这个数目。类似对年龄的处理，我们也新增一列记录这个问题。使用一个“Rule Engine”节点，按图 7-52 所示记录 117310 这一项，使用“mortgage_most”记录这个结果。

脚本如下所示：

```
$mortgage$ > 117310 AND $mortgage$ < 117311=> 1
NOT ($mortgage$ > 117310 AND $mortgage$ < 117311)=> 0
```

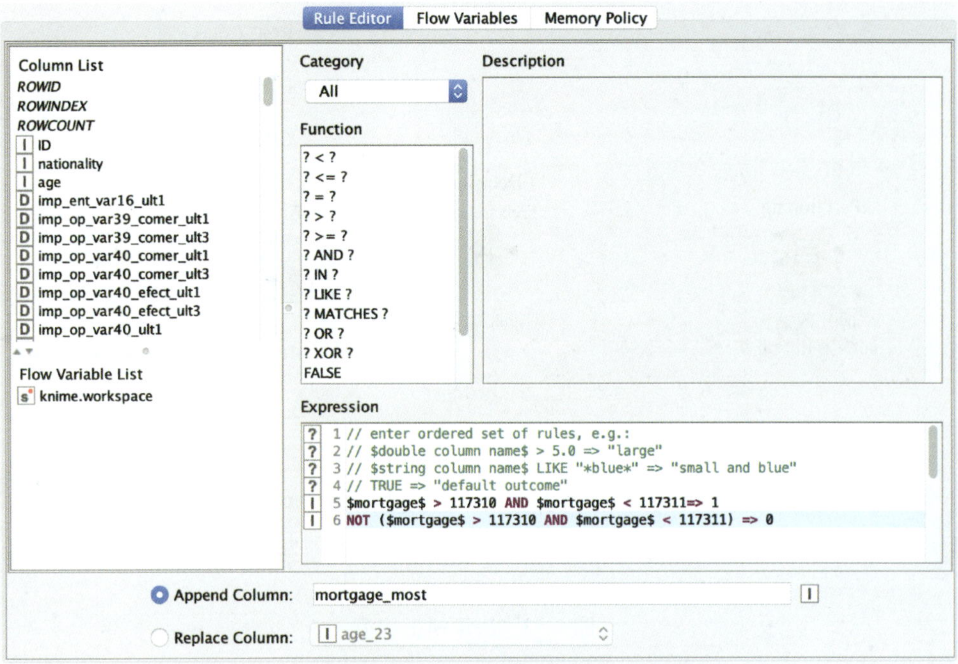

图 7-52　记录最多项目

因为数值大致是 117310，这里使用了条件判断。

至此我们完成了模型最基本的特征处理，下一步就可以开始建立模型了。

7.4　决策树高级应用实战——模型建立与比较

首先将数据拆分为测试集和其他数据，接着就用不同模型来训练了。

7.4.1　决策树

首先看看最基本的决策树。观察图 7-53 所示的工作流，上一个输入首先将数据划分为训练集和验证集，下一个输入是测试集。可以看到，训练数据通入决策树模型，然后训练后的模型和验证集一起输入决策树预测器，之后就可以查看验证集所验证的模型效果了。测试模型的工作流和验证模型的工作流基本一样。

双击“Decision Tree Learner”节点，再按图 7-54 所示进行设置。这里主要设置有以下几点：

- 剪枝。设置了“MDL”方法和“Reduced Error Pruning”即“Pruning method”设为“MDL”，选中“Reduced Error Pruning”。
- 每个节点的最少数据数量。“Min number records per node”设置为 2。

训练完模型后，还可以通过右击此节点，在弹出的快捷菜单中选择“View：Decision Tree View”命令，可以观察到如图 7-55 所示的决策树。在这个图中，左图是具体的详细的决策树，右图是此决策树的缩略图。我们可以通过单击“+”“-”展开或者合并某个节点的分支。从这个决策树看出最开始的时候，为 0 的数据占 96%，一共有 46701 个。为 1 的数据占 4%，一共有 1951 个。

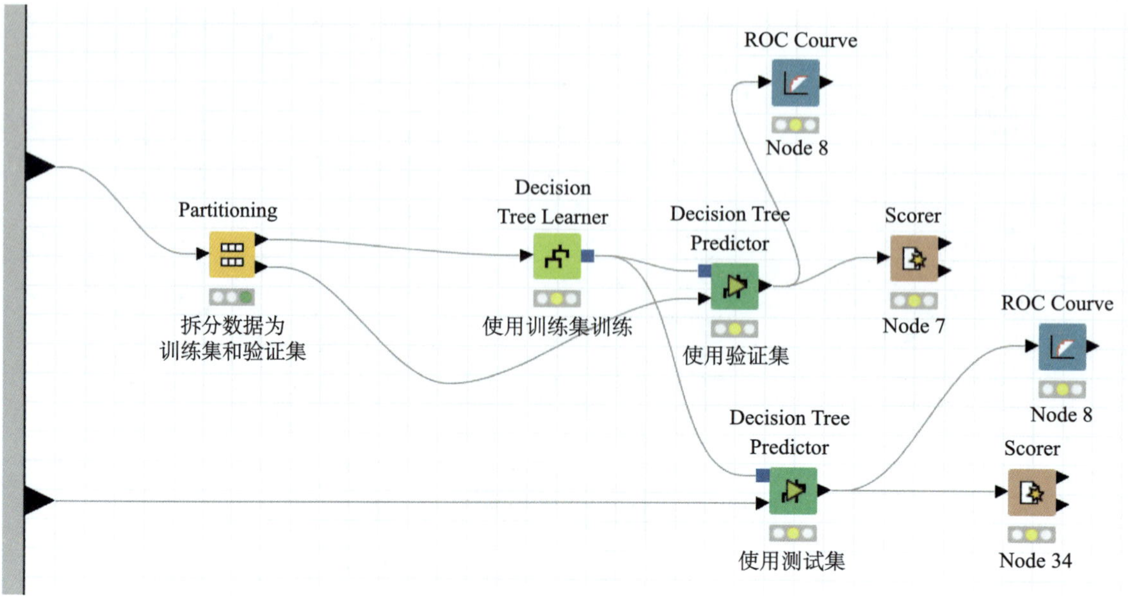

图 7-53　决策树工作流

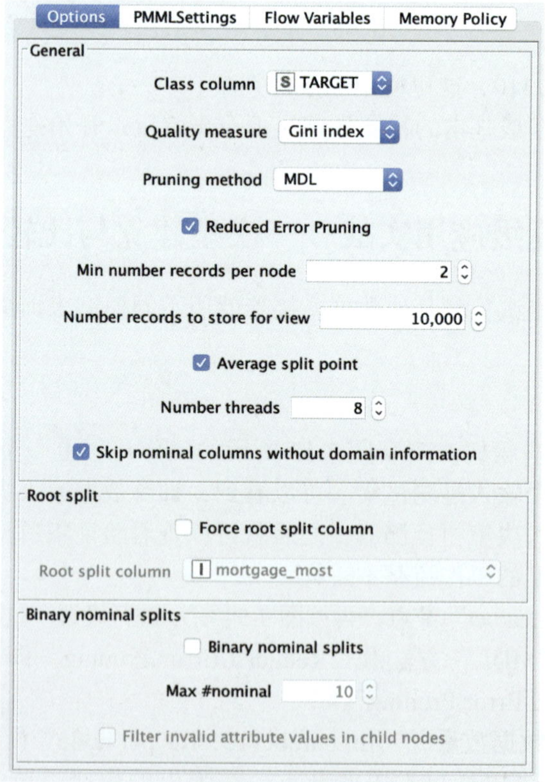

图 7-54　决策树设置

接下来使用“saldo_var30”与 2.94 的比较大小来判断分支，可以发现，随着分支的一步步分叉，树的两个分支 0 或者 1 的占比越来越大，另一个的占比越来越小。可以想象，当一个占比为 100% 时，就是树的分支判断出来结果的时候。

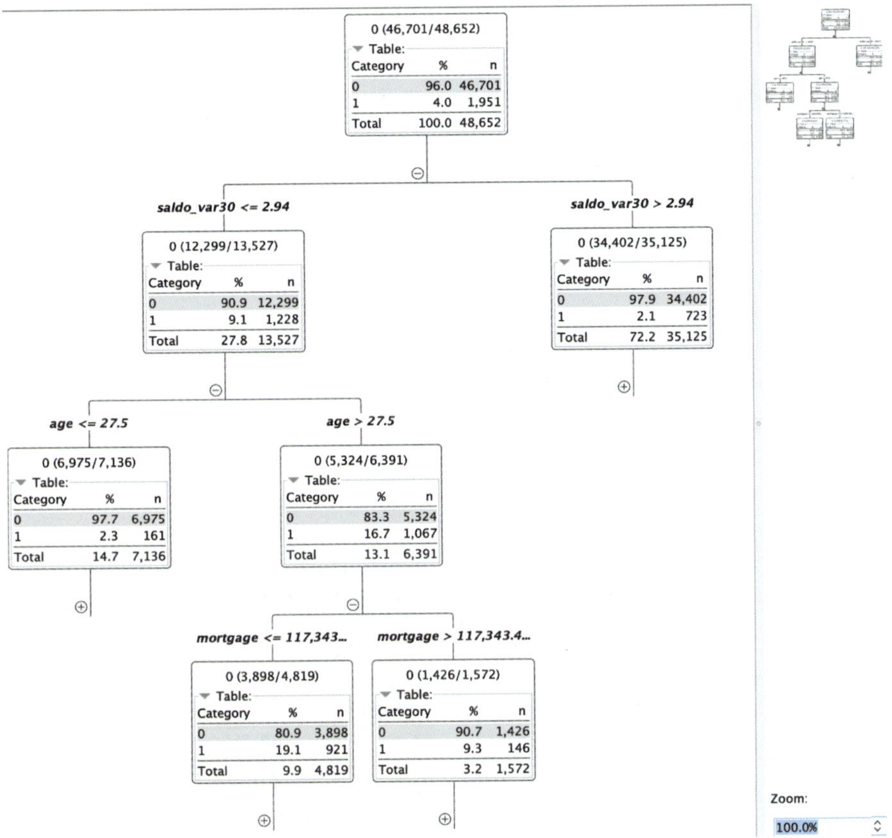

图 7-55　观察决策树

如图 7-56 所示，根据“mortgage_most”与 0.5 的大小比较判断，如果“mortgage_most”小于等于 0.5，100% 的数据都是 1，反之 100%的数据都是 0。

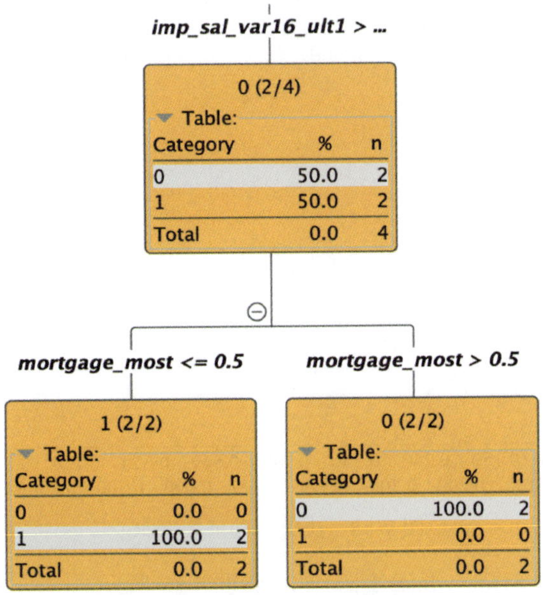

图 7-56　正确率到达 100%

因为“Min number records per node”设置为2，所以如果最小节点数小于2的话，不管结果是否100%正确，都必须停止。如图7-57所示，当节点数目为2时就要停止分叉了，而这个节点现在有3个数据，如果再分的话将会出现数据量为1的节点，所以不能再分了。“Min number records per node”是一个重要的设置，对于防止过拟合有着十分重要的作用，这里将它设置为2并不是一个很好的选择，建议大家自己可以调试一下，选择一个稍微大一点的值。

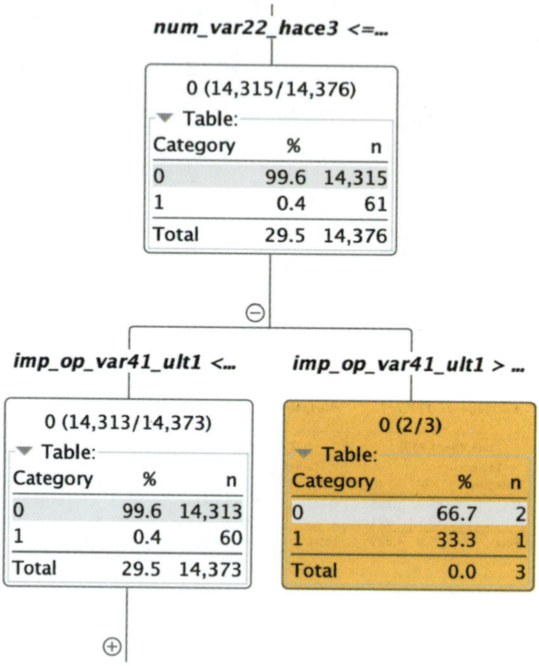

图 7-57　最小节点数

观察模型的验证集结果，其ROC曲线，如图7-58所示，在曲线的后半段模型变得很差。

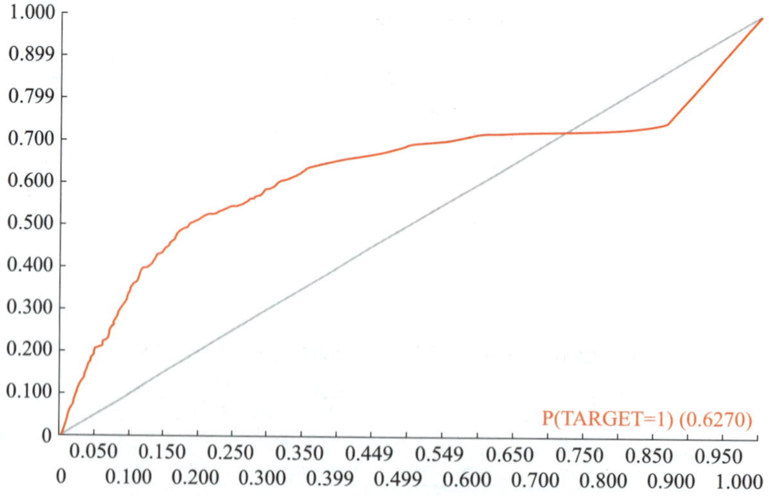

图 7-58　决策树验证集 ROC

我们还可以观察混淆矩阵，混淆矩阵结果如图7-59所示。

TARGET \ ...	0	1
0	11370	331
1	405	58

Correct classified: 11,428　　Wrong classified: 736

Accuracy: 93.949 %　　Error: 6.051 %

Cohen's kappa (κ) 0.105

图 7-59　决策树验证集准确度

7.4.2　袋装

下一步来看看袋装怎么做。进入主工作流的“Bagging”Metanode（这个是作者自己创建的，不是 KNIME 自带的），可见如图 7-60 所示的工作流。

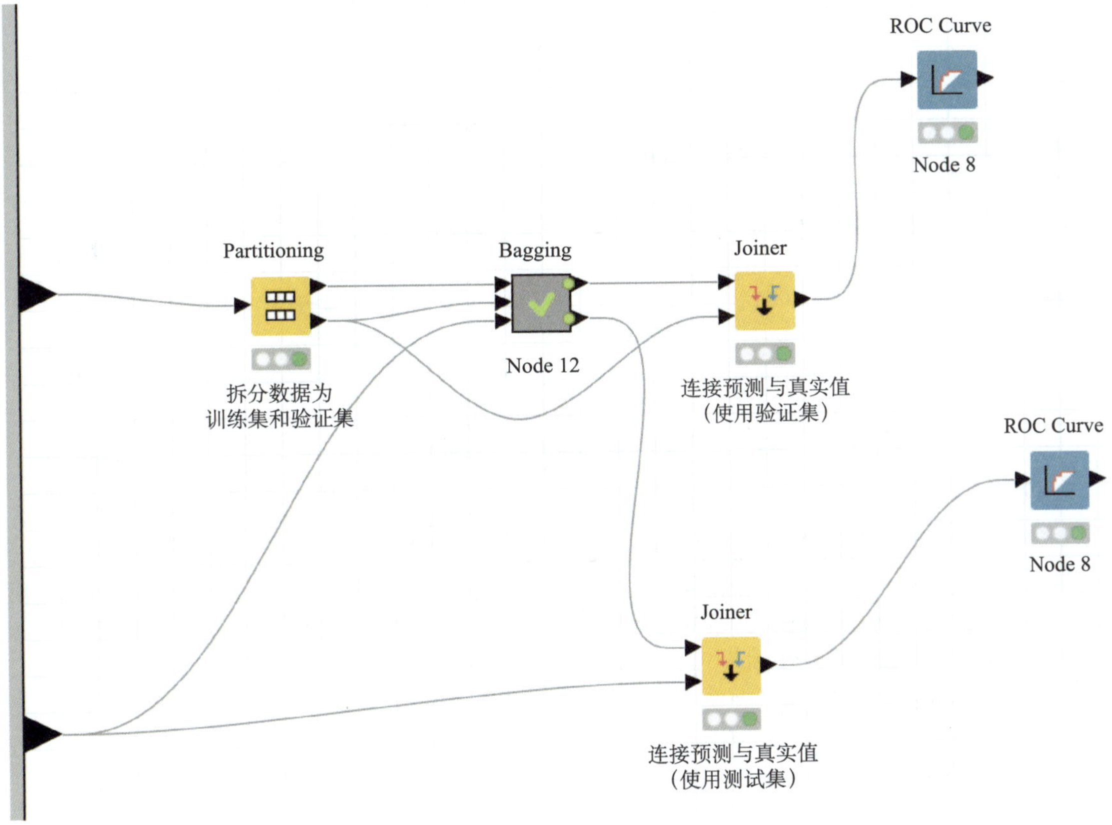

图 7-60　Bagging 工作流

这个工作流与决策树工作流不太一样，而且也与后面其他方法的工作流不一样，这里需要加以注意。

首先与决策树一致，输入数据是一样的，接下来，我们看到了没见过的“Bagging”（这个是 KNIME 自带的）节点和“Joiner”节点。

先进入“Bagging”节点，我们可以发现如图 7-61 所示的工作流。

从 KINME 直接创建的“Bagging”节点，如图 7-62 所示。在图 7-61 中，因为使用了验证数据，所以对原有的工作流进行了修改。

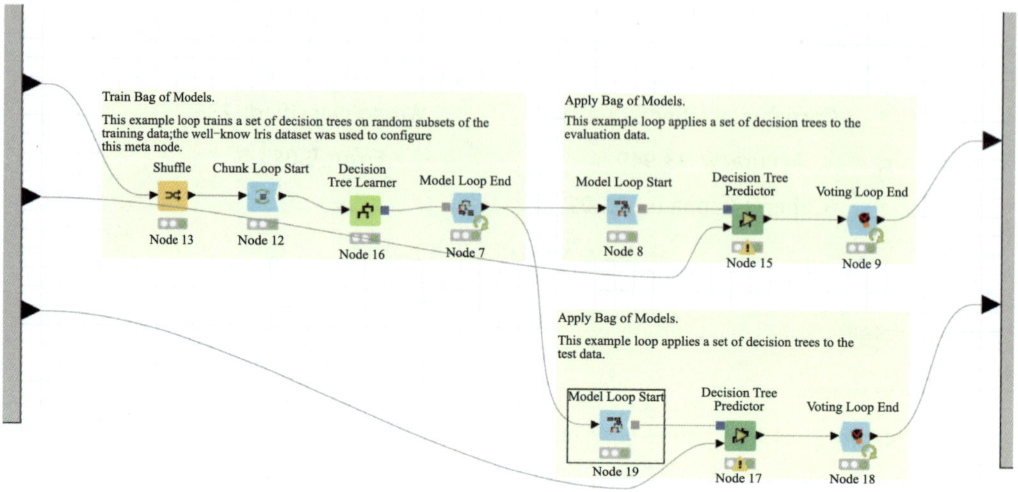

图 7-61　Bagging 节点

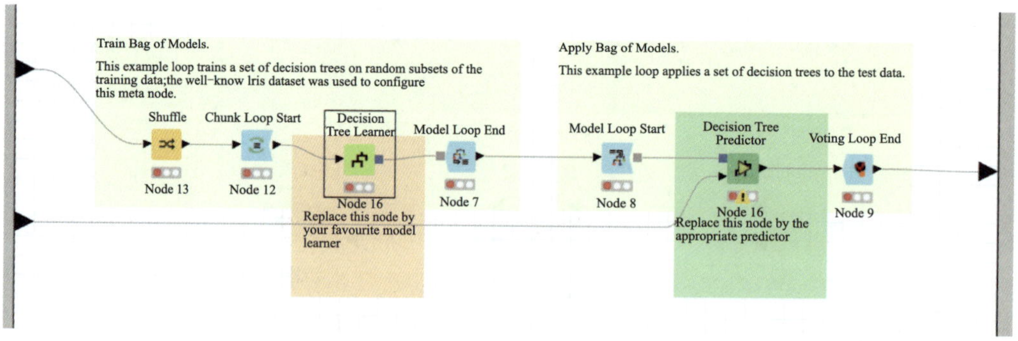

图 7-62　系统自带的 Bagging

可以对比图 7-62 和图 7-61，修改后增加了一个输入和一个输出。工作流本身的修改并不难，但是怎么增加输入和输出呢？右击系统自带的“Bagging”节点，在弹出的快捷菜单中选择“Metanode”→“Reconfigure”命令，如图 7-63 所示。分别单击“In Ports”和“Out Ports”的“Add”按钮添加输入和输出，如图 7-64 所示。这样就可以添加我们需要的输入和输出了，然后对应添加工作流即可。

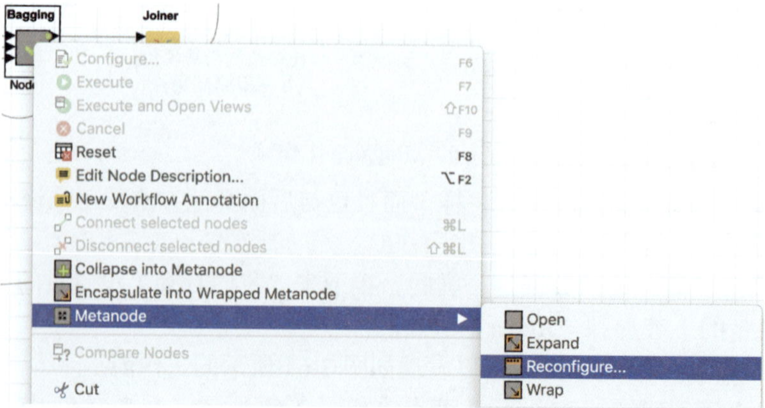

图 7-63　重新配置节点

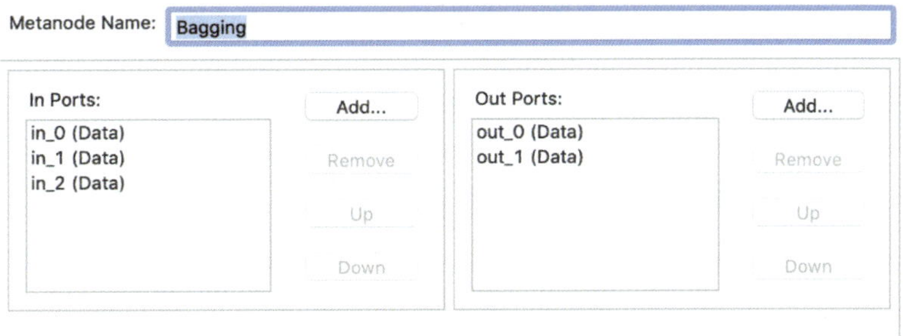

图 7-64　增加输入和输出

这个工作流很清楚地说明了袋装应该如何做。工作流分为两部分：一部分使用训练数据和验证数据，另一部分使用测试数据测试模型。现在我们不管测试部分，剩下的部分分为前后两段：

（1）使用训练数据训练若干个模型。

- 数据洗牌。
- 分别训练若干模型。

（2）使用验证数据给模型结果进行投票。

- 分别使用训练好的模型和验证数据进行预测。
- 结果投票。

具体来看，利用“Shuffle”节点进行数据洗牌，将数据顺序打乱。接着在“Chunk Loop Start”节点，打开其设置界面，如图 7-65 所示，进行 11 次运算，这里最好将次数设为奇数，因为有些袋装算法需要对结果做投票，偶数的话出现平局就不好处理了（但是，这里 KNIME 处理投票的方法是按概率值投票，如果是结果 0 还是 1 投票，会出现所有 11 个模型结果一样的问题，这可能是 KNIME 的一个 bug 吧）。接下来就开始模型的训练了。

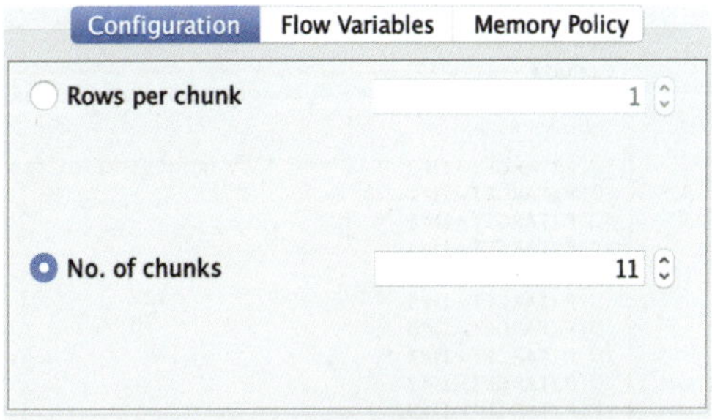

图 7-65　将数据分为 11 份

接着按图 7-66 所示设置“Decision Tree Predictor”节点。注意要将预测列改名（具体改成什么名字没有规定，但是必须要改。大家可以自己试试不改会有什么问题。提示：问题会出现在数据连接部分）。

下一步设置“Voting Loop End”节点，如图 7-67 所示，选择投票列为“P(TARGET=1)”。

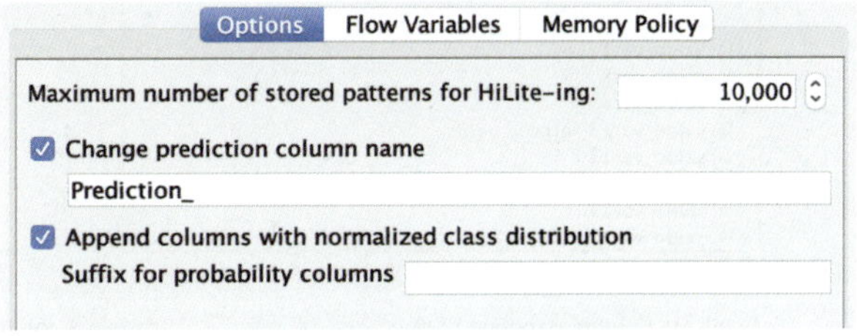

图 7-66　设置结束节点

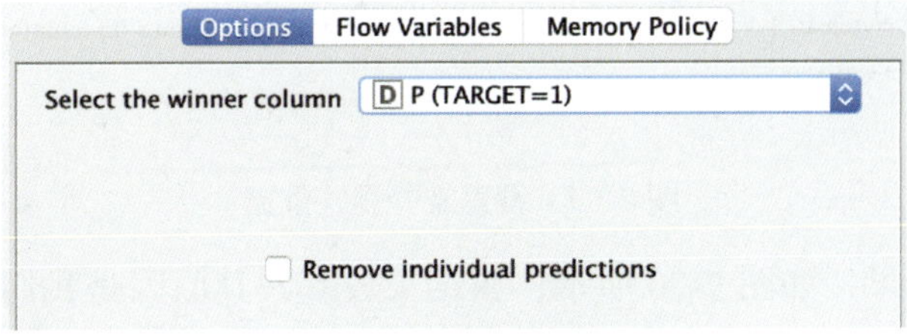

图 7-67 设置投票列

因为这个 Metanode 最后只输出投票结果而没有其他数据，所以为了画出 ROC 曲线，我们需要将其他数据整合进来。使用“Joiner”节点连接数据，在“Joiner Settings”标签中按如图 7-68 所示进行设置，以“Row ID”为连接标准。

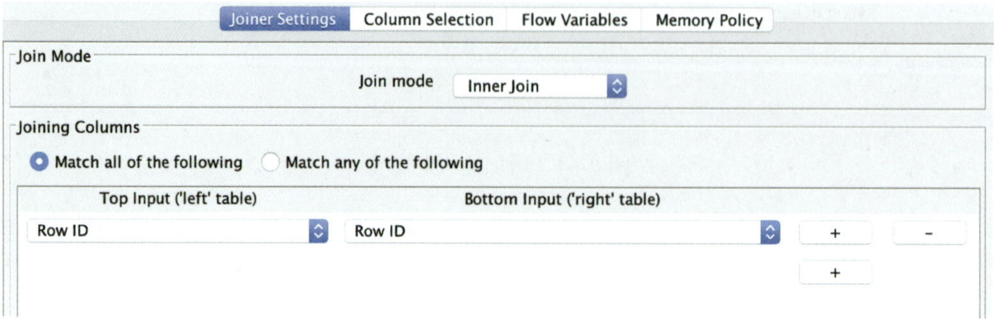

图 7-68 设置连接条件

接着在“Column Selection”标签中按图 7-69 所示设置需要留下的那些列。因为 ROC 曲线只需要真实值和预测值，所以这里我们也只留下这两列。

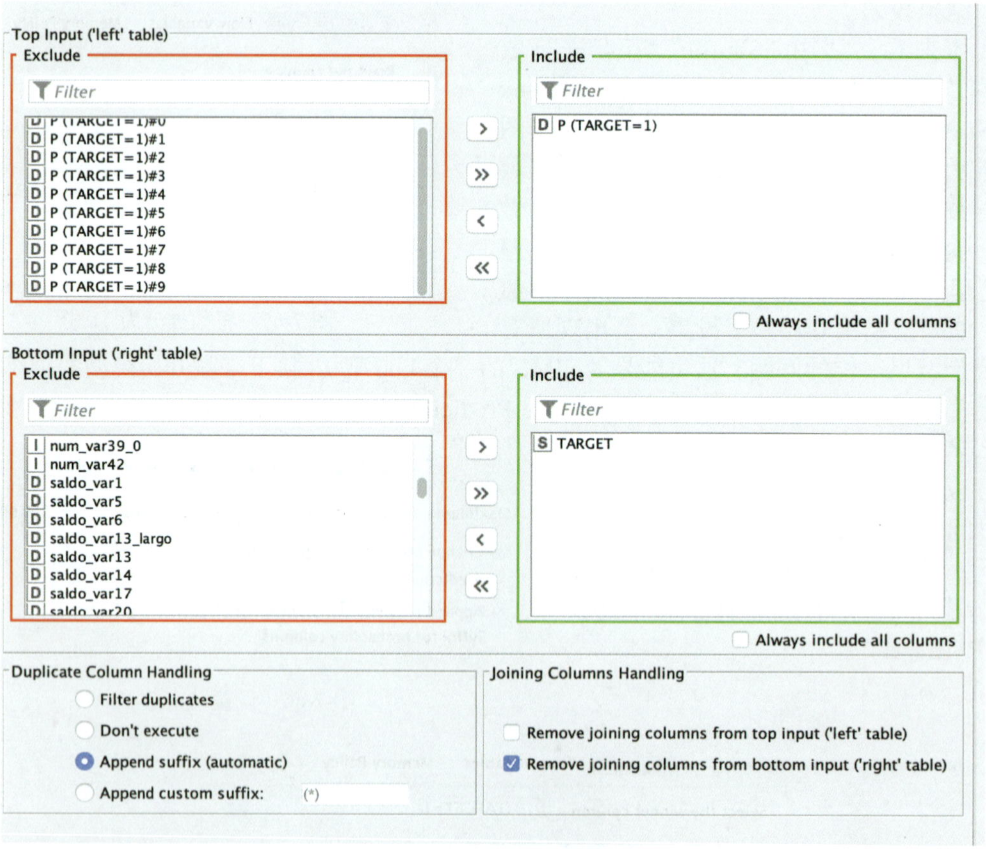

图 7-69 设置需要哪些数据

最后查看 ROC 结果，如图 7-70 所示，其结果较差，其原因是我们没有优化模型。

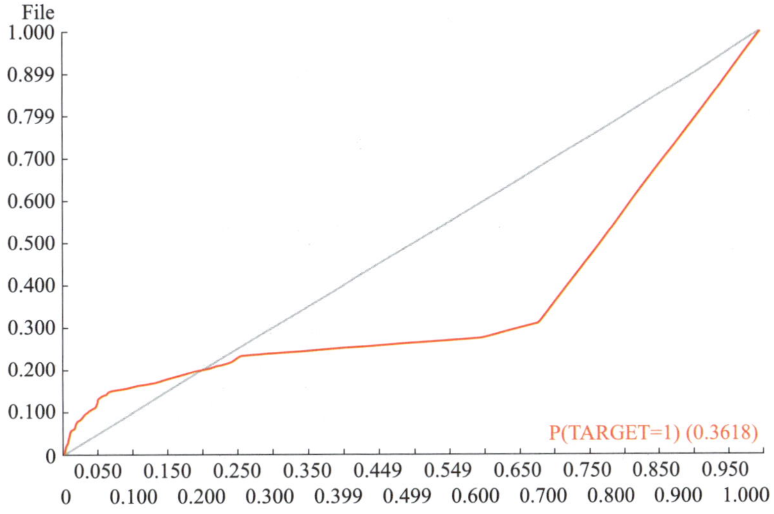

图 7-70 袋装 ROC 结果

7.4.3 随机森林

随机森林的工作流和决策树工作流基本一样，如图 7-71 所示，只是多了一个随机森林节点。

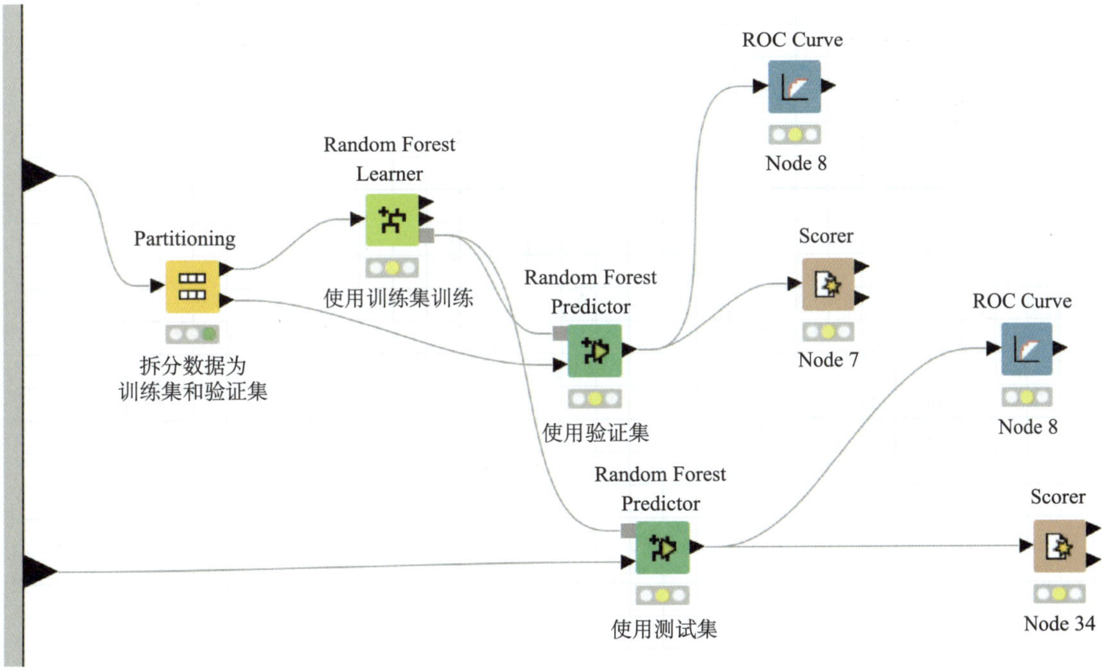

图 7-71 随机森林工作流

按图 7-72 所示进行设置，这里主要的设置是每个节点最少有 5 个数据（“Minimum node size”）、800 个模型（“Number of models”）。

开始运行后，应该需要等几分钟的时间，此时我们可以听到计算机中风扇的声音越来越大，说明随机森林使用很多模型耗费了较多资源。

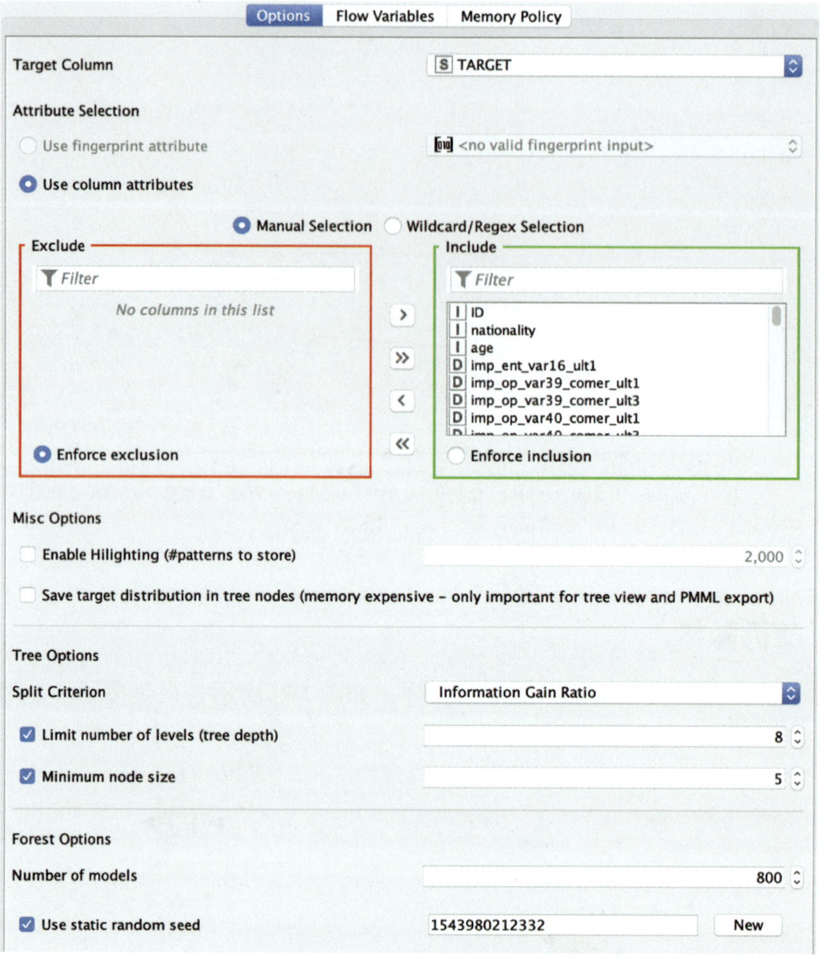

图 7-72　随机森林设置

如图 7-73 所示，观察 ROC 结果，只能说这个结果一般般。

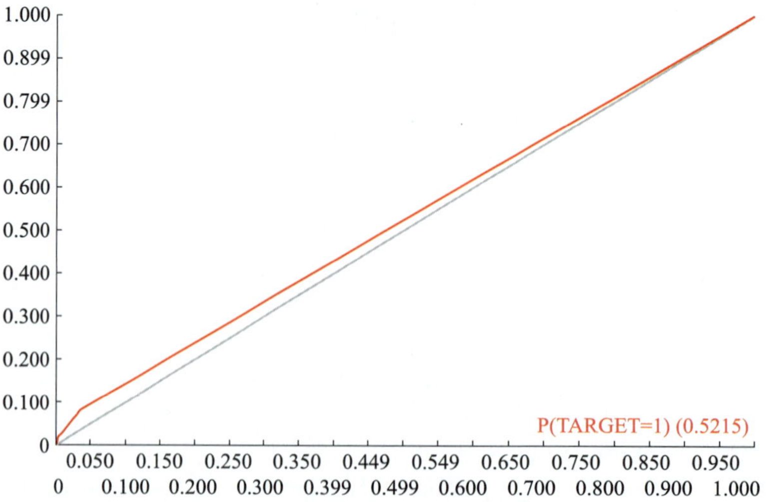

图 7-73　ROC 曲线

7.4.4　提升

最后来看下提升，其工作流，如图 7-74 所示。其中我们使用了 KNIME 内置的 “Gradient Boosted Trees Learner” 节点及其对应的 “Gradient Boosted Trees Predictor” 节点，其他节点都是我们熟悉的了。

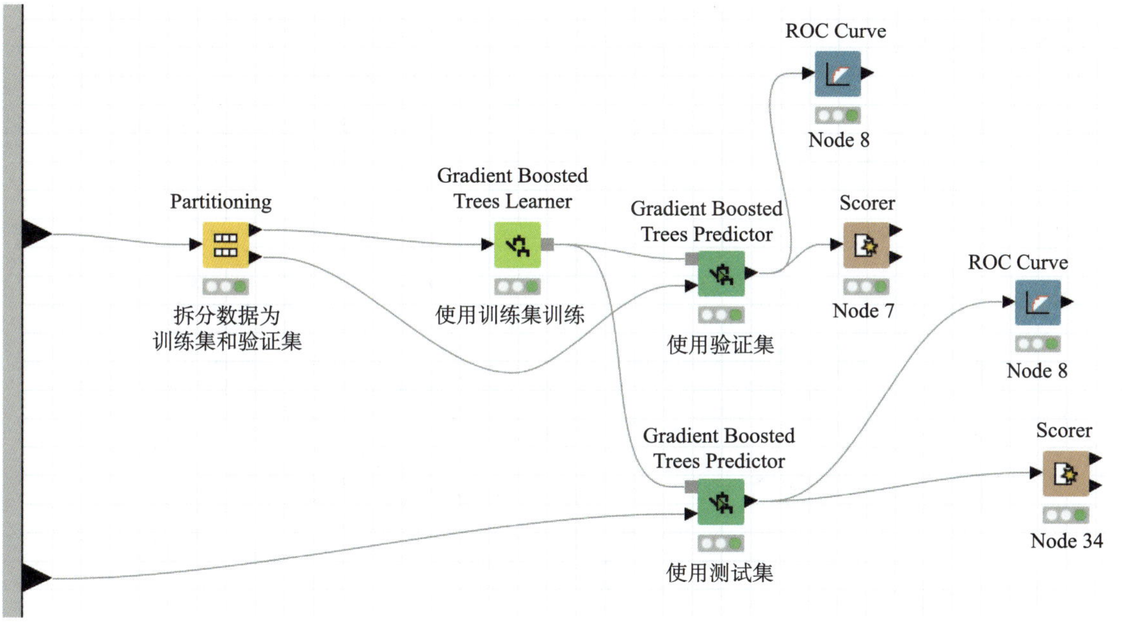

图 7-74　提升工作流

如图 7-75 所示，这里主要的设置是使用 100 个模型（“Number of models”）。这个算法也比较耗费资源，所以也要等几分钟时间。

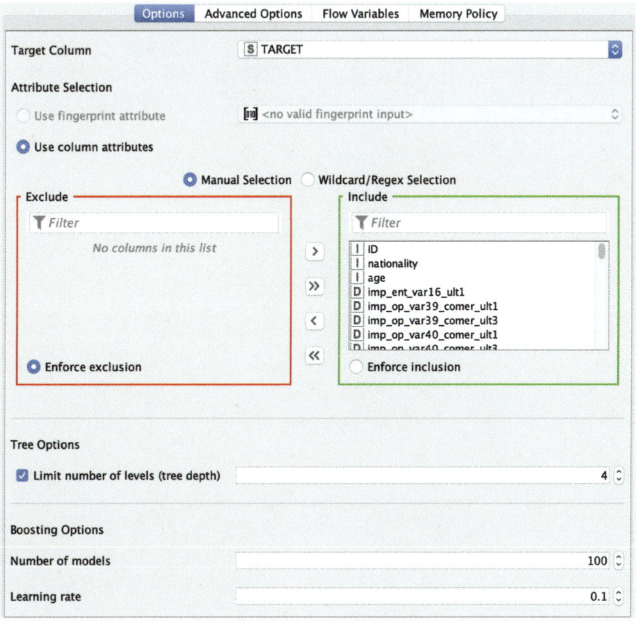

图 7-75　提升设置

最后查看一下结果，从图 7-76 所示的结果来看，提升的效果真的很好，没有辜负“提升”这个名字。

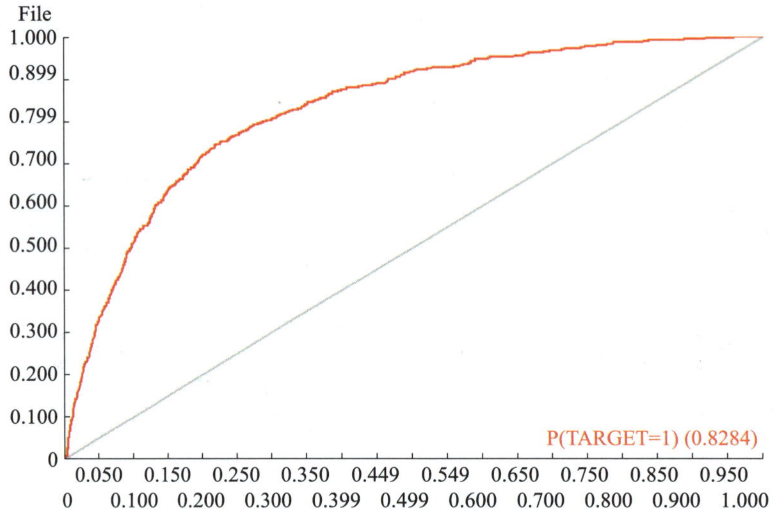

图 7-76　ROC 结果

大家自己尝试这几种方法，调试一下模型，看看能不能得到更好的模型。

7.5　课后练习

1. 验证集和测试集可以是同一组数据吗？
2. 剪枝为什么可以降低过拟合风险？
3. 简述袋装和提升的区别。

第8章 深入理解决策树

惊奇度（来衡量）……一个数字或者字母的不可预测性。

——梅伦·翠柏斯

知识点

- 信息熵
- 基尼不纯度
- 非平衡数据及其处理

8.1 决策树进阶

8.1.1 如何构建决策树

构建决策树的方法，简单地说就是找到将数据最好地分类的特征，将这个特征作为根，再使用某个规则分类数据，被分类的数据重复这个过程构建子树，直到完成构建。这句话隐藏着两个关键的问题：

- 什么是最好？
- 什么时候完成构建？

关于“什么时候完成构建”的问题已经在前面解决了，但是“最好”是什么呢？这部分我们就解决这个问题。最好的衡量标准有很多，比较常见的有信息熵和基尼不纯度。它们分别使用 ID3 算法和 CART 算法。

1. ID3 算法

ID3（Iterative Dichotomiser 3）算法以信息论为基础，使用信息熵（Entropy）和 信息增益（Information gain）为衡量标准来回答什么是最好的问题。

2. CART 算法

CART（Classification and Regression Trees）算法是一种二分类递归算法，每一步只判断“是”或“否”，使用基尼不纯度作为衡量标准来回答什么是最好的问题。

下面我们就分别看看这两个算法到底是什么意思。

8.1.2 ID3 算法决定什么是最好的

首先我们来理解 ID3 算法要做什么。因为 ID3 算法以信息熵（Entropy）和 信息增益（Information gain）为衡量标准，我们首先看看这两个概念。

1. 熵

熵最初是一个热力学概念，用来表示系统混乱的程度。例如，如图 8-1 所示，有三种形式存在的鸡蛋，如果让你数一数一共有多少个鸡蛋，你更愿意数哪个图中的鸡蛋呢?

图 8-1 你想数哪个图中的鸡蛋数目

不出意外的话，大多数人应该会选择数第一张图中的鸡蛋，因为这张图最不“混乱”。越混乱熵越大，对应地第一张图熵最小，第三张图熵最大。

2. 信息熵

信息论中熵又称为信息熵，是接收的每条消息中包含的信息的平均量。如果有三个人，他们的面前分别有图 8-1 中的一张图片，任务是数图中有多少个鸡蛋。这个时候三个人都发现桌子上放着一张小纸条告诉他们面前有多少个鸡蛋，哪个人感觉最“惊喜”呢? 显然是处境最“混乱”的人最“惊喜”，因为这条信息的信息量太大了。

图 8-2 迷失荒野

再举一个例子以便深入理解信息熵，并了解其计算方法。如图 8-2 所示，假设你在荒野迷路了，手机又不能上网，唯一的方法就是打电话求助，但是你的手机电量只够你说一句话，你的位置如图 8-2 所示，你准备说哪句话呢?

- 我在荒野。
- 我在树林和草原的分界处。
- 我在悦来客栈门口。

假设你在搜寻的人眼中是在四处游荡的，

也就是你在别人眼中出现在荒野任何地方的概率都是相等的。

- “我在荒野”这句话人人都知道，因为你 100% 是在荒野，显然这句话没有任何信息量。
- “我在树林和草原的分界处”这句话对信息的提升很有帮助，那么大的荒野，你能在这里的概率不高。这就是在一个平面上选了一条线，至少我知道要找的点在这条线上了。
- “我在悦来客栈门口”这句话就是告诉别人你的坐标了，那直接过去找你就行了。同时要注意，你在这里出现的概率太小了，这句话的信息量太大了。

从这个例子中，你应该已经发现了，信息量越大，事件发生的概率越小。为了让信息量具有可加性，定义一个事件 X 的信息量为概率倒数的对数：

$$I(X)=\log\left(\frac{1}{P(X)}\right)=-\log(P(X))$$

在一个系统中，有着大量的事件，这些事件的信息量的期望（平均值）就是这个系统的熵：

$$H(X)=E\left[(I(X))\right]=\sum_{i=1}^{n}P(x_i)\log_b\frac{1}{P(x_i)}$$

在这里 n 代表事件有多少种可能性，b 是对数所使用的底，通常是 2、自然常数 e，或是 10。当 b=2（ID3 算法中的情况），熵的单位是比特（bit）；当 b=e，熵的单位是奈特（nat）；而当 b=10，熵的单位是哈特（Hart）。

如果把每条消息看做一个系统，消息中每个比特看做是一个事件，信息熵就是接收的每条消息中包含的信息的平均量。信息量就代表了消息的不确定性。就像上面的荒野求生的例子，比较不可能发生的事情发生了，会给人更多的信息量。另一个理解是，我要你尽最大努力地猜测下一个事件，熵是你猜对之后的惊奇度，或者说熵就是你猜对了有多惊喜。你越惊喜，消息越有价值。

3. 信息熵计算举例

继续来看一个更简单的抛硬币的例子，它可以说明信息熵的取值。如果是一枚正常的硬币做抛硬币实验，你有多大可能猜对正反呢？概率是 1/2。如果双面完全一样的硬币呢？你没有可能猜错。你说哪个抛硬币实验猜对给你的惊喜更多，信息熵大？代入公式看看：

- 抛正常硬币，只有正反两种可能性，可知 n=2。正常硬币，正反概率都是 1/2。

$$H(X)=\sum_{i=1}^{2}\frac{1}{2}\log_2 2=1$$

- 抛双面相同硬币，只有一种可能，可知 n=1，其概率肯定为 1。

$$H(X)=\log_2 1=0$$

实际的情况，肯定是介于两种极端情况之间的。

4. 信息增益

信息增益就是在某个条件下，信息熵减少的程度。通俗地说，就是我告诉你一个秘密，能给你多大惊喜，能解决你多大的疑问。

在荒野求生例子中，每个答案看做一个秘密。信息增益当然是“我在悦来客栈门口”最大了。如图 8-3 所示，红圈代表所有可能，虚线蓝圈代表获取信息后可能的范围。不同的信息，可以缩小的范围是不同的，信息量越大，定位越准确。

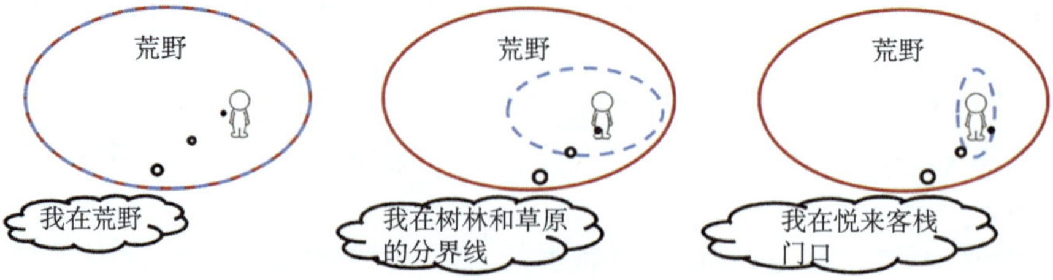

图 8-3　每个答案的信息量都不同

下面理解信息增益的公式：

$$\mathrm{IG}(T, a) = H(T) - H(T \mid a)$$

其中 a 就是那个求救信息，这个信息让搜索范围缩小了，将上面公式中的“$|a$”看做是因为 a 而缩小到的空间。信息增益就是这个空间缩小的大小，如图 8-4 所示。

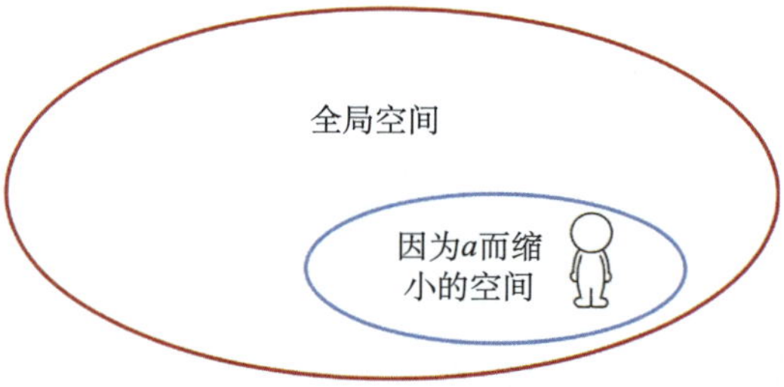

图 8-4　空间因为信息而缩小

有了这层理解，上面公式就是将你限定在某个更小范围的话，能增大多大的信息量。

5. 使用信息熵建立树

使用信息熵建立树的步骤为：

（1）计算数据的信息熵。

（2）计算每一个特征分类之后的信息熵。

- 计算此特征在每个取值情况下的信息熵。
- 计算这些信息熵的加权平均（期望）。
- 计算此特征的信息增益。

（3）将带来最大信息增益的特征作为根节点，此特征的不同取值作为树枝。

（4）使用其他特征继续构建分支。

（5）如果不能再分了（都一样或者特征用完了）就停止。

8.1.3　CART 算法决定什么是最好的

1. 基尼不纯度

基尼系数（Gini Coefficient，Gini Index），大家应该都在新闻里听说过，是判断年收入分配公平程度的指标。但是基尼不纯度（Gini Impurity）不是基尼系数，它是另外一个相关但是不同的指数。

大量中文和外文的文件将基尼系数和基尼不纯度搞混，大家一定要注意。维基百科甚至在“Gini impurity”内容备注了“Not to be confused with Gini coefficient.”，可见二者混淆的严重程度。

基尼不纯度简单来说就是尽最大努力猜的话猜对了会有多惊喜。准确来说，从一个集合中随机抽取一个元素，然后按照标签的分布情况随机打一个标签，基尼不纯度是标记惊奇程度的度量。是不是好像和信息熵的意思一样？

比较以下两个公式：

$$\text{Gini: Gini}(E) = 1 - \sum_{j=1}^{c} p_j^2$$

$$\text{Entropy: } H(E) = -\sum_{j=1}^{c} p_j \log p_j$$

公式也基本一样吧？事实上，使用哪个作为错误程度的衡量标准也没有太大的影响。

2. 使用基尼不纯度构建树

其步骤与信息熵相同：

（1）计算数据的基尼不纯度。

（2）计算每一个特征分类之后的基尼不纯度。

- 计算此特征在每个取值情况下的基尼不纯度。
- 计算这些基尼不纯度的加权平均（期望）。
- 计算此特征的基尼增益。

（3）将带来最大基尼增益的特征作为根节点，此特征的不同取值作为树枝。

（4）使用其他特征继续构建分支。

（5）如果分无可分了（都一样或者特征用完了）就停止。

CART 和 ID3 算法最大的区别就是使用了不同的指标进行分类，而另一个区别就是 ID3 只能用于分类问题，而 CART 既可以用于分类问题又可以用于回归问题。

8.1.4 KNIME 设置

在上一章银行客户分类问题中，在决策树训练节点设置中，可以选择“Gain ratio”或者“Gini index”，前者就是信息增益方法，后者就是基尼不纯度方法，如图 8-5 所示。尝试两种方法，看看哪一个方法得出的模型更好。

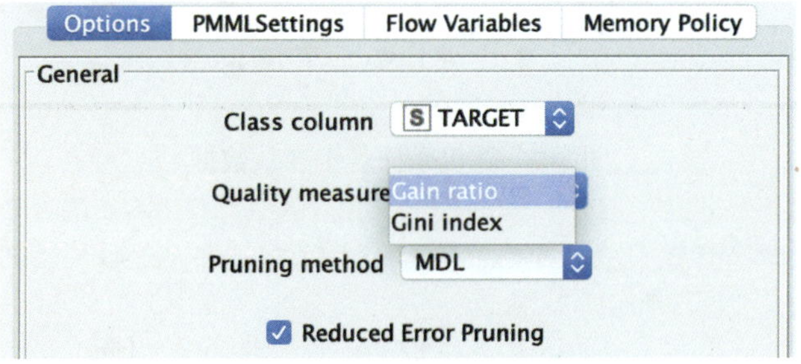

图 8-5　决策树算法选择

8.2 数据不平衡问题优化

在上一章的银行客户分类问题中，我们要判断 TARGET，但是这个数据为 1 的只占 4%

左右，大量数据都是 0。我们的目的是尽可能找到数据为 1 的那些客户，但是假设将所有客户都判断为 0，最终正确率也会有 96%（见图 8-6），导致模型不能很好地解决我们的问题。

TARGET \ ...	0	1
0	11701	0
1	463	0

Correct classified: 11,701　　Wrong classified: 463

Accuracy: 96.194 %　　Error: 3.806 %

Cohen's kappa (κ) 0

图 8-6　全都判断为没有不满意

要解决这个问题，需要有几种算法：

- 对多数数据降采样。
- 对少数数据过采样。
- 调整损失函数使其更看重少数数据。
- 合成更多“少数数据”。

8.2.1　多数数据降采样

这种方法就是随机采样部分多数数据，使采样到的多数数据和原始数据集中的少数数据数量差不多。如图 8-7 所示，红色数据点远远多于蓝色数据点，首先随机采样若干多数数据，然后在训练模型时只使用采样到的数据，如图 8-8 所示。但是很明显，这个方法丢弃了大量数据，不利于模型训练。

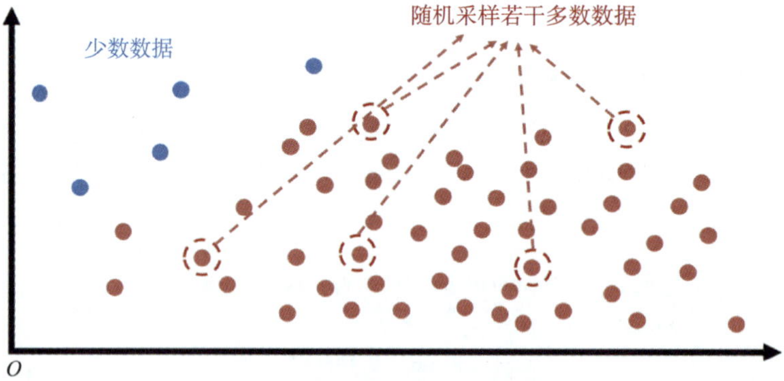

图 8-7　随机采样若干多数数据

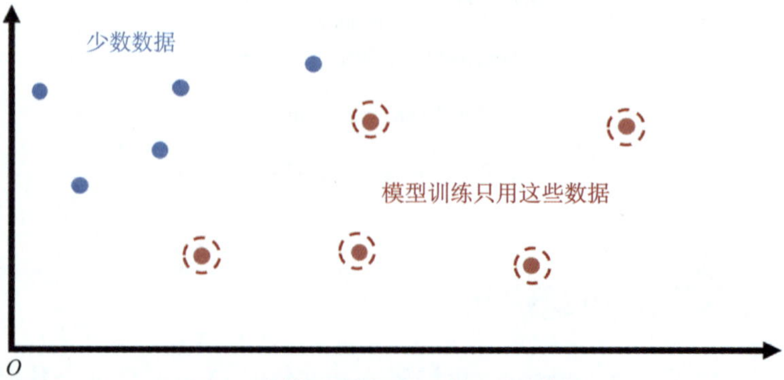

图 8-8　模型训练只用采样到的数据

KNIME 采用“Equal Size Sampling”节点完成此操作。在图 8-9 所示的工作流中显示了多数数据降采样。注意“Equal Size Sampling”必须只用在训练集，一定不要用在验证集或测试集。

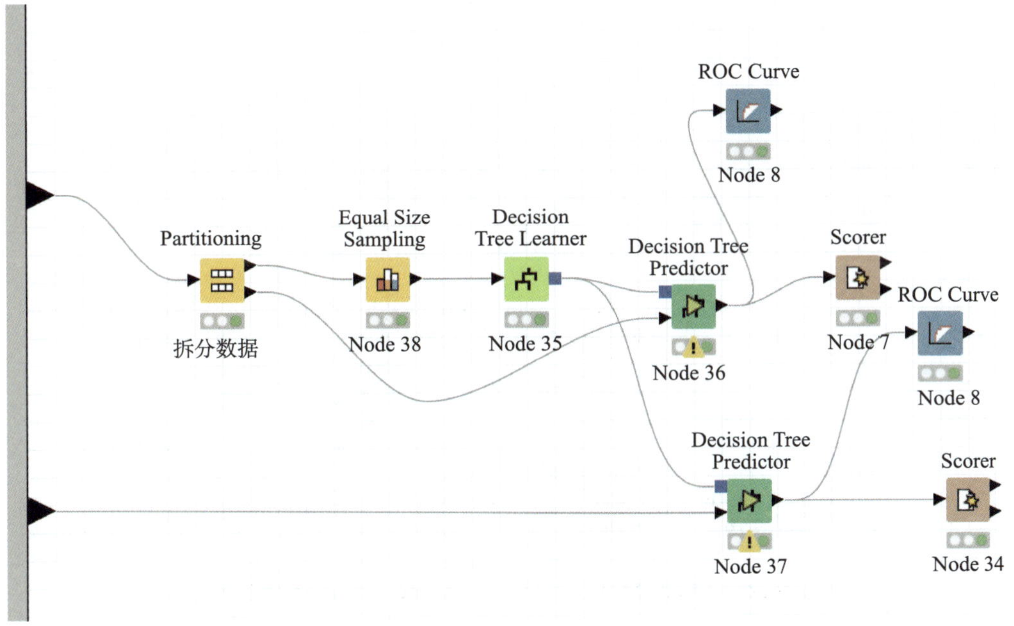

图 8-9　实现多数数据降采样的工作流

“Equal Size Sampling”节点设置比较简单，主要选择对谁操作，这里的“Nominal column”选择为“TARGET”。选中“Use exact sampling”会严格要求两类数据数量一样多，比较耗费资源，这里不采用。我们只需要两类数据大致一样多就可以了，所以选择“Use approximate sampling”，如图 8-10 所示。

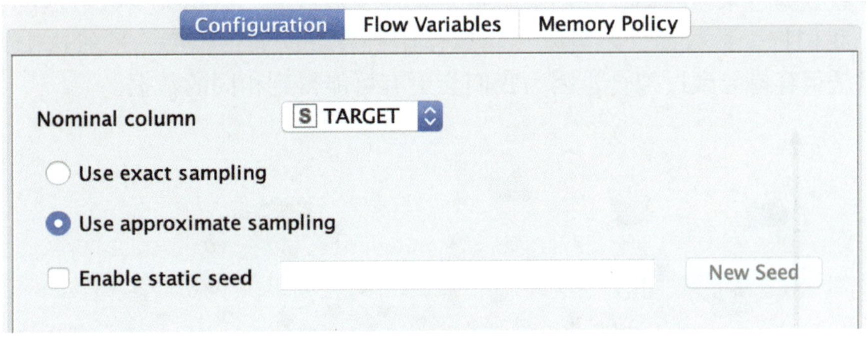

图 8-10　节点设置

接下来就看看结果如何，训练数据一共有 48652 个，降采样之后只剩下了 3937 个。这里直接观察测试集结果，从图 8-11 中可以看出 ROC 比之前好多了。

从图 8-12 所示结果来看，虽然准确率不怎么高，但是我们捕捉到了更多的不满意客户。袋装等其他模型的降采样方法类似，请大家自己尝试。

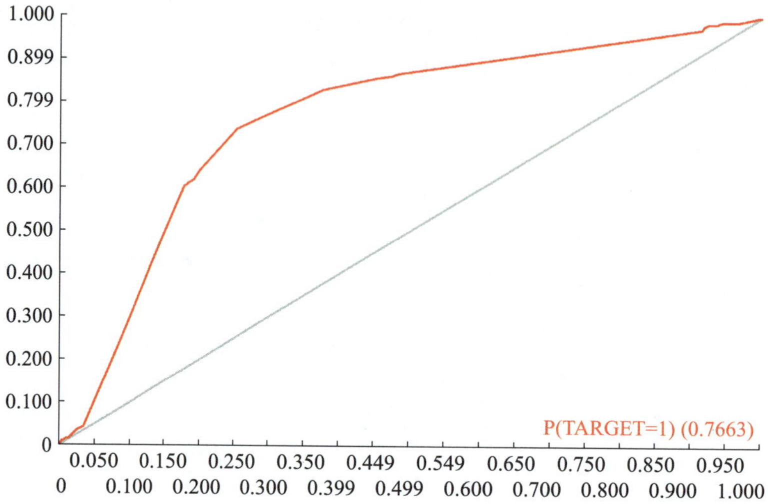

图 8-11　ROC 曲线

File　Hilite

TARGET \ ...	0	1
0	10909	3701
1	156	438

Correct classified: 11,347　　Wrong classified: 3,857

Accuracy: 74.632 %　　Error: 25.368 %

Cohen's kappa (κ) 0.125

图 8-12　混淆矩阵

8.2.2　少数数据过采样

使用少数数据过采样的话，我们随机重复采样少数数据，以增大少数数据的数目。如图 8-13 所示，我们将少数数据大量重复，然后使用所有数据训练模型。虽然这个方法没有丢弃数据，但是很容易导致过拟合，因为我们会更有可能得到相同的数据。

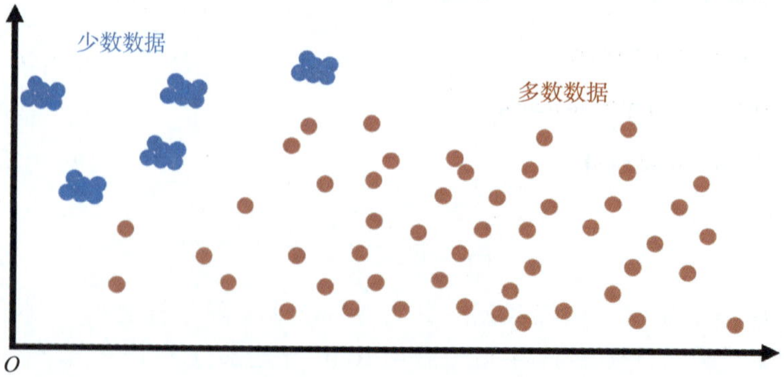

图 8-13　少数数据过采样

KNIME 并没有提供此算法节点，不过间接提供了一个类似的功能。具体工作流，如图 8-14 所示，其实就是将决策树节点替换成了“Tree Ensemble Learner”节点。

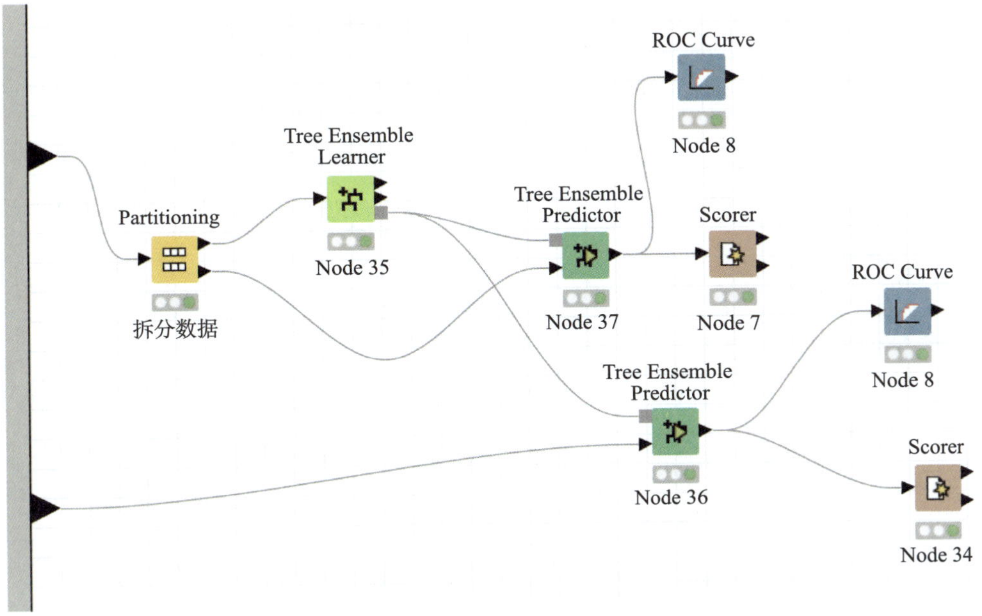

图 8-14 少数数据过采样工作流

“Tree Ensemble Learner”节点其实相当于一个设置更多的随机森林模型，其设置如图 8-15 所示。“Ensemble Configuration”标签下的设置与采样有关。在“Data Sampling（Rows）”中，“Fraction of data to learn single model”设置为 1，即使用的数据量等于实际数据量。“Data Sampling Mode”使用“Equal size”，就是使用与少数数据同样的个数。但是多数数据怎么可能和少数数据一样多呢？所以这里采用放回抽样，即选中“With replacement”，这样的话就会导致少数数据过采样。

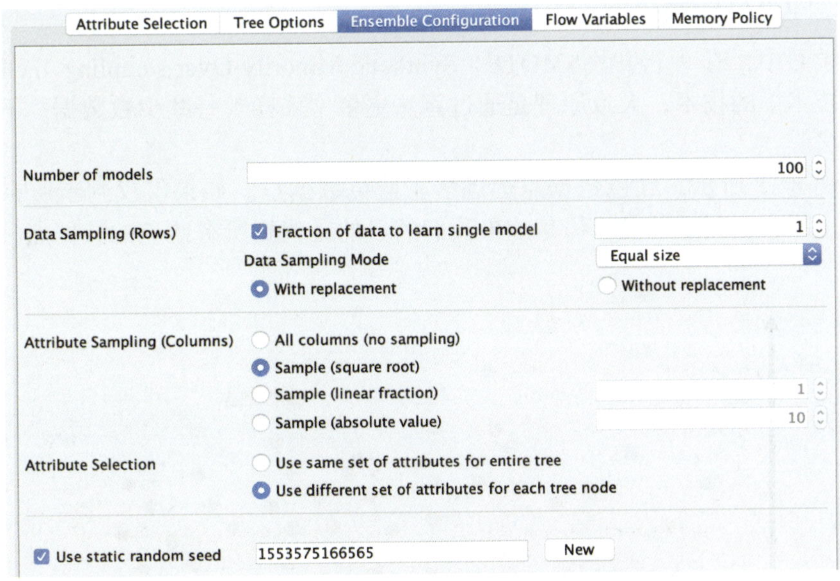

图 8-15 “Tree Ensemble Learner”节点设置

观察如图 8-16 所示测试结果的 ROC 曲线，可以发现这个算法的结果有了不小的提高。

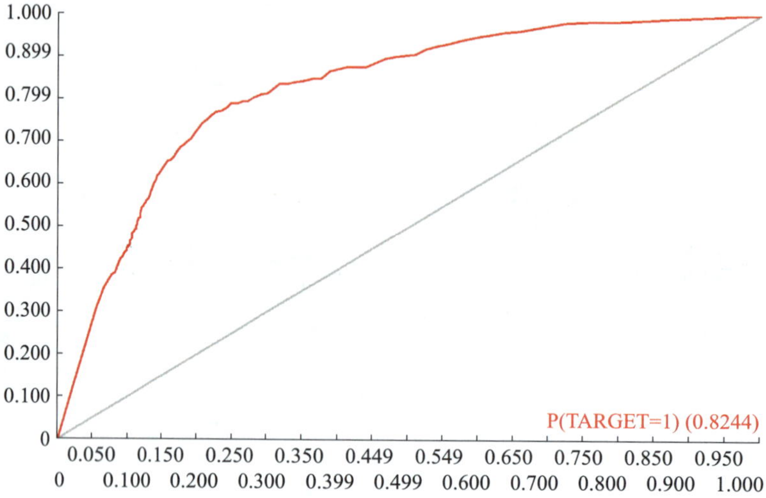

图 8-16　少数数据过采样 ROC 曲线

如图 8-17 所示，观察其混淆矩阵，可以发现效果也比只使用决策树好多了。

TARGET \ ...	0	1
0	12047	2563
1	187	407

Correct classified: 12,454　　Wrong classified: 2,750

Accuracy: 81.913 %　　Error: 18.087 %

Cohen's kappa (κ) 0.175

图 8-17　少数数据过采样混淆矩阵

8.2.3　SMOTE 算法

在机器学习中，有一个叫做 SMOTE（Synthetic Minority Over-sampling Technique，合成少数过采样技术）的技术，大致原理是通过算法更多“采样”一些少数数据。下面我们理解一下这个算法。

数据如图 8-18 所示，红色数据点远远多于蓝色数据点。如果仅仅判断所有点都是红色的，正确率也不会差到哪里去。但是如果我们的目的是找到所有蓝色的数据点，那么问题就很严重了。

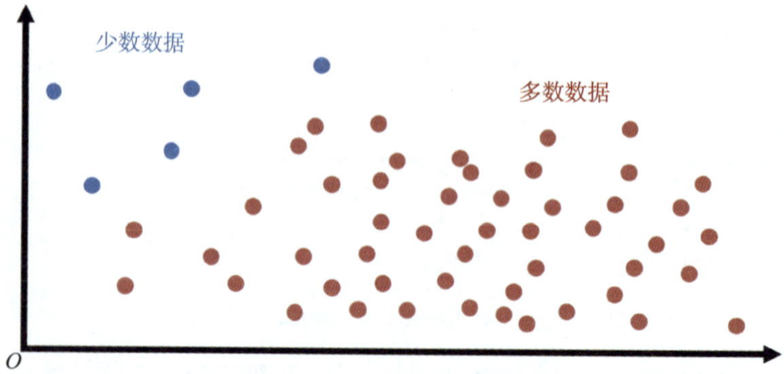

图 8-18　不平衡的数据分布

SMOTE 算法会在已有的数据之间合成新的少数点。如图 8-19 所示，假设把各个蓝色点都连起来，然后在每条连线上都人工合成若干个数据点，这样就可以大大增多蓝色点的数量，达到平衡两种数据点的作用。

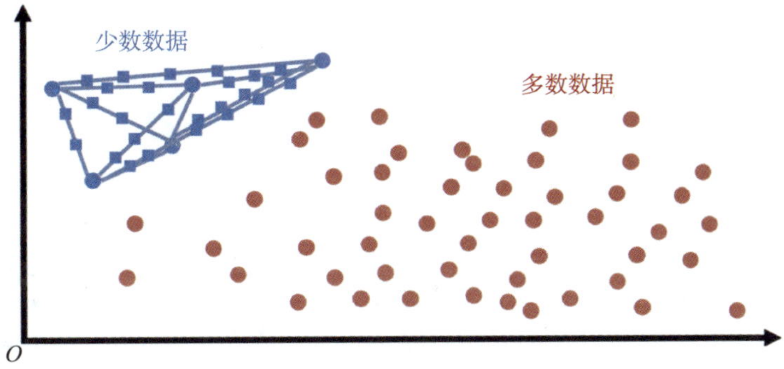

图 8-19　创建人工合成点

在采用 SMOTE 算法合成少数点时，是否应该每个少数点都和其他所有点相连呢？显然这是不现实的，在实际应用中，我们通过 k 参数来设置需要如何连线。如图 8-20 所示，当 $k = 1$ 时候，以某一个点为例，以这个点为圆心画圆，慢慢增大圆的半径，当此圆触及到一个点的时候停止。然后将这两个点相连，在此线段上的随机位置合成新的点。

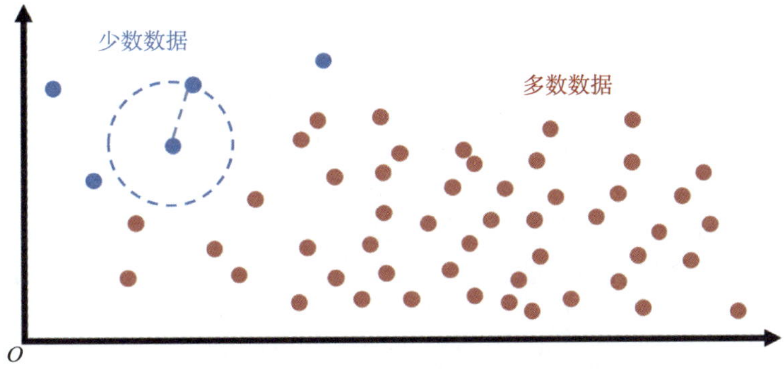

图 8-20　$k = 1$

类似地当 $k = 2$ 时，如图 8-21 所示，以这个点为圆心画圆，慢慢增大圆的半径，当此圆触及两个点时停止。然后将圆心的点与触及到的两个点分别相连，在两个线段上的随机位置合成新的点。

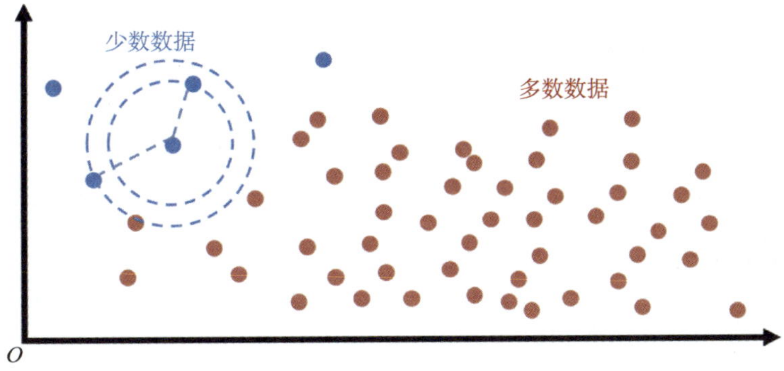

图 8-21　$k = 2$

KNIME 很贴心地提供了我们一个“SMOTE”节点的使用方法，它对输入数据进行过采样（即添加人工行）以丰富训练数据。图 8-22 所示的是其在决策树中对应的工作流。注意“SMOTE”必须只用在训练集，一定不要用在验证集或测试集。

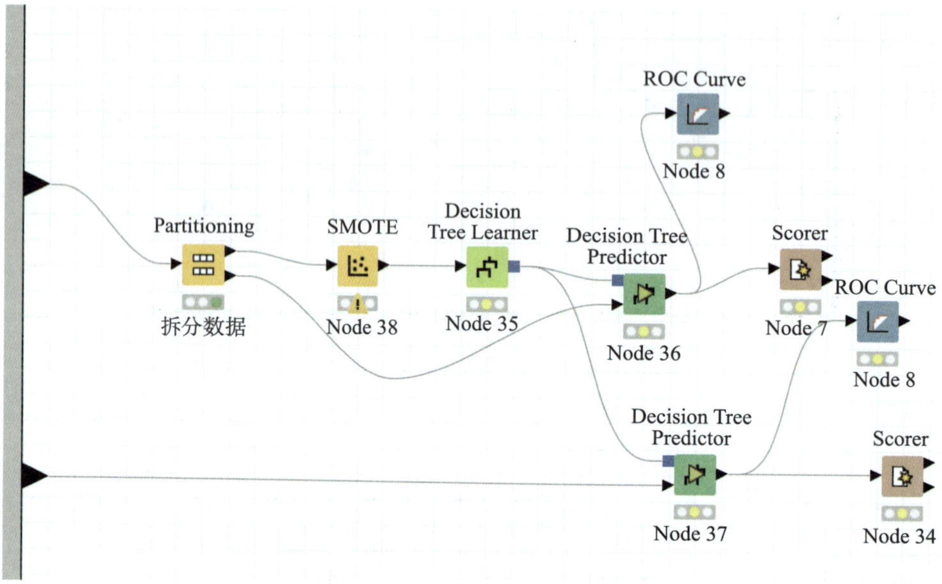

图 8-22　使用 SMOTE 的工作流

但是这个算法有一个很严重的问题，就是当特征比较多时，运算速度会特别慢。所以对于高维数据来说，这个算法实用性比较差。不过这里简单介绍一下 KNIME“SMOTE”节点的设置，方便我们在合适的例子中使用。如图 8-23 所示，“Nearest neighbor”就是上面介绍的 k 参数，“Oversample by”表示要添加几倍的少数数据，“Oversample minority classes”表示直接将少数数据过采样到和多数数据一样多。

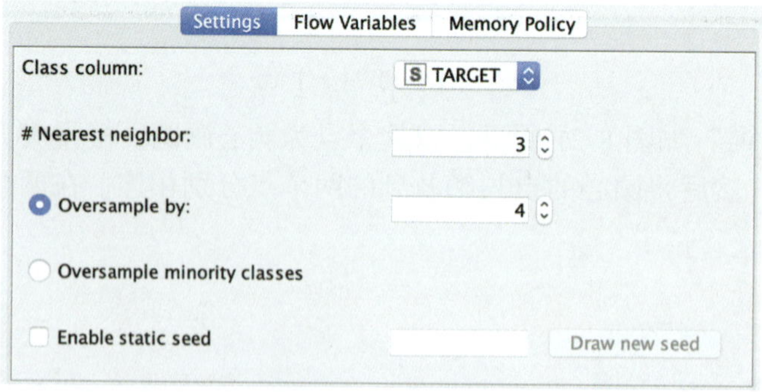

图 8-23　节点设置

8.3　课后练习

1. 听说过“宇宙热寂”吗？自己查一查。
2. 数据不平衡有什么危害？

第9章 贝叶斯分析

如果其他可能性都被证明为不可能，那么看上去可能性极小的那个，就是事实。

——福尔摩斯

知识点

- 条件概率
- 样本空间
- 贝叶斯定理

9.1 贝叶斯定理

9.1.1 基本术语

1. 概率

我们经常说起概率，但是概率究竟是什么呢？概率常用来量化对于某些不确定问题有多少可能性会发生。这种可能性可以用 0 到 1 之间的数值来表示，这个数值就是概率。事件发生的概率越高，我们越确定这个事件可能发生。比如抛硬币的例子，正面朝上及背面朝上的两种结果看来概率相同，每个的概率都是 1/2，也就是正面朝上及背面朝上的概率各有 50%。

一个事件 A 的概率可以用 $P(A)$ 来表示。

2. 样本空间

样本空间是一个实验或随机实验所有可能结果的集合，而随机实验中的每个可能结果称为样本点，全集（Ω）就是包含所有样本点的空间。例如在抛硬币的例子中，样本空间就是集合 { 正面，反面 }，这个集合也是全集。如果是投掷骰子，样本空间就是 { 1，2，3，4，5，6 }，同样这个空间也是全集。

9.1.2 条件概率

前面说的 $P(A)$ 其实就是事件 A 在全集空间中的概率，可以写成 $P(A|\Omega)$。

但是如果已知部分信息的条件下，判断结果会是什么呢？这其实就是一个缩小样本空间的问题。在如图 9-1 所示的投掷骰子例子中，样本空间就是 { 1，2，3，4，5，6 }，如果通过某种渠道得知这个骰子被人做了手脚，最后结果只能出现 { 4，5，6 }，这样其实样本空间就不是全集空间了，而是另一个只由 { 4，5，6 } 构成的小样本空间，这个空间记为 B。掷骰子结果的概率如果还是写成 $P(A)$ 的话，显然不能表达已经缩小了样本空间的条件。为了表达这种变化了的样本空间，可以写成 $P(A|B)$，这个式子就是在样本空间 B 中，事件 A 发生的概率。

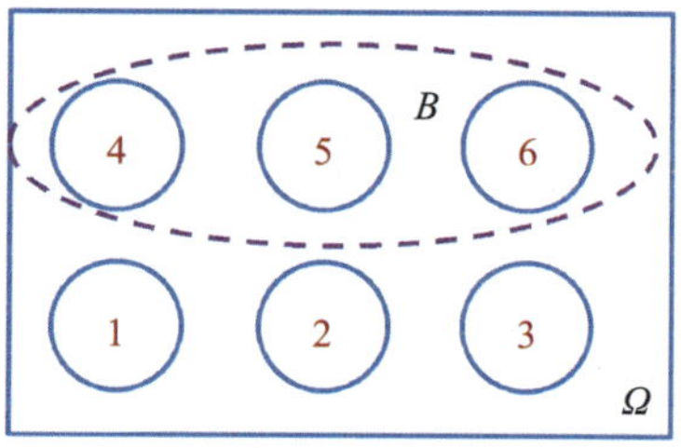

图 9-1 投掷骰子例子

显然，在缩小了样本空间后，我们对 { 4，5，6 } 发生与否更加确定了。如果我们可以进一步压缩样本空间，就可以进一步确定了。

1. 样本空间理解

为了计算 $P(A|B)$，我们先用样本空间的概念来理解。如图 9-2 所示，我们要知道 A 事件在 B 空间发生的概率。原本的全集空间 Ω，缩小成了 B 空间，这样就是计算在 B 空间中，A 发生的概率是多少。

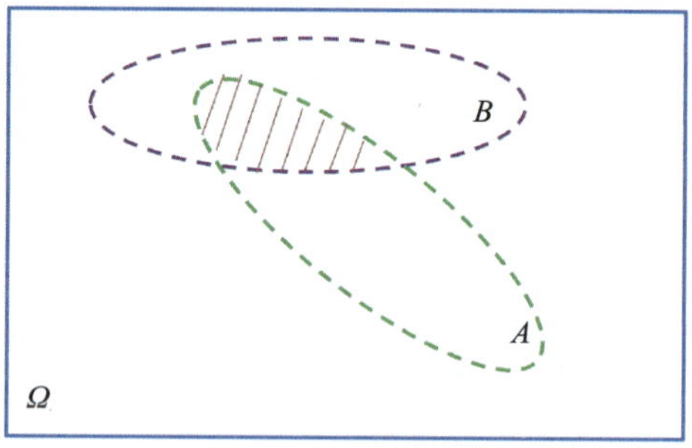

图 9-2 条件概率

我们分两步计算：

第一步，空间中 $P(A|B)$ 到底指的是哪部分？

由图 9-2 可见，B 空间中 A 发生的概率可以对应到全集空间中“A 并且 B 发生的概率”的部分，也就是和 $P(AB)$ 有关。

第二步，进入 B 空间。我们刚才处于全集空间，但是计算的是在 B 空间中的情况，那么这一步就要进入 B 空间了。

B 空间比全集空间要小，进入 B 空间，相当于视场从远到近的拉近过程，B 空间内的一切都变得更大了（示例如图 9-3 所示）。

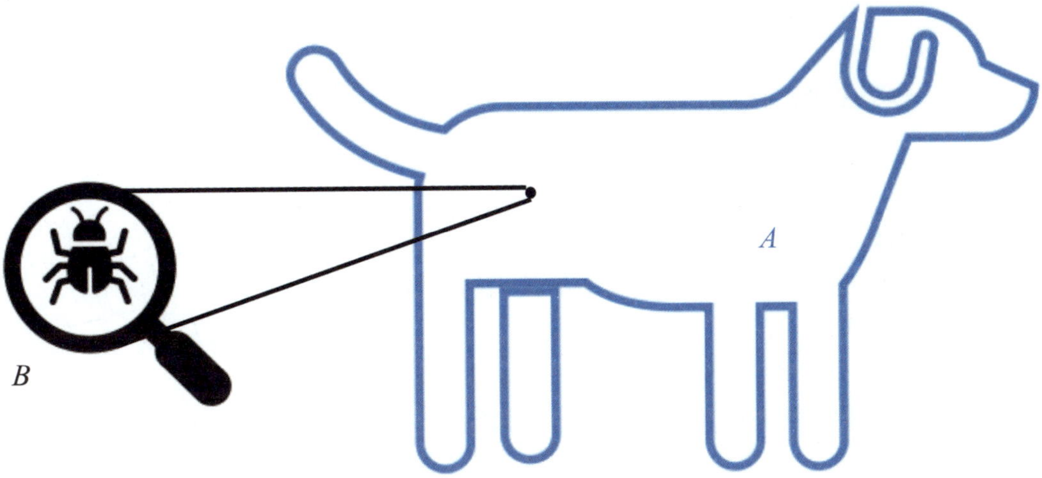

图 9-3　视场拉近后变得更大

如图 9-4 所示，假设 B 空间内还有一个子空间 C，我们已经测量了它的体积占 B 空间的 c_b%。如果 B 空间占全集空间体积的 b%，那么 C 空间在全集空间中的体积占比可以如下计算，也就是需要从 B 进入全集空间：

$$c\%=c_b\%\times b\%$$

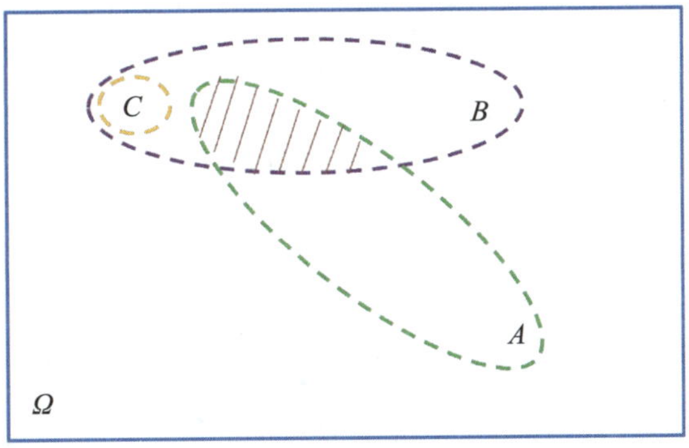

图 9-4　子空间

反过来，如果我们已知 C 在全集空间中的体积，然后求 C 在 B 中的体积，就应该如下操作，也就是从全集空间进入 B 空间：

$$c_b\%=\frac{c\%}{b\%}$$

上面我们从空间体积的思路对一个子空间在不同父空间中的体积占比有了直观印象，下一步就是把这些体积的直观感受转换为概率。概率可以想象为体积比，一个物体在一个空间中体积占比越大，这个物体越容易被发现，对应的发现它的概率就越大。

2. 使用样本空间的概念计算

根据上面第一步的分析，可知 $P(A|B)$ 在全集空间看就是 $P(AB)$ 部分。根据上面第二步的分析，我们需要进入 B 空间，在全集空间中发生 B 的概率为 $P(B)$。那么可知：$P(A|B)=P(AB)/P(B)$。上面公式可以理解为：在 B 空间中 A 的占比就是在全局空间中 AB 的占比对应在 B 空间的占比。这里如果可以很好地建立起概率空间的直觉体系，那么以后接触

到的无论是全概率还是贝叶斯，就都很轻松了。

9.1.3 全概率和贝叶斯

如图 9-5 所示，全集空间划分为 A_1，A_2，A_3，⋯，A_n 这些子空间，我们想要求阴影区域 B 的概率（面积）。如果 B 在各个子空间的面积容易求得的话，那么 B 的面积完全可以变为 B 在各个子空间中的面积的和。转换为概率公式就变成了：

$$P(B)=P(A_1)P(B|A_1)+P(A_2)P(B|A_2)+P(A_3)P(B|A_3)$$

我们可以把这种求概率的策略理解为“分而治之”的策略。

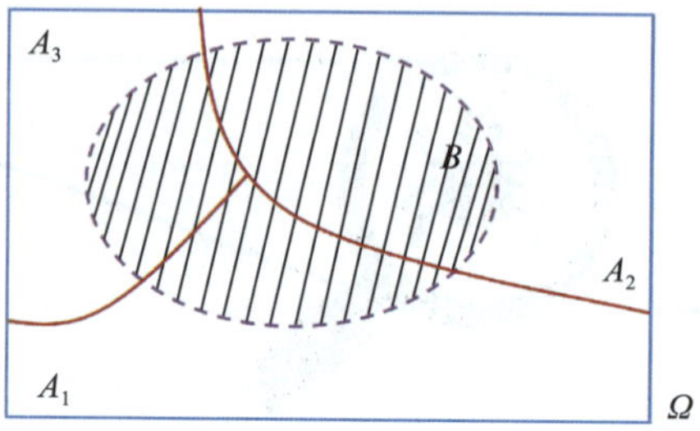

图 9-5 全概率公式

9.1.4 贝叶斯定理

贝叶斯定理可以理解为确定你到底在哪里的过程。还是以图 9-5 所示全概率公式为例，我们想要知道自己在 A_3 空间的可能性有多大，在全局空间中，A_3 的面积是 $P(A_3)$。我们需要更多的证据来判断我们到底在哪里。随着证据的增多，我们观测到 B 发生了，B 在全集空间发生的概率为 $P(B)$。那么我们在 A_3 空间的可能性因为有了新的观测数据，需要改写为 $P(A_3|B)$，也就是在 B 发生的情况下，我们在 A_3 空间的可能性。根据条件概率公式，我们可以得出这个计算公式：

$$P(A_3|B)=\frac{P(A_3B)}{P(B)}$$

$$P(A_3|B)=\frac{P(B|A_3)P(A_3)}{P(B)}$$

这个公式可以结合图 9-6 来理解。分析上面的过程，最开始的时候，我们没有任何信息，只能在全集空间中判断，得出一个先验概率：$P(A_3)$。然后因为有了新的信息，我们可以根据新的信息缩小范围，得到一个后验概率：$P(A_3|B)$。贴近生活的理解，我们可以将贝叶斯理论理解为如何断案，是一个推断的过程。假设你是福尔摩斯，找到了一个命案嫌疑人，他无罪和有罪的概率此时比如是 P(凶手)=0.5，P(不是凶手)=0.5。这个时候，你发现嫌疑人进行过一次抢劫，那么我们根据新的信息推断，P(凶手 | 抢劫)=0.6，P(不是凶手 | 抢劫)=0.4。然后根据后续不断地观察，新的信息越来越多，P(凶手 | 抢劫∩放火∩拐卖)=0.99，P(不是凶手 | 抢劫∩放火∩拐卖)=0.01。那么此时，根据足够的信息，此人是凶手的概率已经很高，我们有理由相信，他就是凶手。引起一个结果的原因有很多，贝叶斯理论就是在知道了结果的条件下，去反推到底是什么原因的过程。

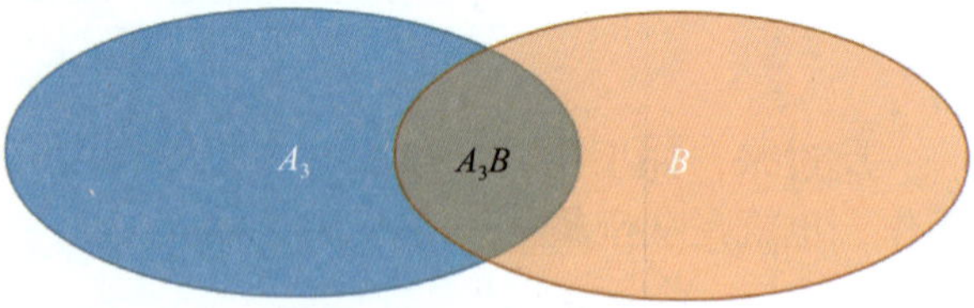

图 9-6 两个集合的交集

用标准术语描述，贝叶斯定理描述了如何使用证据（我们在哪里，在哪个样本空间中）和先验信念（全集空间，或者更大的那个空间）计算事件或假设的条件概率。我们从先验信念开始，然后获取一些数据并用它来更新我们的信念。更新后的信念被称为后验（信念）。我们之后获得了更多的数据，旧的后验成为一个新的先验，循环重复。

贝叶斯定理用公式来表示：

$$P(\theta \mid X)=\frac{P(X \mid \theta)P(\theta)}{P(X)}$$

其中，X 是证据，θ 是信念。

- $P(\theta)$：就是先验概率，它代表了我们通过过去经验获得的信念，比如上面例子中嫌疑人在没有其他证据出现时是凶手的概率为 0.5。但是根据“嫌疑人进行过一次抢劫”，我们又可以将这个“P（凶手 | 抢劫）=0.6”作为过去经验得来的信念而作为下一步的先验概率继续后续计算。
- $P(X)$：证据出现的概率。
- $P(X|\theta)$：在某信念条件下出现某证据的可能性，也就是似然。如上面例子中，就是我们相信嫌疑犯是凶手的话，有多大可能会发现他有过抢劫。一般似然记为 $L(\theta|X)$。
- $P(\theta|X)$：后验概率，有了新的证据后更新的信念。

因为我们最终比较的是后验信念中哪个更大，我们选择“相信”更大的那个，而这个比较过程中 $P(X)$ 都是一样的，所以在一般使用中，我们把上述公式写成：

$$P(\theta \mid X) \propto P(X \mid \theta)P(\theta)$$

简单来说就是旧的信念（$P(\theta)$）经过新的证据（ $P(X|\theta)$）的支撑而更新为新的信念（$P(\theta|X)$）。如果有多个证据的话，就将所有证据相乘得到新的信念，即：

$$P\left(\theta \mid X \cap Y \cap Z\right) \propto P(X|\theta)P(Y|\theta)P(Z \mid \theta)P(\theta)$$

在机器学习中，数据就是证据，结果就是信念，我们的目的就是使用数据更新我们的信念。

9.1.5 贝叶斯定理在机器学习中的应用

例如，图 9-7 所示为根据评论语句分析个人情感为正面评价还是负面评价的例子，现在假如我们一共有 100 条评论，其中 60 条是正面的，40 条是负面的，则先验概率 P（正）=0.6，P（负）=0.4。接下来开始搜集证据，当情感正面时，出现“YES”、

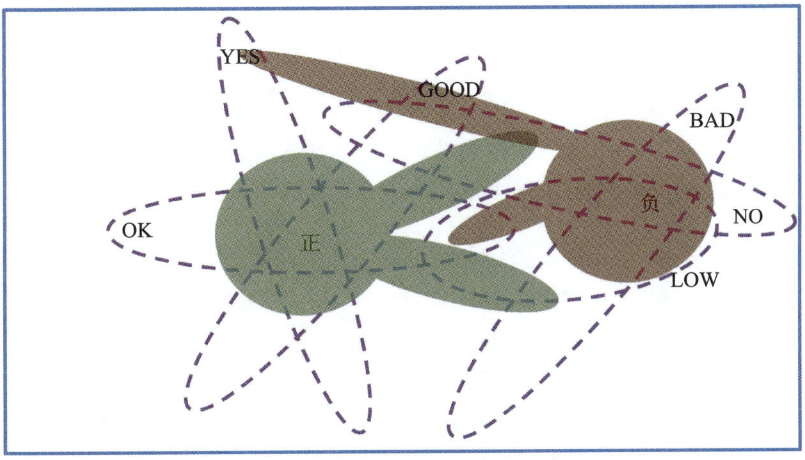

图 9-7 情感分析举例

“OK”和“GOOD”的次数分别为 10、5 和 20，则在因为证据存在而所有的空间中 $P(\text{YES}|\text{正面})=\frac{10}{60}=0.1667$，$P(\text{OK}|\text{正面})=\frac{5}{60}=0.0833$，$P(\text{GOOD}|\text{正面})=\frac{20}{60}=0.3333$。使用贝叶斯公式，可以得到 $P(\text{正面}|\text{YES}\cap\text{OK}\cap\text{GOOD})\propto P(\text{YES}|\text{正面})P(\text{OK}|\text{正面})P(\text{GOOD}|\text{正面})P(\text{正面})$。下一步可以采用类似方法计算 $P(\text{负面}|\text{YES}\cap\text{OK}\cap\text{GOOD})$，两个后验概率相比，谁大听谁的，如此就得到了在一定词汇组合情况下，其情感为正还是为负。在图 9-7 中可见正面评价的空间主要分布在“YES”、“OK”和“GOOD”三者重叠区域，也有部分延伸到了负面词汇的空间，但是由于和负面词汇空间交集较少，所以最后计算出来的后验概率也较小。这个算法其实就是“bag-of-words”算法。

9.2 贝叶斯算法解决银行客户分类问题

9.2.1 工作流

继续以上一章中的银行客户分类问题为例，这次使用贝叶斯算法解决。其工作流，如图 9-8 所示，总体而言其并没有多少变化，只要把模型更换即可。在这个工作流中我们使用了“Equal Size Sampling”节点来平衡数据。

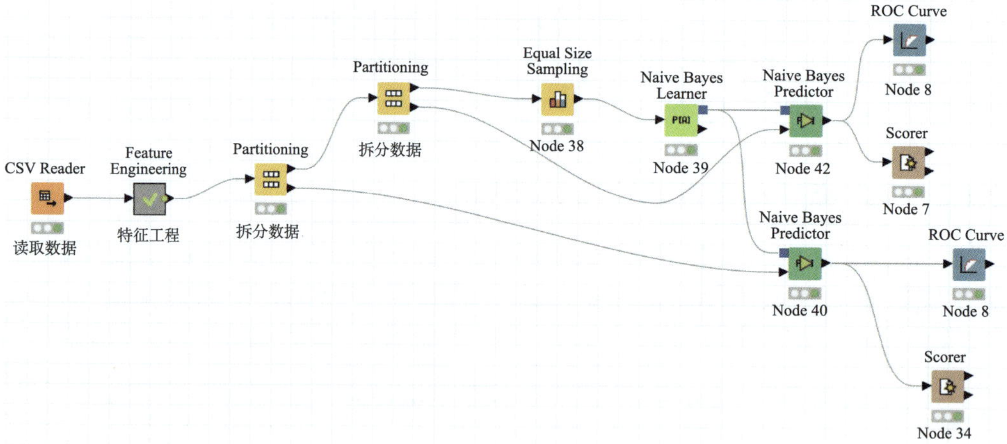

图 9-8 贝叶斯算法工作流

9.2.2 贝叶斯算法的学习器节点

这个工作流已经没有太多需要介绍的了，这里着重介绍一下贝叶斯算法的学习器节点“Naive Bayes Learner”。按图 9-9 所示进行设置，其中，“Default probability”，这个数值一般设置为较小的一个数，其用处是为了防止新的数据包含训练集中所没有的数据，导致判断概率为 0，这个设置就是说如果没见过这个数据，那就认为它出现的概率为 0.0001。另一个设置就是“Maximum number of unique nominal values per attribute”，这个设置是说如果一列分类数据分类数目超过 20，那训练模型就不考虑这个列了。这是因为随着分类增多，每种分类出现的概率会下降，下降到一定程度的话就没有什么代表性了，从而容易导致过拟合。

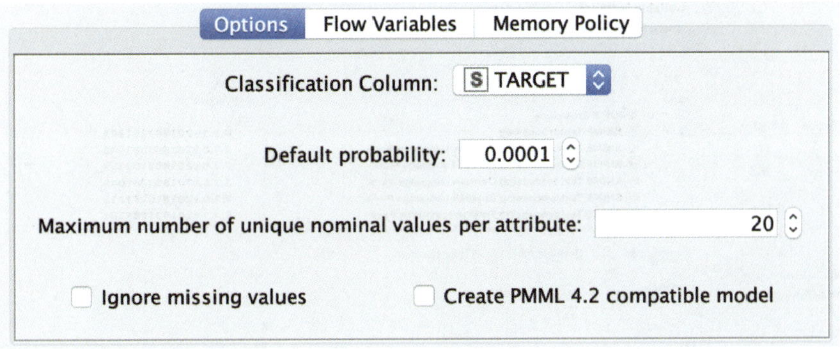

图 9-9　节点设置

但是在观察测试结果中可以发现，使用 KNIME 的贝叶斯算法解决这个问题并不合适，因为由图 9-10 可见，模型将所有样本都认为是没有不满意的。

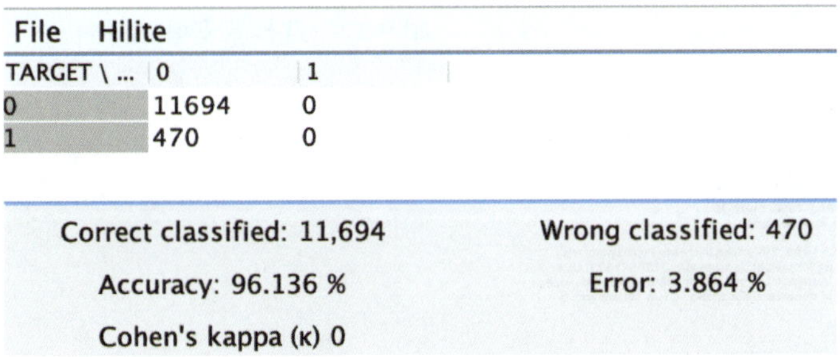

图 9-10　混淆矩阵

9.3　情感分析案例

下面使用 KNIME 完成一个 Kaggle 情感分析的案例，其网址为 https://www.kaggle.com/crowdflower/twitter-airline-sentiment。为了完成这个任务，首先我们需要安装一个 KNIME 插件。

9.3.1　安装插件

如图 9-11 所示，单击“File”→“Install KNIME Extensions”，然后在打开的如图 9-12 所示界面的输入框中输入“text”，方便我们寻找要安装的插件，选择“KNIME Textprocessing”，单击“Next”按钮继续，在打开的如图 9-13 所示界面中选中“I accept the terms of the license agreement”即可开始安装。

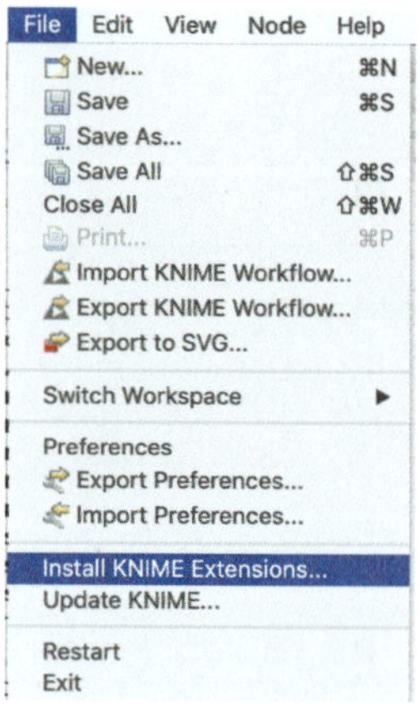

图 9-11　安装插件

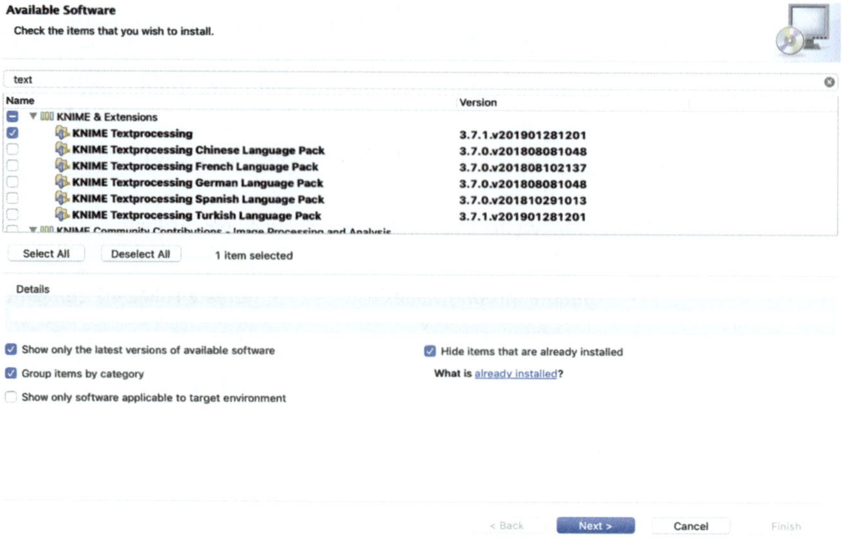

图 9-12　选择要安装的插件

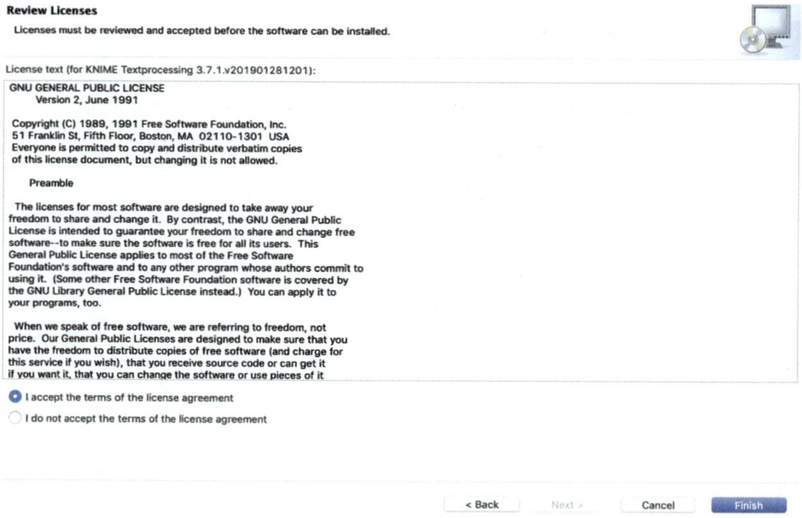

图 9-13　同意安装

9.3.2　建立工作流

1. 工作流来源

这个工作流几乎复制 KNIME 自带的工作流。如图 9-14 所示，在工作流区域搜索框中输入“sentiment”并回车，就可以发现很多情感分析工作流，这里挑选比较简单的一个“03_Sentiment_Classification”。因为我们想试试贝叶斯算法，所以将这个工作流中的决策树算法修改为贝叶斯算法节点。

这个过程告诉我们，碰到不会的问题，试试 KNIME 自带的工作流，可能会有很好的结果。不过这里需要提前说明的是，KNIME 对贝叶斯算法没有很好地优化，所以这个例子做出来的效果很差，但是只要简单地将贝叶斯相关节点替换成其他算法节点，就可以得到相当好的结果。

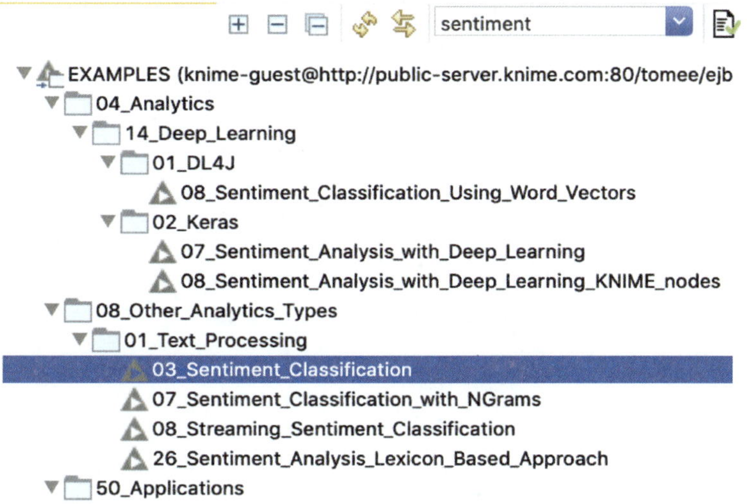

图 9-14　工作流来源

按如图 9-15 所示修改工作流。这个工作流首先读取数据，然后使用我们的数据建立一个文档，接着对文档进行预处理，进行向量转换，接着输入模型进行训练。

下面我们大致看下每步要做什么，因为更细节的技术我们不太可能在入门阶段就掌握。

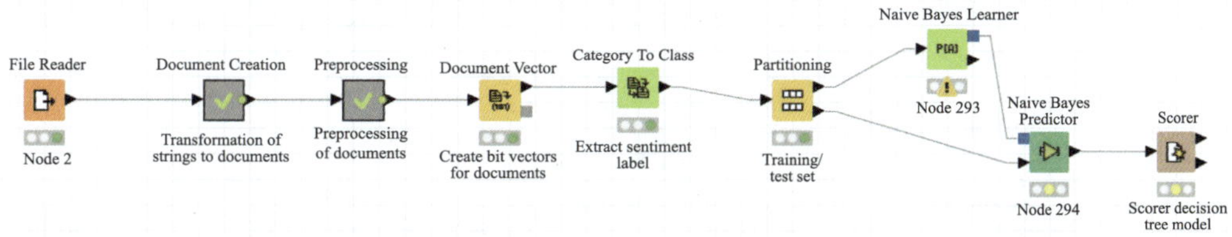

图 9-15　工作流

2. 文档建立

文档建立的内容在“Document Creation”中，其具体工作流，如图 9-16 所示。首先使用“Strings To Document”节点将要分析的句子转换成文档，然后使用“Column Filter”节点只保留转换后的文档。

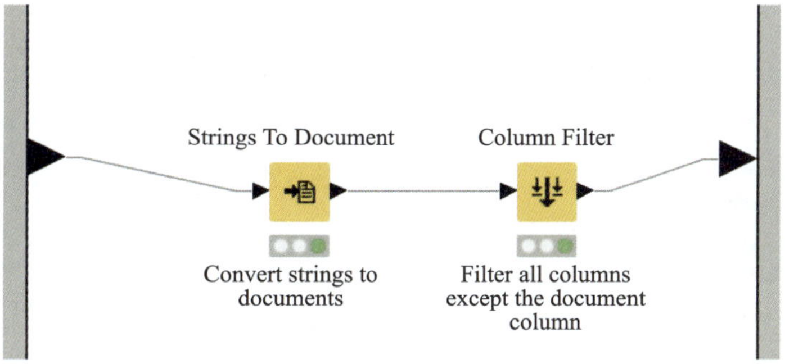

图 9-16　文档建立

下面先看下“Strings To Document”的设置，如图 9-17 所示，这个节点最重要的是设置

“Text”选项组，这里“Full text”选择“text”。然后设置训练的目标，就是“Use categories from column”，对应选择“Document category column”为“airline_sentiment”，这个就是训练的目标。其他选项可以不用管，确认即可。

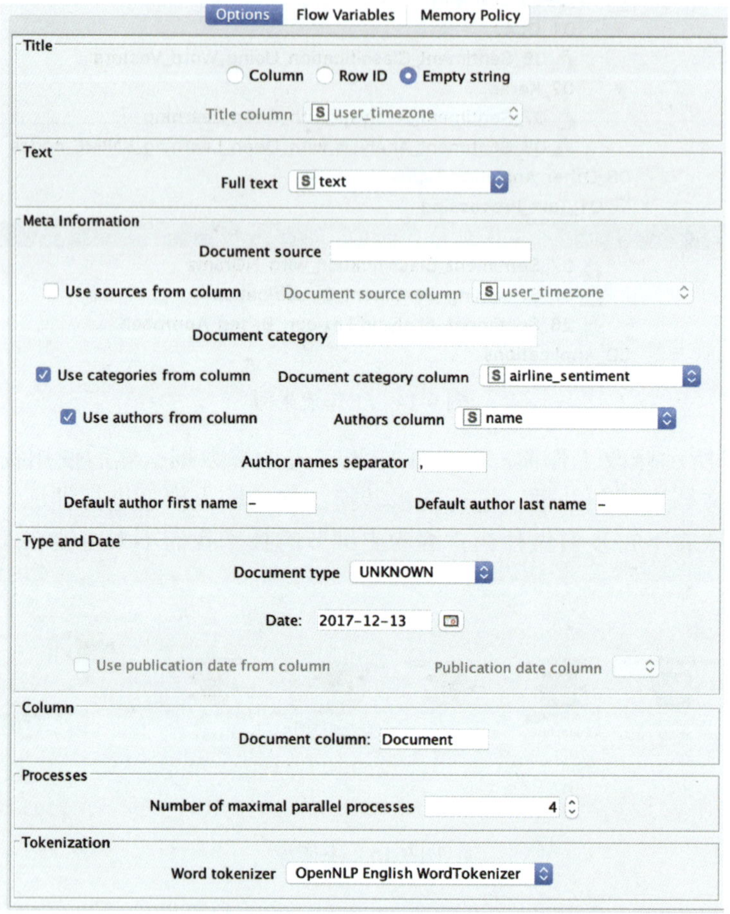

图 9-17　节点设置

第二步就是设置“Column Filter”节点，如图 9-18 所示，只保留刚才创建的“Document”即可。

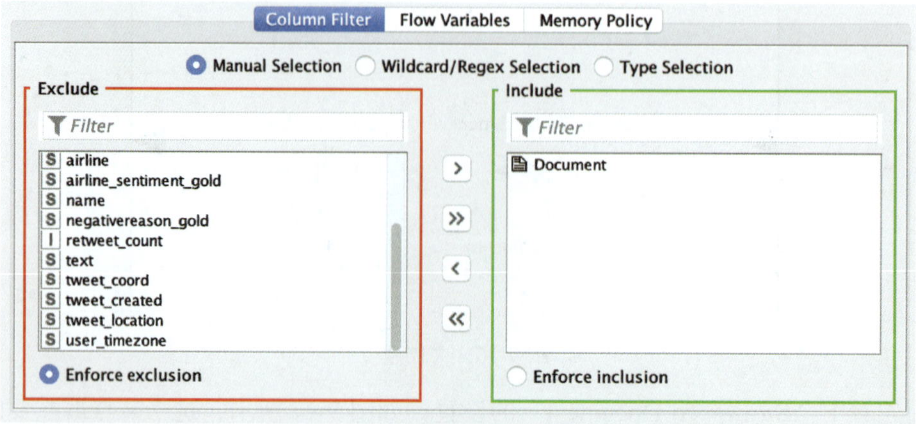

图 9-18　只保留“Document”

3. 预处理

预处理部分不需要我们设置任何东西，只要运行即可，如图 9-19 所示，“Punctuation Erasure”节点负责删除标点符号，接着数字、结束字符等被过滤掉，所有字母转为小写字母。然后所有单词的词根使用“Snowball Stemmer”节点进行提取。其他节点涉及了具体的算法，这里不再叙述。我们只要将这些节点抄过来用就可以了。

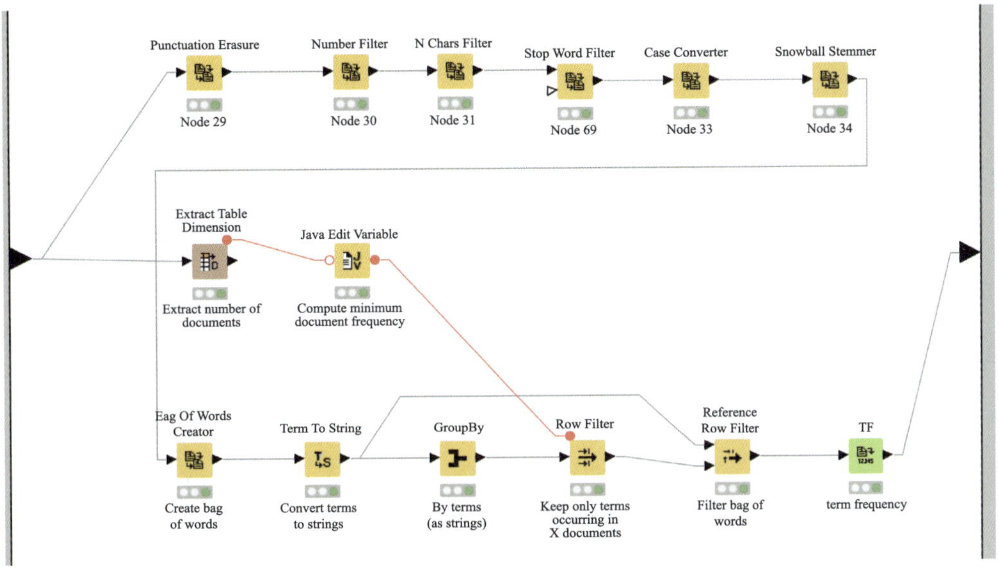

图 9-19　预处理

4. 向量化

为了使用机器学习算法，我们需要将所有的词处理成更容易被机器理解的数字，这里就使用“Document Vector”将其向量化。

5. 分类

“Category To Class”节点将分类信息赋予数据集。

后续所有部分我们都很熟悉了，这里不再介绍。

9.4　课后练习

1. 样本空间是什么？
2. 举一个生活中例子说明你对条件概率的理解。

第10章 深度学习

多即不同。

——飞利浦·安德森

知识点

- 神经网络
- 卷积神经网络
- 常用模型

10.1 深度学习简介

深度学习（Deep Learning）是机器学习的重要分支，结合图 10-1 来看，它是一种试图使用包含复杂结构或由多重非线性变换构成的多个处理层对数据进行高层抽象的算法。

图 10-1 所示的其实是一个比较简单的深度学习的神经网络。可以看到，这个网络由若干层组成，每层都会有若干个节点，每个节点都会与相邻层的节点连接。自深度学习出现以来，它已成为很多领域，尤其在计算机视觉和语音识别中是不可替代的一部分。

深度学习模型基本上没有可解释性，训练模型很耗费资源，需要调大量参数，所以深度学习的训练过程俗称炼丹，很多深度学习工程师自称炼丹师。

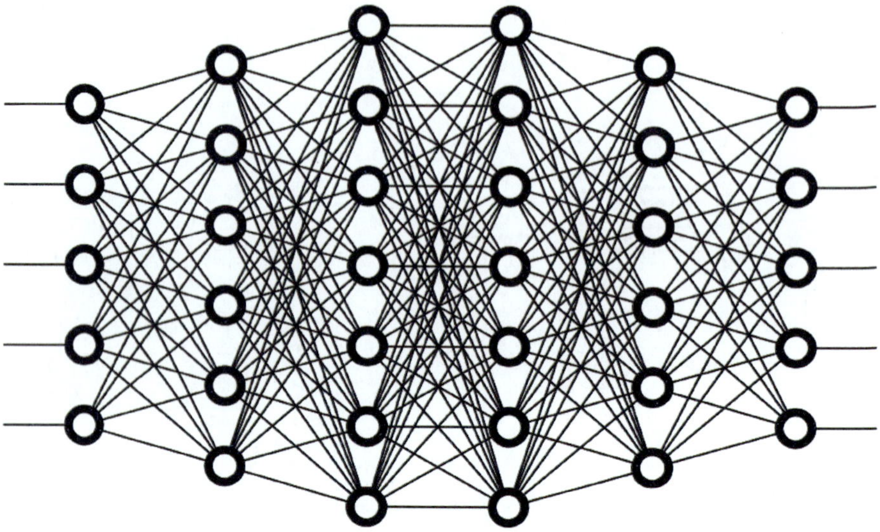

图 10-1　深度学习网络

10.1.1　深度学习的关键

深度学习有三个关键要素：合适算法、强大硬件和海量数据，如图 10-2 所示。

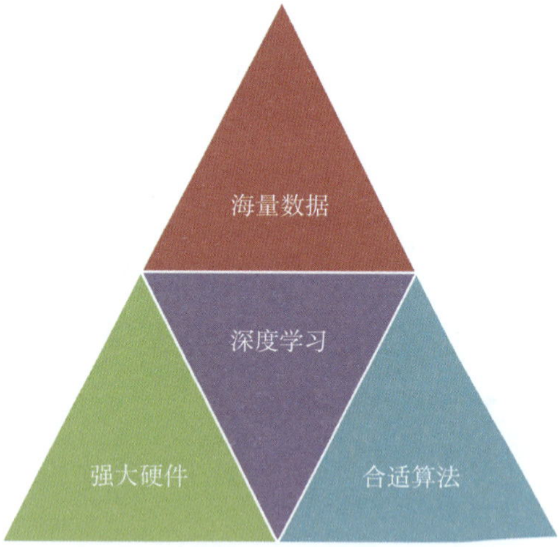

图 10-2　深度学习的关键

深度学习出现的时间并不晚，但是直到最近才成为热门，关键因素就是这三个要素没有全部得到满足。

1989 年，扬·勒丘恩（Yann LeCun）等人将 1974 年提出的标准反向传播算法应用于深度神经网络，这一网络被用于手写邮政编码识别。尽管算法可以成功执行，但计算代价非常巨大，硬件资源不足，神经网络的训练时间达到了 3 天，因而无法投入实际使用。之后随着算法的不断改进和硬件的进步，使得机器学习算法的运行时间得到了显著的缩短。而且随着大数据技术的不断进步，深度学习有了海量的数据，更加能够发挥其优势。

10.1.2　我们的目标

在入门阶段，我们不需要掌握过多的深度学习知识。只要给定一个任务，大概知道使用哪一个深度学习模型，会调用其接口就可以了，不需要训练模型。

简单来说，如果是图像类问题，可以使用卷积神经网络（CNN）；如果是文字语音类问题，可以使用循环神经网络（RNN）。

10.1.3　深度学习图像识别原理概述

1. 神经网络

神经网络示意图，如图 10-3 所示，数据由输入层（Input Layer）输入网络，通过一系列隐藏层（Hidden Layer）将其转换为输出数据由输出层（Output Layer）输出。每一层都由一组神经元组成，其中每层都完全连接到之前层中的所有神经元。最后一层表示预测。其中，每一个圆圈代表一个神经元，输入层和输出层之间的层就是隐藏层。

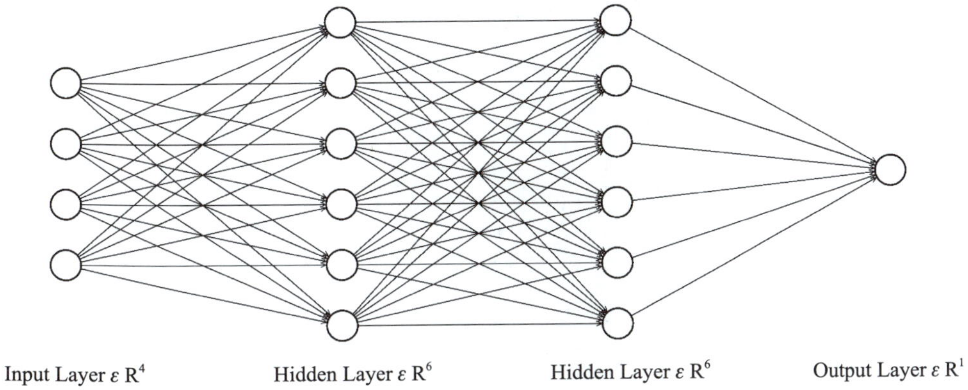

图 10-3　神经网络示意图

2. 卷积神经网络（CNN）

如果神经网络的每层按照如图 10-4 所示的三个维度（宽度、高度和深度）进行组织，一层中的神经元不连接到下一层中的所有神经元，而仅连接到它的一小部分区域，最终的输出将被减少到一个沿着深度方向的概率值向量，这种形式的神经网络就是卷积神经网络（CNN）。

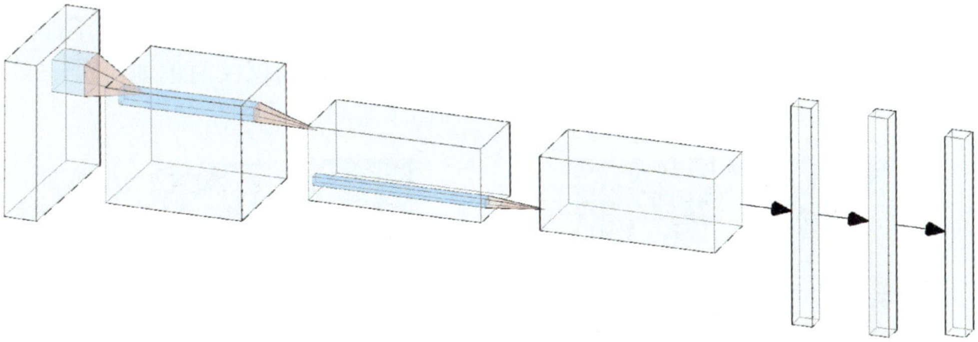

图 10-4　卷积神经网络示意图

10.1.4　图像识别探析

1. 常规神经网络的局限

为什么我们不使用常规的神经网络而要使用 CNN 呢？因为常规神经网络需要一个层的神经元与下层每个神经元相连，但是图像像素众多，输入层即图像，每个像素看成一个神经元，与下一层连接后的参数量巨大，在资源有限的情况下，很难实现。如图 10-5 所示，仅仅一个 32 像素的输入，三层隐藏层，就需要很多的连接进而产生很多的参数，这会导致计算效率极大地降低。

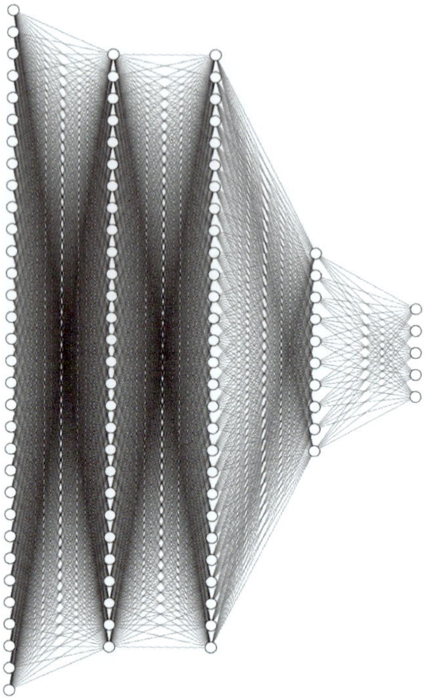

图 10-5　输入像素并不高的完全神经网络

2. 图像识别问题的特点

图像识别问题具有如下特点：

第一个就是图像具有局部相关性。图像是由一个个像素点组成的，每个像素点与其周围的像素点是有关联的，如果把像素点打乱，图片就会完全不一样。这说明我们不能随意打乱像素数据，因为它们都具有局部相关性。如图 10-6 所示，我们仅仅简单地打乱一只猫的图片，就很难分辨出来这张图片了，就是因为这只猫图像的局部相关性。

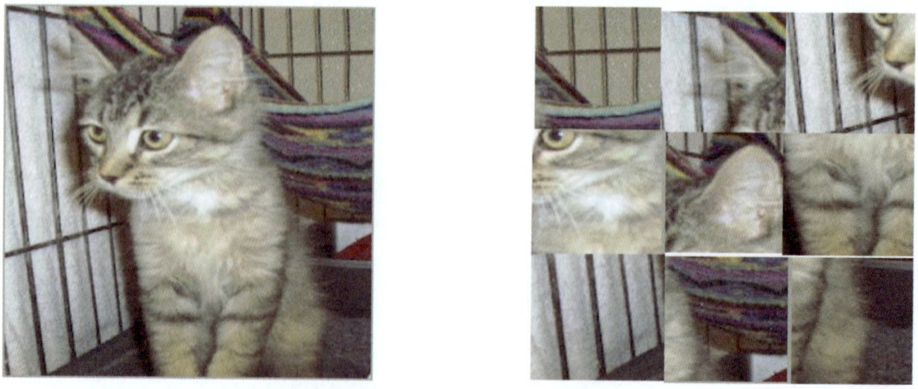

图 10-6　简单地打乱一个猫的图片

其次，图像在有限位移、尺度、形状变化后，仍然可以分辨。比如图 10-7 所示这只猫，我们将图像拉伸后，仍然可以分辨出这是一只猫。

图 10-7　拉伸不影响分辨

10.2　卷积神经网络（CNN）

1. CNN 为什么有效

因为卷积保持了局部相关性和空间不变性，所以依靠权值共享，可以降低模型参数数量，控制了模型复杂度。另外卷积神经网络也受生物视觉系统的启发。

CNN 通过以下 4 个手段保持了局部相关性和空间不变性：局部连接、权值共享、池化操作、多层次结构。

2. CNN 工作概述

如图 10-8 所示，CNN 使用隐藏层进行特征提取，通过执行一系列卷积和池化（Pooling）操作，检测特征。如果你有斑马的照片，随着层数的增多，可以逐步识别其条纹、双耳和四条腿等部分。

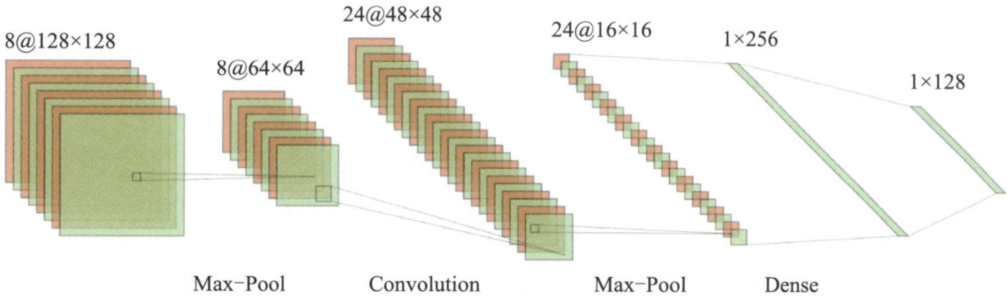

图 10-8　CNN 网络示意图

具体来说，如图 10-9 所示，浅层网络提取低层次的特征，比如边缘、曲线等，随着网络深度的加深，低层次的特征经过组合组成高层次的特征。

接下来，我们看看 CNN 的基本原理到底是什么。

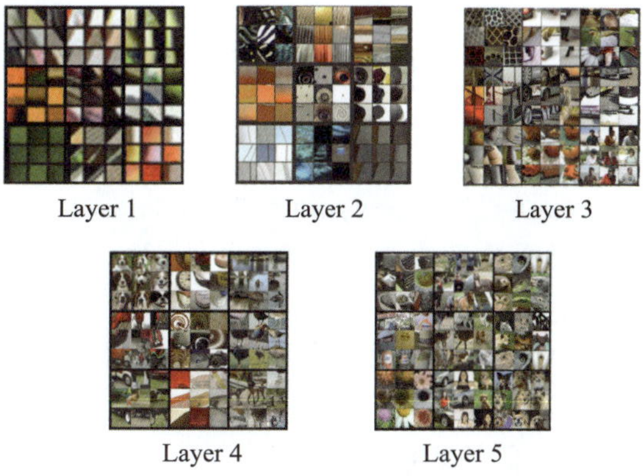

图 10-9　CNN 学了什么

10.2.1　CNN 基本原理

1. 卷积

卷积层是 CNN 的主要组成部分，它实现了局部连接和权值共享。卷积是合并两组信息的数学运算，卷积滤波器（核）将卷积应用于输入数据以产生特征映射。工作中，使用滤波器对输入数据执行卷积，然后产生特征映射。

结合图 10-10 来理解卷积操作，在输入上滑动滤波器，将每个位置上的对应元素相乘并将结果求和到特征映射上。

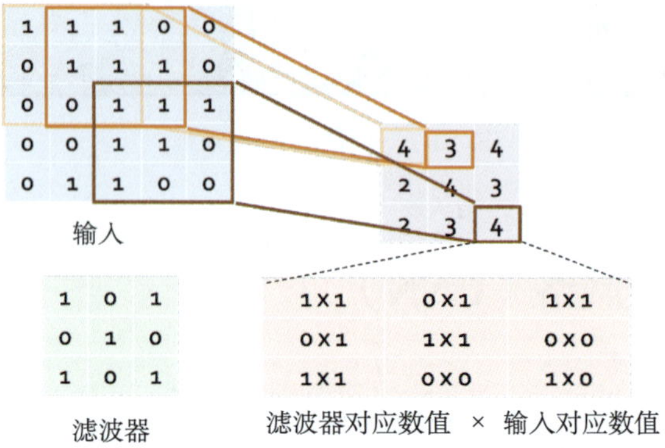

图 10-10　卷积操作

在 CNN 运算中，这些卷积是在 3D 中执行的。因为图像表示为具有高度、宽度和深度尺寸的 3D 矩阵，深度对应于颜色通道（RGB）。如图 10-11 所示，卷积滤波器具有特定的高度和宽度，比如常见的 3×3，5×5 等，注意这里数都是奇数。而且为了覆盖输入的整个深度，滤波器本身也是 3D 的。

我们在输入上执行多个卷积，每个卷积使用不同的滤波器并产生不同的特征映射，将所有这些特征图叠加在一起，便成为卷积图层的最终输出。

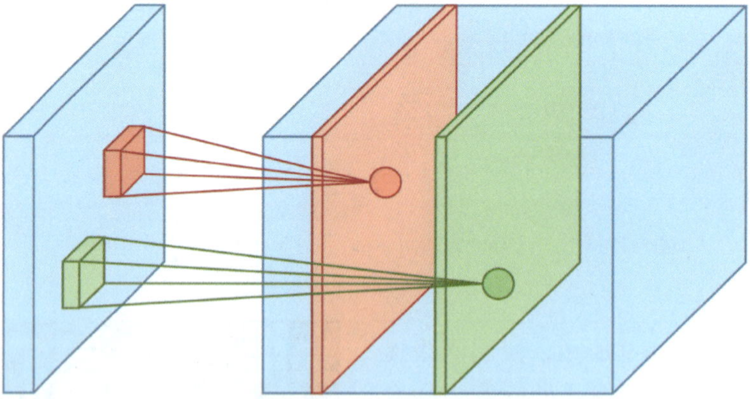

图 10-11　卷积在 3D 矩阵中进行

假设我们有一个 64×64×3 的图像，我们使用大小为 5×5×3 的滤波器，而且图像和滤波器的深度都为 3。当滤波器处于特定位置时，它覆盖此位置的输入，执行卷积操作。在一个位置执行卷积操作后，滑动滤波器到下一个位置继续进行卷积操作。

如果我们使用 2 个不同的滤波器，我们将有 2 个大小为 64×64×1 的特征映射，并沿着深度维度堆叠。它们将为我们提供卷积层的最终输出：大小为 64×64×2 的体积，如图 10-11 右侧的蓝色立方体。

可能有细心的朋友会发现，卷积操作之后怎么可能其长、宽不变呢？根据图 10-10 所演示的操作，明显应该变小了啊。别着急，我们等下讲到填充你就知道了。

2. 激活

对于任何类型的神经网络来说，都要求其是非线性的。在神经网络中，包括 CNN，它们的激活都是通过激活函数传递其输入的加权和来实现的。激活函数有很多种，我们在初学阶段不需要知道太多，这里仅仅简单介绍一个。这个激活函数我们很熟悉了，就是 sigmoid（σ）函数，这里将其图像显示在图 10-12 中。任何线性关系和激活函数相乘后，都会变成非线性。

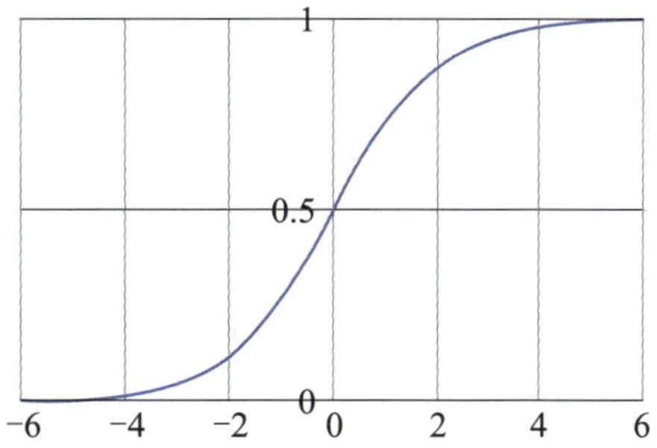

图 10-12　sigmoid（σ）激活函数

所以我们结合图 10-3，观察图 10-13，线性函数在神经元经过激活函数的作用后输出的是一个非线性函数，这些非线性函数又会加权，线性相加在下一层神经元又一次被激活，由此不断重复直到最后一层。

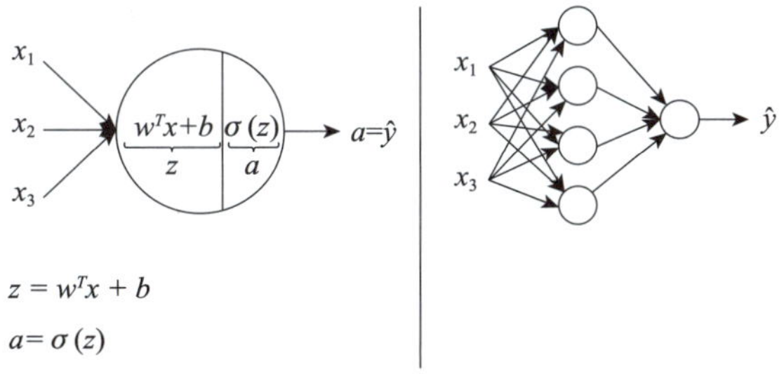

图 10-13　线性函数与激活函数

因此，最终特征映射中的值实际上不是总和，而是应用于它们的激活后的函数。正是因为激活函数，神经网络才有了巨大的威力。

3. 步幅（Stride）和填充（Padding）

步幅规定了每一步移动卷积滤波器的距离。步幅为 1 表示每次移动一格，步幅为 2 表示每次移动两格。如图 10-14 所示的就是步幅为 2 的情况。但是很明显在进行卷积操作之后，输出的特征映射变小了，而且步幅越大，减小得越多。

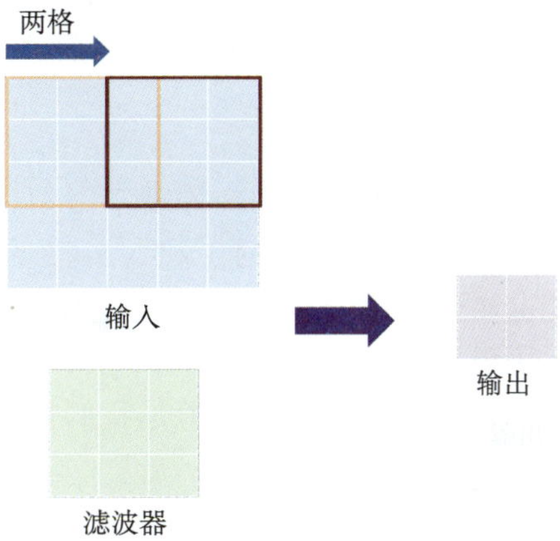

图 10-14　步幅为 2 的情况

如果特征映射不停地缩减，那么网络深一些之后，矩阵不就成了一个数字了吗？如果我们想要保持相同的维度大小，我们可以使用填充，一般用零填充。如图 10-15 所示，在步幅为 1 的情况下，输入的四周用零填充，这样最后的输出就不会变小了。可以发现步幅越大，需要填充越“厚”的 0 以保证输出不会变小。现在，你应该知道图 10-11 中其长、宽可以保持不变的原因了吧。

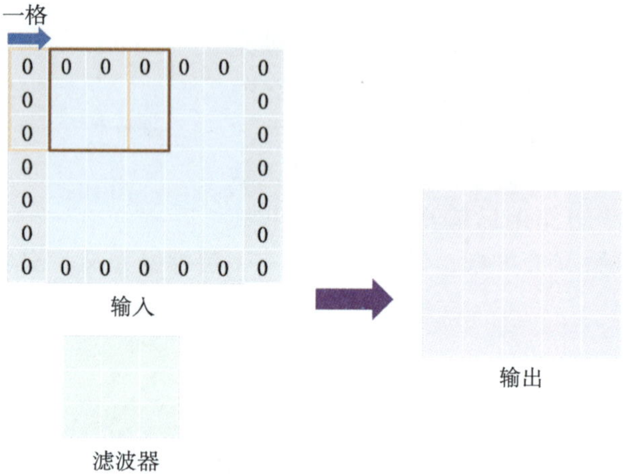

图 10-15　填充

4. 池化（Pooling）

池化保留主要的特征同时减少参数和计算量，防止过拟合，提高模型泛化能力。池化是一种降采样的方法，会导致输出尺寸变小。

最大池化是一种常用的池化，如图 10-16 所示。当池化窗口为 2×2，步幅为 2 时，输出的结果就是每个窗口取最大值得到的。通过池化可以去除过多的细节，只留下最重要的信息。

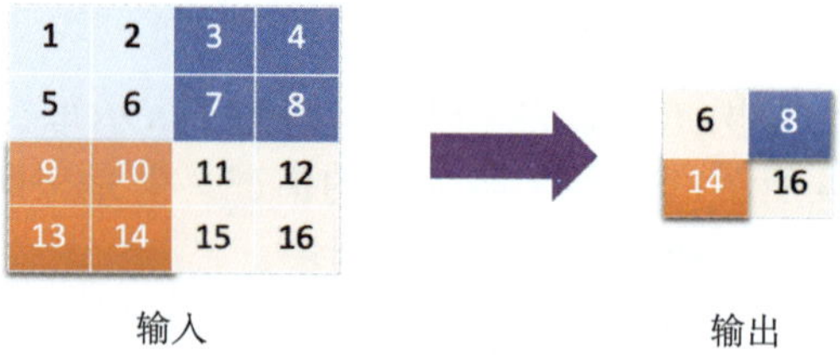

图 10-16　池化操作

5. 超参数

在前面章节中我们已经了解了超参数，但是在深度学习中超参数尤其重要。

滤波器尺寸设成多大才比较好呢？应该使用 3×3，5×5 还是 7×7 甚至 1×1？滤波器需要多少个？数量多模型可能会更强大，但是过拟合风险也更大。步幅多大才好呢？填充什么时候用，设置为多少或者不用可以吗？

所有这些问题都需要在模型训练时加以考虑，但是我们初学阶段就不考虑这些了，因为我们只用模型，不训练模型。

6. 完全连接层

如图 10-8 所示，在卷积和池化层之后，我们添加了几个完全连接的层，其实这部分就是常规神经网络的结构了。卷积和池化层输出的都是三维体积，但完全连接层需要一维向量。因此，我们将最终合并图层的输出展平为向量，并成为完全连接层的输入。展平只是简单地将三维体积的数字排列成一维向量而已。

10.2.2　常用 CNN 模型

这里介绍几个常用的 CNN 模型，这些模型可以用在图像识别类的项目中。

1. LeNet−5

LeNet-5 是 Yann LeCun 在 1998 年设计的用于手写数字识别的卷积神经网络，当年美国大多数银行就是用它来识别支票上面的手写数字的，它是早期卷积神经网络中最有代表性的实验系统之一。

LeNet-5 共有 7 层（不包括输入层），每层都包含不同数量的训练参数，如图 10-17 所示。

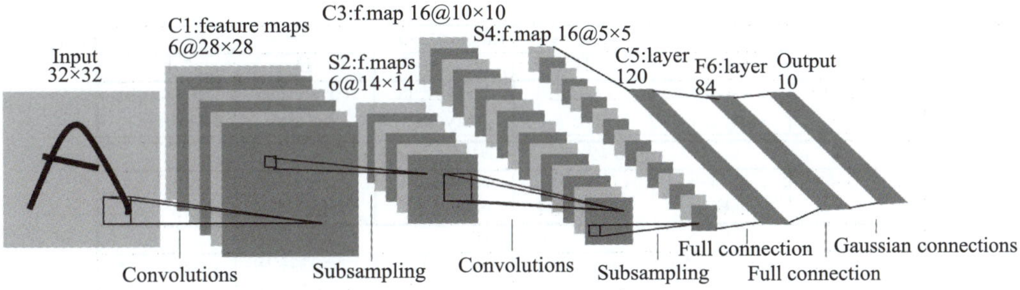

图 10-17　LeNet-5

然而，由于当时缺乏大规模训练数据，计算机的计算能力也跟不上，而且网络结构相对过于简单，LeNet-5 对于复杂问题的处理结果并不理想。

2. AlexNet

AlexNet 于 2012 年由 Alex Krizhevsky、Ilya Sutskever 和 Geoffrey Hinton 等人提出，并在 2012 ILSVRC（ImageNet Large-Scale Visual Recognition Challenge）中取得了最佳的成绩，如图 10-18 所示。这也是 CNN 第一次取得这么好的成绩，并且把第二名远远地甩在了后面，因此，震惊了整个机器学习领域，从此 CNN 网络才开始被大众所熟知。

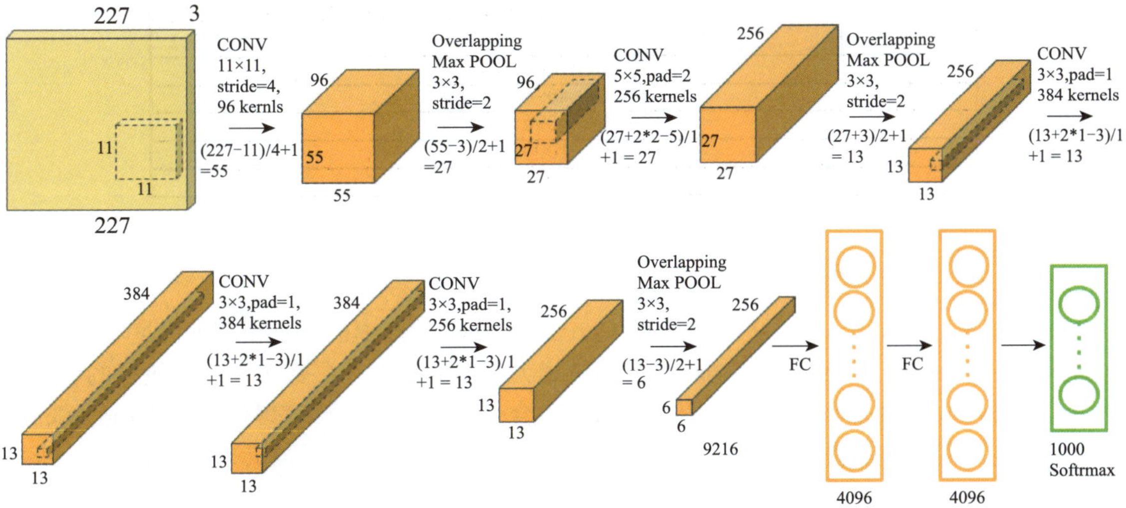

图 10-18　AlexNet

AlexNet 证明了 CNN 在复杂模型下的有效性，而且证明了使用 GPU 训练可在能接受的时间范围内得到结果。

3. VggNet

这个网络于 2014 年由牛津大学的 Karen Simonyan 和 Andrew Zisserman 提出，主要特点是“简洁、深度”。深度，是因为 VGG 有 19 层，远远超过了它的前辈；而简洁，则是在于它的结构，一律采用步幅为 1 的 3×3 滤波器，以及步幅为 2 的 2×2 最大池化。

VggNet 一共有 6 种不同的网络结构，但是每种结构都含有 5 组卷积，每组卷积都使用 3×3 的卷积核，每组卷积后进行一个 2×2 最大池化，接下来是三个全连接层，在训练高级别的网络时，可以先训练低级别的网络，用前者获得的权重初始化高级别的网络，可以加速网络的收敛。

如图 10-19 所示，网络结构 D 就是著名的 VGG16，网络结构 E 就是著名的 VGG19。

ConvNet Configuration					
A	A-LRN	B	C	D	E
11 weight layers	11 weight layers	13 weight layers	16 weight layers	16 weight layers	19 weight layers
input (224 × 224 RGB image)					
conv3-64	conv3-64 **LRN**	conv3-64 **conv3-64**	conv3-64 conv3-64	conv3-64 conv3-64	conv3-64 conv3-64
maxpool					
conv3-128	conv3-128	conv3-128 **conv3-128**	conv3-128 conv3-128	conv3-128 conv3-128	conv3-128 conv3-128
maxpool					
conv3-256 conv3-256	conv3-256 conv3-256	conv3-256 conv3-256	conv3-256 conv3-256 **conv1-256**	conv3-256 conv3-256 **conv3-256**	conv3-256 conv3-256 conv3-256 **conv3-256**
maxpool					
conv3-512 conv3-512	conv3-512 conv3-512	conv3-512 conv3-512	conv3-512 conv3-512 **conv1-512**	conv3-512 conv3-512 **conv3-512**	conv3-512 conv3-512 conv3-512 **conv3-512**
maxpool					
conv3-512 conv3-512	conv3-512 conv3-512	conv3-512 conv3-512	conv3-512 conv3-512 **conv1-512**	conv3-512 conv3-512 **conv3-512**	conv3-512 conv3-512 conv3-512 **conv3-512**
maxpool					
FC-4096					
FC-4096					
FC-1000					
soft-max					

图 10-19　VggNet

4. GoogLeNet

GoogLeNet（Inception）是 2014 年由 Christian Szegedy 提出的一种全新的深度学习结构，在这之前的 AlexNet、VggNet 等结构都是通过增大网络的深度（层数）来获得更好的训练效果，但层数的增加会带来很多负作用，比如过拟合、梯度消失、梯度爆炸等。GoogLeNet 的提出则从另一种角度来提升训练结果：能更高效地利用计算资源，在相同的计算量下能提取到更多的特征，从而提升训练结果，如图 10-20 所示。

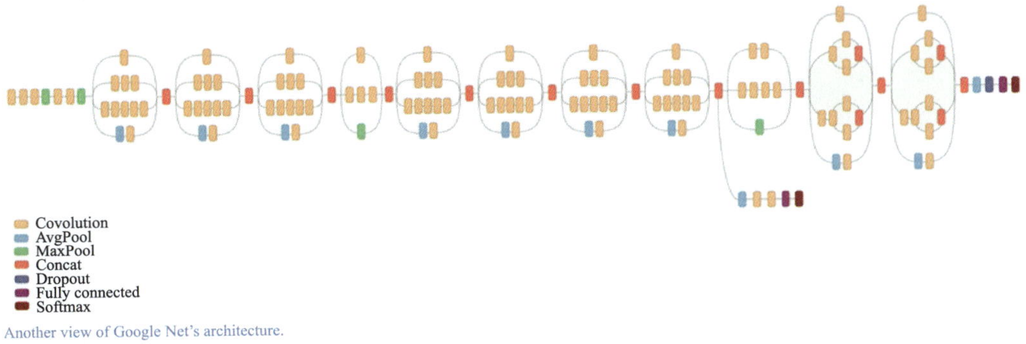

图 10-20　GoogLeNet

5. ResNet

ResNet 于 2015 年由微软亚洲研究院的学者们提出。CNN 面临的一个问题就是，随着层数的增加，CNN 的效果会遇到瓶颈，甚至会不增反降。这往往是由于梯度爆炸或者梯度消失引起的。ResNet 就是为了解决这个问题而提出的，因而帮助我们训练更深的网络。如图 10-21 所示，它引入了一个残差块来解决上述问题。

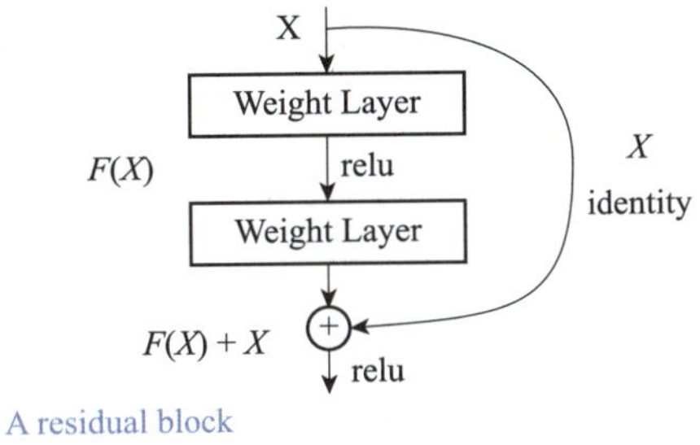

图 10-21　残差块

10.3　KNIME 实现卷积神经网络

10.3.1　环境构建

为了使用 KNIME 进行深度学习，我们还需要一些第三方工具。这些用到的第三方工具有：

- TensorFlow。Google 的一个深度学习框架。
- Keras。基于包括 TensorFlow 在内的若干深度学习框架的一个更好用的框架。
- KNIME Deep Learning-KNIME 与 Keras 集成的扩展插件。
- KNIME Deep Learning-KNIME 与 TensorFlow 集成的扩展插件。
- Python。

10.3.2　安装所需的工具

1. 安装 miniconda

在浏览器地址栏中输入 https://conda.io/miniconda.html，进入网站选择自己的系统，下载并安装 miniconda。

2. 安装 conda keras 环境

第一步是安装 CPU 版本的 conda keras 环境。需要使用操作系统命令行，比如 Windows 的 cmd，Mac 的 terminal，在命令行工具中输入：

```
conda create-y-n py35_knime python=3.5 pandas jedi keras=2.1.6
```

下一步是安装使用环境。Windows 命令行输入：

```
conda activate py35_knime
```

Mac 命令行输入：

```
source activate py35_knime
```

最后安装 KNIME 插件。在 KNIME 的插件系统中，安装以下插件（方法参考上一章案例）：

- KNIME Image Processing-Python Extensions。
- KNIME Image Processing-Keras Extensions。
- KNIME Image Processing-TensorFlow Extensions。
- KNIME Image Processing – Deep Learning Extensions。

3. 设置环境

安装完环境后，需要在 KNIME 中启动并使用这个环境。KNIME 官方为我们提供了一段脚本来启动这个环境。

在 Windows 系统中，在任意文件夹中创建一个 bat 文件，比如 py35.bat，将如下脚本复制粘贴到这个文件中：

```
@REM Adapt the directory in the PATH to your system
@SET PATH=C:\tools\conda3\Scripts;%PATH%
@CALL activate py35_knime || ECHO Activating py35_knime failed
@python %*
```

其中“ C:\tools\conda3”是你的 conda 安装的位置。

在 Mac 系统中，在任意文件夹中建一个 sh 文件，比如 py35.sh，将如下脚本复制粘贴进这个文件：

```
#! /bin/bash
# start by making sure that the anaconda directory is on the PATH
# so that the source activate command works.
# This isn't necessary if you already know that
# the anaconda bin dir is on the PATH
export PATH="PATH_WHERE_YOU_INSTALLED_ANACONDA/bin:$PATH"
source activate py35_knime
python "$@" 1>&1 2>&2
```

其中“ PATH_WHERE_YOU_INSTALLED_CONDA”是你的 conda 安装的位置。接着将这个文件设置为可执行文件（在文件所在目录中执行“chmod gou+x py35.sh”命令）。

接着要在 KNIME 中设置使用这个脚本。在 KNIME 中选择路径“File → Preferences → KNIME → Python”，如图 10-22 所示。在 Python 3（Default）中填入脚本的路径。最后单击“Apply and Close”按钮即可。

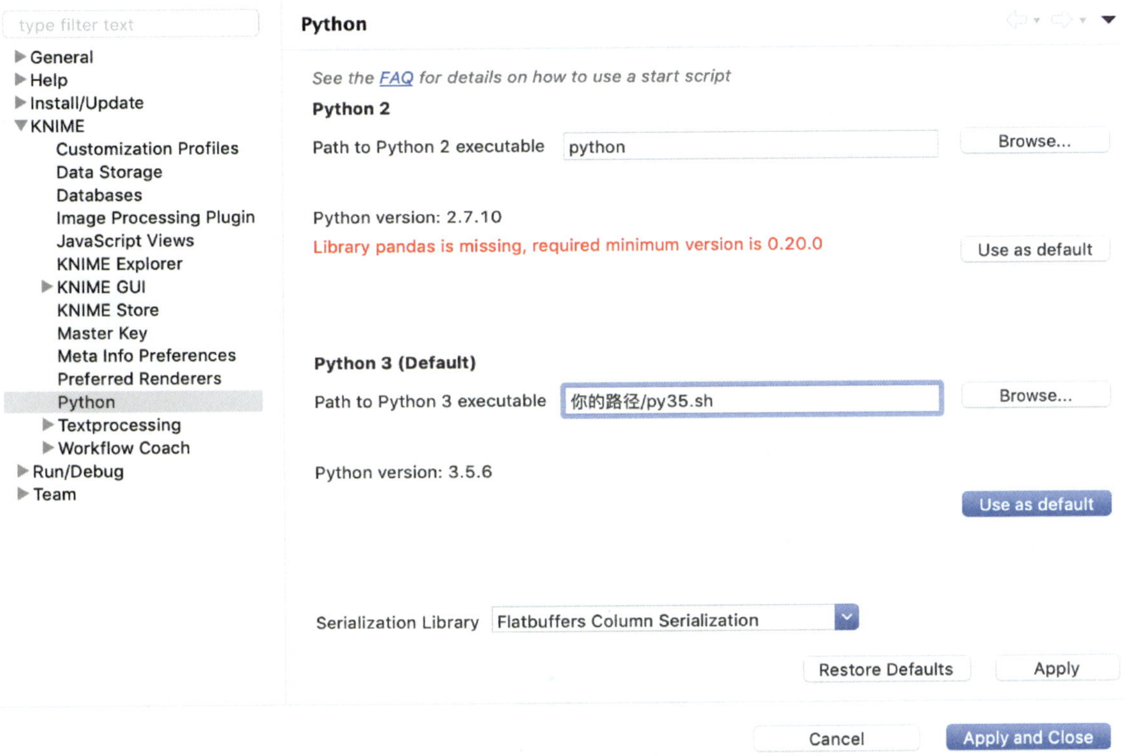

图 10-22　路径设置

更详细介绍请见官网：https://www.knime.com/blog/setting-up-the-knime-python-extension-revisited-for-python-30-and-20。

4. 初步体验

打开 KNIME，双击打开 KNIME 的云案例，在图 10-23 所示的输入框中输入“Inception”回车，找到“01_Classify_images_using_InceptionV3”并打开。

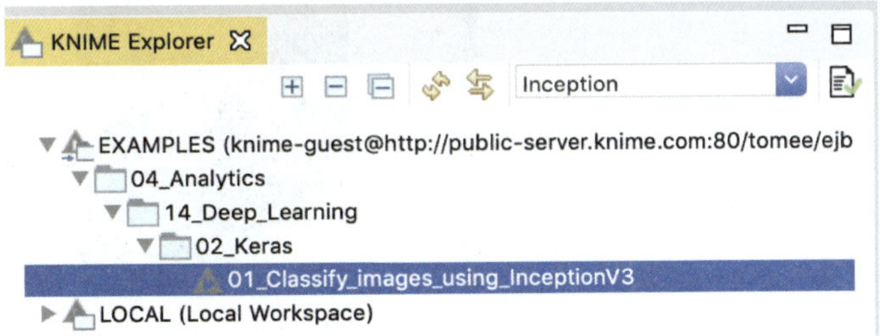

图 10-23　01_Classify_images_using_InceptionV3 文件

如果打开过程中发现如图 10-24 所示问题，说明有插件没有安装，单击“Yes”按钮同意安装，之后都是按提示进行 下一步的操作，没有什么难度。

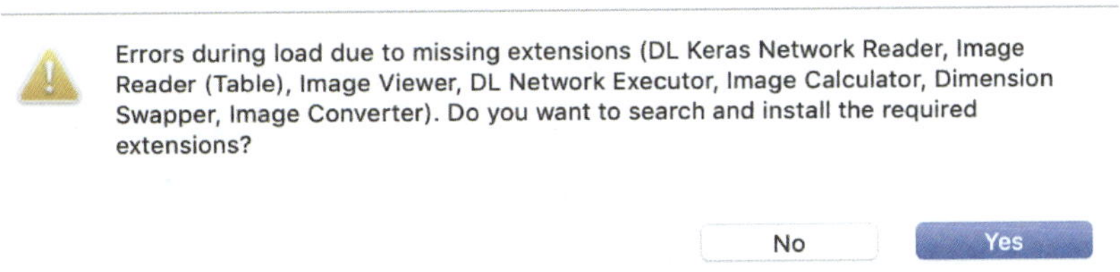

图 10-24　没有插件的提示

最后，可以看到如图 10-25 所示的工作流。

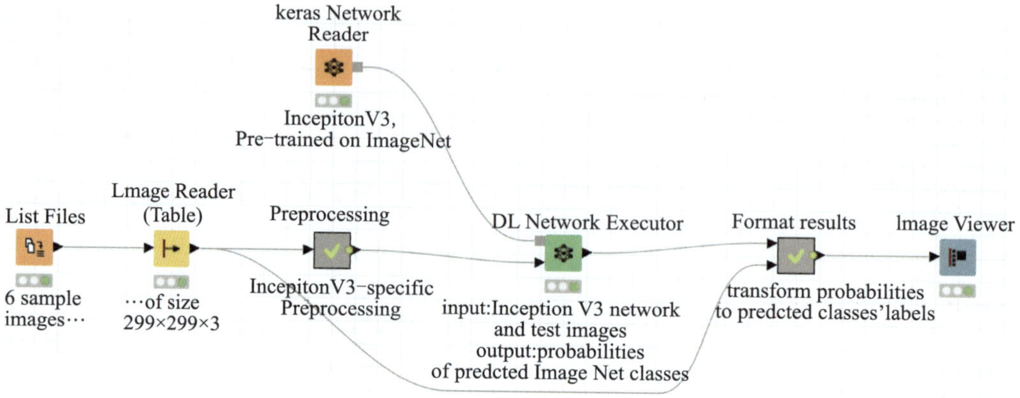

图 10-25　Inception 网络工作流

运行它，通过“Image Viewer”节点，可以看到如图 10-26 所示结果。

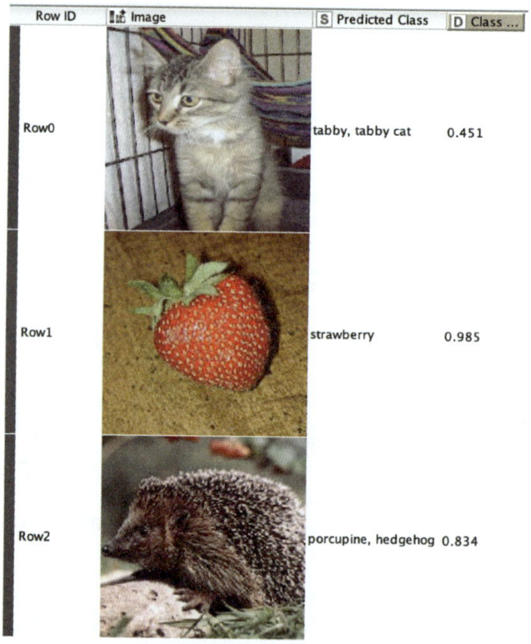

图 10-26　“Image Viewer”节点查看结果

下面我们看看这个工作流都做了什么。

10.3.3　步骤分析

如图 10-27 所示，首先使用“List Files”节点读取图像文件的位置，然后使用“Image Reader”节点读入图片，接着使用“Prepronсessing”节点根据模型要求预处理图片。另外，使用“Keras Network Reader”节点载入 InceptionV3 模型。下一步将模型和数据通入“DL Network Excecutor”节点进行运算，最后就可以查看数据了。可以看出，这就是一个模型使用的过程，没有进行任何训练。

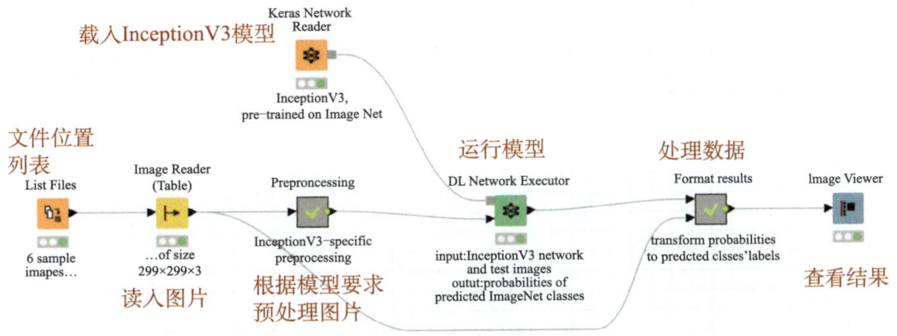

图 10-27　工作流简介

1. 预处理

我们可以简单看下预处理做了什么工作。展开“Preprocessing”节点，找到“Image Calculator”，可以发现，它的工作就是将原始图像的像素存储为 0～255 的整数，将原始图像变换后，变为 -1 到 1 的整数，如图 10-28 所示。

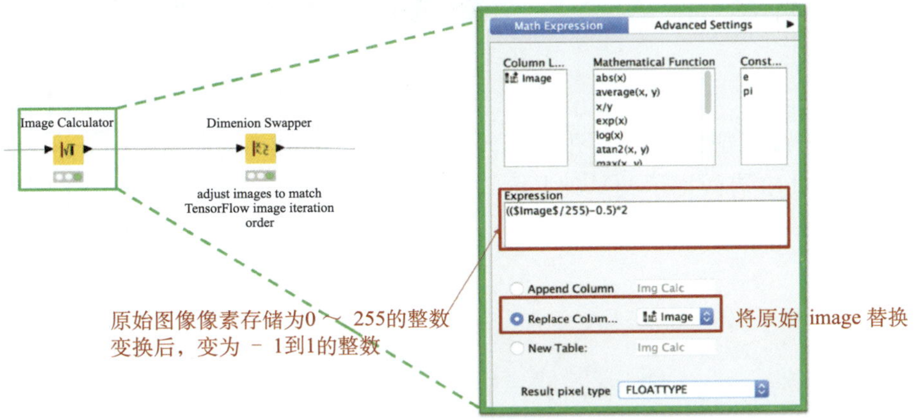

图 10-28　预处理

2. 图片准备

如果预测的是自己的图片呢？我们需要将自己的图片首先转换成可以通入模型的尺寸。将图片尺寸变为模型要求的 299×299，设定文件存储位置，使用 KNIME 导入即可。

3. 训练

在深度学习的初级阶段，不要关心训练的问题，会调用已经训练好的模型就可以了。

10.4　深度学习开源应用举例

真正将深度学习推向高潮的事件可能就是 AlphaGo 以总比分 4 ∶ 1 战胜了韩国棋手李世石。这个事件可以说是人工智能历史上的一座里程碑。其后，人工智能又挑战星际争霸等游戏，并在越来越多的领域能够和人竞争了。

深度学习有许多非常有用或者有趣的应用，这里简单介绍几个开源应用，有兴趣的同学请自己搜索更多应用。

1. 风格迁移

这个应用（https://github.com/cysmith/neural-style-tf）就是给定一张图片，再给一个具有某种风格的画作，然后将此画作的风格应用在图片上。例如，如图 10-29 所示，将狮子图片和一幅世界名画的风格混合。

图 10-29　风格迁移

2. 图片上色

深度学习甚至可以帮助我们给图片自动上色，如图 10-30 所示，模型（https://github.com/pfnet/paints chainer）在有限提示的基础上给一个黑白画作上色。只要大致画几笔颜色，深度学习就可以将整个图片自动上色。

图 10-30　图片上色

3. 句子分类

除了图像类的应用，深度学习另一个重要的应用场景是文字语音类的应用，比如翻译、句子分类等。句子分类就是识别句子类型的过程，例如，对于“食物非常糟糕”这个句子，你可能希望将其分类为正面句子或负面句子，这也被称为情感分析。这个分析我们前面使用传统机器学习也做过，但是深度学习模型（https://github.com/dennybritz/cnn-text-classification-tf）的效果会更好。

4. 更多

深度学习还有更多开源应用等着大家去发现，希望大家自己上网查询。

10.5　深度学习工商业应用举例

工商业应用因为其私密属性，往往不为大多数人所知，这里主要介绍几个我们团队深度参与过的几个项目，给大家介绍一下深度学习的应用。

1. 车辆检测

物体检测是人工智能的基本应用之一，大多数应用都可以基于物体检测实现。车辆检测是物体检测的一个分支，在交通领域需要检测跟车有关的物体。深度学习可以用来进行物体检测，尤其是交通车辆检测，通过大量交通图像与视频数据进行训练。深度学习模型可以区分人、自行车、机动车等物体，并且给出置信度或相似度（例如 car 0.991），如图 10-31 所示。车辆检测广泛应用于交通领域，包括车流量统计、车辆违停检测、车辆闯红灯检测、车辆跨线违章检测及入侵检测等应用。

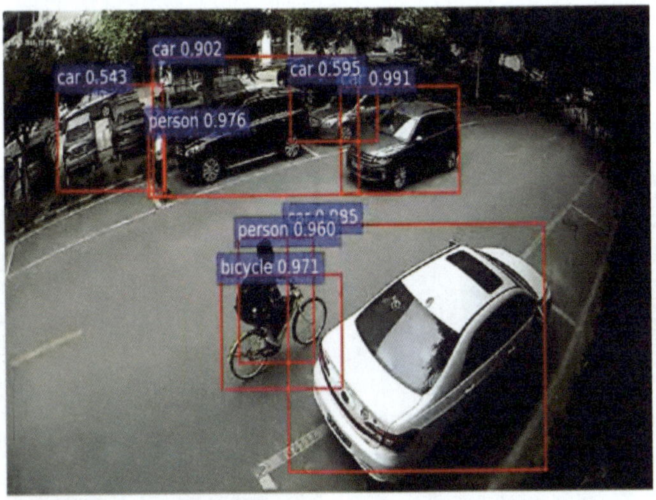

图 10-31　车辆检测

2. 基于视觉多元信息融合的车辆匹配

传统的视觉车辆匹配是靠车牌识别的，而实际交通领域工程应用中，很多车辆的车牌污损、受遮挡，甚至无车牌，导致车牌识别困难或者错误。因此，可以通过提取车辆多种特征，例如颜色、形状、长度、角点，甚至深度卷积特征，来表示车辆身份，对车辆进行匹配。应用场景有高速公路或城市道路出入口、卡口，通过架设摄像头和识别处理模块进行检测与匹配车辆，匹配结果可用来进行事故预警、车辆行驶时间估计与车辆跟踪，以及停车场出入口，无须车牌识别即可匹配出入口车辆，进行准确计时，结合移动互联网收费技术，做到无人值守。图 10-32 所示为车辆深度特征示例。

图 10-32　车辆深度特征

3. 基于人脸识别与动作识别的智能健身房

通过大量的数据进行学习与训练，可以获得人脸识别与动作识别的深度学习模型。人脸识别是通过学习人脸的细微（深度）特征来区别不同人物的身份的动作识别是通过学习检测人体关键节点的位置来识别肢体动作的。通过架设摄像头和识别处理模块，如图 10-33 所示，在健身器材上识别运动者身份、运动肢体情况，形成运动数据记录，解决谁在什么器材上做了什么运动、做了多长时间、做了多少次等问题。

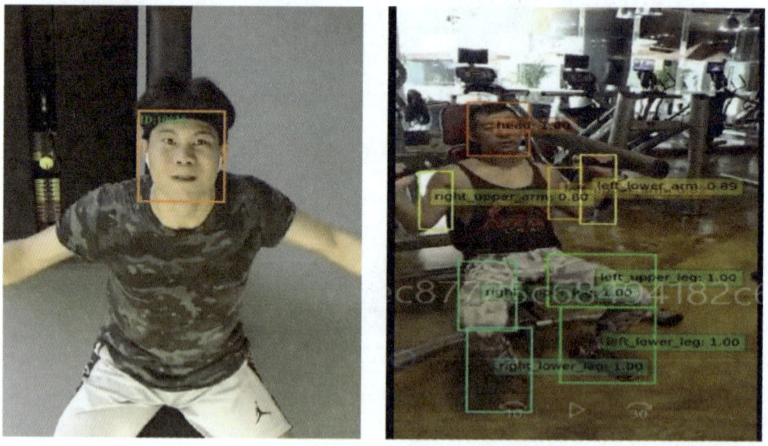

图 10-33　人脸识别与动作识别

4. 基于视觉识别的无人机应用

无人机可以替代人类去人类难以到达的区域进行采集数据工作，然而目前大多数无人机采集的数据还是需要专业技术人员去观看并分析的。可以采用视觉识别技术，替代专业技术人员的分析识别工作，例如，10.2.3 小节中 LeNet5 进行无人机轮船水尺识别，识别压水深度，如图 10-34 所示。

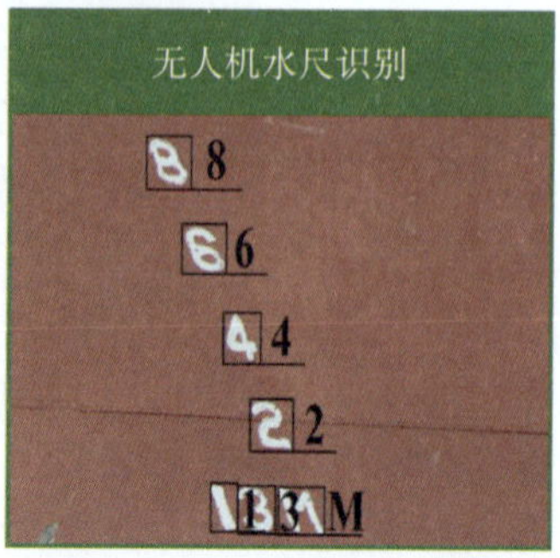

图 10-34　无人机轮船水尺识别

5. 糖尿病视网膜病变诊断技术

由于我国目前“三高”患者数量的急剧增加，糖尿病、高血压患者数量过亿，以及由手机等智能视频终端的普及造成的过度用眼，使得眼底血管性病变患者数量急剧增加，潜在患者人数更是难以统计。

眼底血管性病变患病人数巨大，病程长且易反复发作，造成了我国眼底血管性病变的防治工作的困难。眼底血管性病变早期，眼底仅存在少量 HMA，对视力影响很不明显，患者无自我感觉，又由于现有检测手段的不足，眼底血管性病变在我国未实现普查。大多数患者往往在视力出现明显变化时才就医，导致大量眼底血管性病变一经发现便已到了中晚期，患者已失去了部分视力，且难以治疗，导致最终全眼失明（见图 10-35）。而眼底血管性病变造成的失明，一旦发生便不可逆转，这使得眼底血管性病变的普查非常重要。眼底血管性病变的普查可实现尽可能早地发现眼底血管性病变，在眼底仅存在少量 HMA 时及时进行治疗与病情跟踪，可使得病情易于控制，从而挽救患者视力。我们对传统彩色眼底相机进行改进，研发了一种价格低廉的便携式装置，对眼底血管性病变患者及易发人群的眼底健康关键指标 HMA 进行自动检测。自动检测系统可以帮助医生实现视网膜彩照病变的粗筛，自动为疑似病例设置优先级，医生面对海量病例，可优先诊断高危人群，从而减轻医生的工作量，提高诊断效率，并可预防医生疲劳状态下的失误。而眼底血管性病变具有病程长、易反复发作的特点，即使经过治疗，也存在很高的复发可能性。价格低廉的便携式装置可在社区医院中普及，方便患者及易发人群就近检查，在复发早期征兆出现时及时进行后续治疗。该装置也可在家庭中使用，甚至在出差、旅游中携带，随时观察病情的发展情况。我们这项技术专利获得了日内瓦国际发明展览会金奖（见图 10-36）。

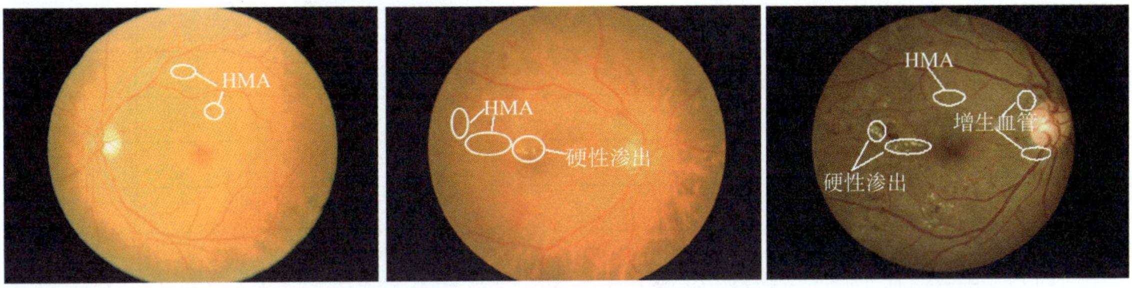
HMA
HMA
硬性渗出
HMA
增生血管
硬性渗出

（a）早期　　（b）中期　　（c）晚期

图 10-35　眼底血管性病变粗分期

inventions Geneva
SALON INTERNATIONAL DES INVENTIONS
GENÈVE
Après examen, le Jury International a décidé
de remettre à:
Prof Jia YOU, Dr Qin LI, Dr Zhenhua GUO, Dr James LIU, Dr Qiang SUN, Mr. Chun LI & ANG Optical Co.Ltd
pour l'invention:
Système d'imagerie rétinienne de sécurité pour soins non invasifs du diabète
MÉDAILLE D'OR
GOLD MEDAL
GOLDMEDAILLE
Avec les félicitations du jury
With the congratulations of the jury
Mit höchsten Empfehlungen des Preisgerichtes
Genève, le 8 avril 2011
Le Président du Jury: David Taji
Le Président du Salon: Jean-Luc Vincent
证书
日内瓦国际发明展览会
经研究，评委会决定
将金奖
颁发给：尤佳教授；李钦博士；郭振华博士；James LIU 博士；孙强博士；李纯及 ANG 光学有限公司
表彰其发明：用于糖尿病非侵入式监护的视网膜安全成像系统
评委会对此表示祝贺
2011 年 4 月 8 日于日内瓦
评委会委员长：（David Taji）
大卫 塔吉
展览会主席：（Jean-Luc Vincent）
让-卢克 文森特
翻译件
TRANSLATION

（a）证书原件　　（b）证书翻译件

图 10-36　获得日内瓦国际发明展览会金奖

6. 非接触式掌纹识别系统

在当今社会，对个人身份识别的需求无处不在，并且与日俱增。传统的身份识别方法主要有两种：一是基于密码，比如登录上网的个人密码及使用自动提款机所需的银行密码；二是基于证件，比如人们常见的身份证、智能卡、驾照等。随着计算机和通信网络的飞速发展，这些传统的身份识别方法越来越暴露出其固有的诸多弊端。基于密码的安全机制存在难记且易忘的缺点，基于证件的安全机制存在伪造、被盗、丢失的各种可能性，每年给国家和社会造成了巨大的损失。基于人体生物特征的身份识别技术（Biometrics，生物特征识别或生物识别技术）给我们提供了一种解决上述问题的良好方案。所谓生物特征识别技术是指利用人体本身固有的生理特征，如指纹、掌纹、虹膜、人脸、手形，及行为特征，如签名、声音、击键等，通过图像处理和模式识别的方法来鉴别个人身份的技术

生物特征识别技术可以辅助或替代传统的身份认证，提高移动互联网的安全性。同其他生物特征识别相比，非接触式的掌纹识别有很多优点。表 10-1 所列的是几种常见生物识别技术和掌纹技术的对比。

表 10-1　主流生物特征性能对比

	指纹识别	面部识别	虹膜识别	语音识别	掌纹识别
易用性	高	高	中	高	高
影响因素	干燥、灰尘、年龄	光线、面部特征变化	光线	噪音、气候、身体状况	姿势
准确性	中	高	极高	中	极高
接受程度	高	高	中	高	高
安全等级	中	较高	高	中	极高
长期稳定性	中	中	高	中	高

我们利用之前在掌纹识别的研究成果，针对非接触式采集的掌纹图像的特点，利用机器视觉、模式识别、图像处理等领域的技术，解决了基于非接触式的掌纹识别中的若干关键问题和难点，包括复杂背景下的手掌定位、掌纹图像的几何校正和尺度、旋转不变的掌纹特征提取等，完善了掌纹识别系统，增强了智能终端的安全性，可以为电子银行、网上交易等移动互联网应用的健康发展提供服务，如图 10-37 所示。此项技术已获得中国及美国的发明专利。

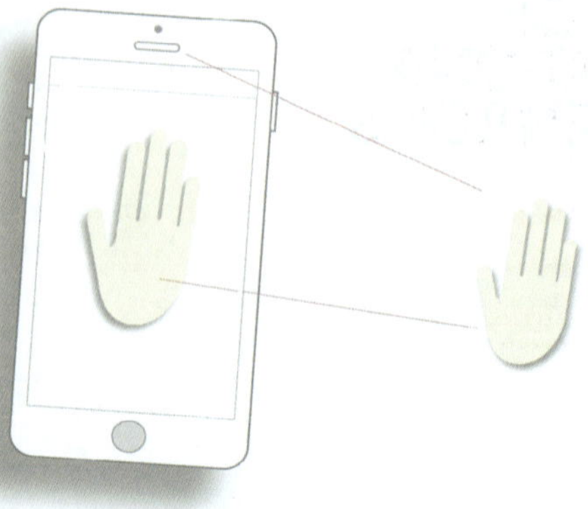

图 10-37　非接触式掌纹采集

更多的关于机器学习及深度学习的应用，大家可以到我们的项目网站：http://www.sunthrive.cn/ai_projects/ 或者微信公众号了解（见图 10-38）。

图 10-38　关注公众号查看本书所有练习，模型源文件和数据

5. 人脸识别的常规应用

人脸识别广泛应用于各行各业，例如，宿舍和楼宇门禁、人脸识别通道、火车站人证票查验、员工考勤、上课考勤等领域。

10.6　课后练习

1. 解决图像识别问题可以用什么模型？

2. 有了这些知识，我们就可以使用 KNIME 做一些深度学习的工作了。打开“03_Train_MNIST_classifier”，试试吧。

参考文献

Russell, Stuart J., and Peter Norvig. Artificial intelligence: a modern approach. Malaysia; Pearson Education Limited,, 2016.

https://inst.eecs.berkeley.edu/~cs188/fa18/

https://scikit-learn.org

https://www.zhihu.com/question/29687860

https://ujjwalkarn.me/2016/08/11/intuitive-explanation-convnets/

https://skymind.ai/wiki/convolutional-network

https://www.deeplearning.ai/

https://en.wikipedia.org/wiki/Normal_distribution

https://en.wikipedia.org/wiki/Standard_deviation

https://en.wikipedia.org/wiki/Coefficient_of_determination

http://www.physics.csbsju.edu/stats/box2.html

https://en.wikipedia.org/wiki/Box_plot

https://blog.csdn.net/zhuiqiuk/article/details/72935081

https://blog.csdn.net/s_sunnyy/article/details/79878355